청정환경기술
환경인허가

고재철 · 김정숙 · 송현옥 지음

GS인터비전

머리말

대학공부는 취업과의 전쟁이라고 하듯이 환경공학분야도 마찬가지로 점진적으로 현장위주의 교육이 이뤄지고 있으며, 여러 이공계 전공자들도 다양한 기술서적을 습득하여 자격증을 취득한 후 산업현장의 환경기술인으로 근무하고 있지만 현장에서 무엇보다 큰 애로사항으로 다가오는 것이 "환경인허가"라는 행정적 절차이다.

각종 생산공정에서 발생되는 대기오염물질은 가스상, 입자상 물질로 크게 구분하는데, 이들 물질들은 후드와 닥트를 통하여 대기 중으로 배출하게 되기 때문에 산업현장에서 대기오염물질의 배출과 방지는 작업장 내에서 근로자의 생명까지 지킬 수 있는 매우 중요한 부분을 차지하고 있다.

환경오염물질을 배출시키는 산업공정에 대한 세심한 관리여부는 결국 근로자에 대한 작업환경 개선과 더불어 작업능률을 증진시킴으로써 산업체의 대외 경쟁력 향상에 이바지하게 된다. 법적으로 "환경인허가"를 매우 중요시 하는 것도 이런 이유에서 비롯되었다. 하지만, 전공지식을 충분히 습득하였음에도, 현장에서 근무를 하다보면 행정적인 절차에 있어서 하나하나 해결하기란 매우 힘들고 어렵다고 인식하여 스스로 손을 놓게 된다.

수많은 현장의 여건을 한권에 모두 옮겨놓는 것은 여간 힘든 것이 아니기에 현장에서 다루고 있는 기초사항과 함께 방지시설의 설계 및 대기환경보전법에 근거한 법적검토까지 폭넓게 다루고 있으며, 대기환경에서 중요한 현장사례를 세밀히 분석하여 그 기본을 다지고자 하였다.

이를 통해 환경공학을 전공하고 있는 대학생 및 전공자·비전공자로서 산업현장에서 환경담당업무를 수행하고 있는 근로자가 손쉽게 행정적 절차를 파악할 수 있을 것이다.

이 책에서 다루고 있는 "대기환경인허가"는 1장에서 4장까지는 대기환경오염물질과 오염물질의 배출시설 및 오염물질의 방지시설을 다루고 있으며, 5장에서는 오염물질의 원활한 이송에 중요한 역할을 하고 있는 후드와 닥트 및 송풍기에 대하여 설계내용을 설명하고 있다. 그리고 6장과 7장은 대기배출시설의 환경인허가와 관련한 세부내용 및 행정절차에 대한 사례를 분석하였으며, 8장에서는 산업환경 현장에서 환경오염물질의 통합관리제도의 도입에 대한 내용을 서술하였다.

책의 내용이 다양한 수식을 암기하거나 계산할 것이 많은 듯 보이지만, 이공계 대학을 졸업한 엔지니어들은 누구나 쉽게 한권의 수필을 읽듯이 “환경인허가”에 대한 기초를 다질 수 있을 것으로 판단된다. 또한, 대학에서 환경공학을 공부하고 있는 학생들에게는 전공공부의 마지막 결정체는 “환경인허가”라고 이야기 해주고 싶으며, 이 책이 전공공부의 어려움을 다소나마 해소할 수 있는 길잡이가 되기를 바란다.

이 책이 세상의 빛을 볼 수 있도록 힘써 주신 도서출판 GS인터비전 대표님 및 편집부 관계자 여러분의 노고에 감사드립니다.

저자 일동

차 례

Chapter 1. 대기오염개론

Chapter 2. 대기오염물질 배출시설

Chapter 3. 배출허용기준 및 총량관리제도

Chapter 4. 대기오염물질 방지기술

Chapter 5. 후드 및 닥트

Chapter 6. 대기배출시설 인허가

Chapter 7. 환경인허가(대기) 사례분석

Chapter 8. 통합환경관리

1. 대기오염 개론

1.1 대기오염

1.2 대기오염물질

1.1 대기오염

대기오염(Air Pollution)이란 그을음·재·먼지·유독가스 등으로 인해 공기가 더럽혀진 상태를 말한다. 즉, 공장이나 자동차 등에서 배출되는 이산화탄소·암모니아·탄화수소 등의 오염 물질이 생물이나 환경에 직접적인 위해나 불쾌감을 줄 만큼 많은 양이 대기 중에 존재하는 상태이다.

배출된 오염 물질은 대기 중에 떠다니면서 퍼져 나가는데, 역전층(Inversion layer)이 발생하거나 풍속이 약해지면 그것이 한곳에 오래 머물게 되어 더욱 오염도가 높아진다. 반면 배출된 오염 물질이 강한 바람에 실려 고농도인 채로 날아가는 도중 오염물질 사이에서 광화학반응을 일으켜 광화학연개(광화학스모그)를 생성시키기도 한다.

공해(公害)가 환경이 오염된 상태를 의미한다면, 오염(汚染)은 오염원으로 인하여 인간 및 동식물의 생활에 영향을 미치는 상태를 의미한다. 그러므로 옥외의 대기에 인위적·자연적으로 방출된 오염물질이 과다하게 존재함으로써 대기의 성분 상태가 변화하고, 그 질이 악화되어 인간과 동식물의 생활 활동에 나쁜 영향을 줄 때 대기가 오염되었다고 한다.

★ 역전층(Inversion layer)

일반적으로 기온은 상층으로 100 m 올라갈 때마다 0.65 ℃씩 감소한다. 그러나 기온이 고도에 따라 높아지는 것을 역전현상이라 하며 그 층을 역전층이라 한다.

역전층에서는 대기가 정역학적으로 안정 상태에 있고, 상하의 난류 현상이 적으며, 역전층 위에는 층상운 또는 안개가 나타난다.

역전층의 원인으로는 찬 공기 위에 따뜻한 공기가 겹쳐서 전선면을 이루고 있는 경우로 전이층에서의 기온역전, 맑은 날 밤에 야간복사에 의하여 지표면의 기층이 냉각되어 형성되는 접지역전, 안정된 기층이 침강하여 형성되는 침강역전이 있다. 또한 도시 부근에서는 역전 현상으로 상·하층의 대기가 잘 혼합되지 않기 때문에 역전층 아래에 연기·매연 등이 침체되어 스모그 현상이 발생하기 쉽다.

1.1.1 대기의 연직구조

대기의 온도, 습도, 압력 등 대기의 상태를 표시하는 물리량 값은 수평방향 뿐만 아니라 연직방향으로도 대단히 변화한다.

여름철 더울 때에 수천 km를 여행해야 추운 북극지방에 도달하지만 불과 10 km만 상공으로 올라가면 그곳은 영하 수십도인 세계가 존재하는 것이다.

대기의 연직구조는 대기의 수직온도 분포에 따라 [그림 1.1]과 같이 대류권, 성층권, 중간권, 열권 등 4개의 층으로 지표로부터 대류권 ⇒ 성층권 ⇒ 중간권 ⇒ 열권(온도권)으로 구분하며, 대기의 물리·화학적 특징에 따라 화학권과 이온권으로 분류한다.

대기의 분자 조성에 따라 지상 0~88 km의 균질층과 88 km이상의 이질층으로 구분하며 수천 km 떨어진 남쪽과 북쪽의 기온차이보다는 지상과 고도 10 km의 기온차이가 더 크다.

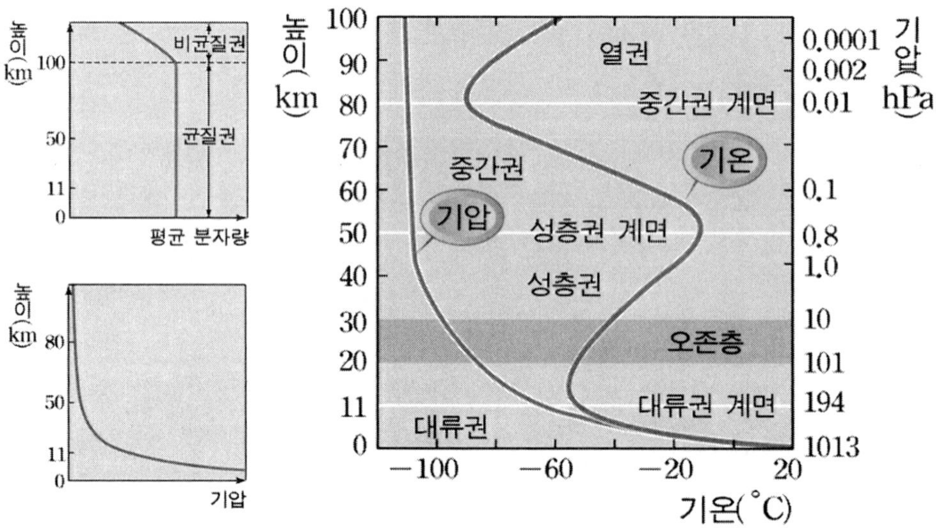

[그림 1.1] 대기의 연직구조 및 특성

1) 대류권(Troposphere)

지구 대기 분자의 대부분이 대류권에 위치해 있고, 이는 중력의 작용으로 고도가 높아질수록 공기분자는 희박하다. 고도가 높아질수록 기온이 내려가는 이 현상은 태양광선이 지구표면을 가열하고 데워진 지표가 그 위의 대기를 덥게 한다는 사실에 주로 기인한다.

대기의 최하층으로서 기온은 높이와 더불어 약 6.5 ℃/km의 비율로 감소하고 풍속은 높이에 따라 증가한다. 이 대류권은 대기가 불안정한 층으로서 공기분자, 수증기 및 불순물이 집중적으로 다량 존재하며 지표면의 영향으로 난류나 대류작용에 의한 수직운동이 왕성하므로 강수와 같은 눈에 보이는 기상현상을 비롯해서 온대저기압, 전선, 태풍 등 하루의 일기변화를 초래하는 거의 모든 대기운동이 이 대류권 내에서 일어난다.

대류권의 높이, 즉 권계면의 고도는 적도지방에서 가장 높고 고위도 지방으로 갈수록 낮아지며 같은 위도에서는 하계에 높고 동계에 낮다.

권계면의 평균고도는 적도부근에서 약 18 km, 고위도에서는 약 8 km정도 되며, 중위도 지방에서는 약 12 km정도 되지만 일정하지 않아서 온대저기압이 위치할 때는 낮아지고 고기압이 위치할 때는 높아지기도 하는데 그 차이는 수 km에 달한다.

2) 성층권(Stratosphere)

대류권의 위로부터 고도 약 50 km까지의 대기층이다. 이 성층권의 하부에서는 기온이 높이에 따라 일정하다가 상부에서는 높이에 따라 기온이 증가하는데 그 이유는 오존층이 태양의 자외선을 흡수하기 때문이다.

성층권은 대단히 안정하여 대류권과 같이 대류현상이 없으므로 일기변화 현상도 거의 없다. 이 성층권 내에는 특히 고도 약 25 km를 중심으로 오존이 많이 존재하는데 이 오존층은 지구상의 생물에게 유해한 강한 자외선을 거의 흡수하며 또 장기적인 기후변동과 밀접한 관계가 있어 오존층은 대기과학에서 중요하게 다루어지고 있는 분야중의 하나이다.

하층부 밀도가 커서 매우 안정한 상태를 유지하므로, 공기의 상승이나 하강 등의 연직운동은 억제되며, 화산분출 등에 의하여 미세한 분진이 이 권역에 유입되면 수년간 남아 있게 되어 기후에 영향을 미치기도 한다.

★ 오존층(Ozonesphere) 형성

오존의 농도가 높은 지상 10~50 km에 있으며(최고농도 10 ppm) 오존 외에 원자산소, 원자수소, 수산기, 과산화수소기 등이 존재한다. 오존층에서는 오존이 주파수가 1.0×10^{15}~1.5×10^{15} Hz, 파장이 200~290 nm인 자외선을 흡수하여 대기활동이 있는 대류권의 열평형을 유지하며 자외선 흡수율이 커서 오존층과 같은 고도에 위치하는 성층권에서 온도상승의 원인이 된다.

산소분자는 태양복사의 자외선($0.1 \sim 0.2\ \mu m$)을 흡수하면 산소원자로 광분해되는 성질이 있기 때문에 백 수 십 km되는 고도에는 주로 산소원자가 많이 분포되고 있다. 그러나 중간권이나 성층권의 하층으로 내려오면 자외선이 감소되어 O_2의 광분해도 감소되므로 O_2와 O가 함께 존재하게 된다. 이 O_2와 O가 결합하여 O_3가 되는데 여기에는 촉매의 역할을 하는 제3의 요소 M이 필요하다. 따라서 $O_2 + O + M \rightarrow O_3 + M$가 된다.

실제의 대기중에서는 대체로 N_2나 O_2가 M의 역할을 한다. 대체로 고도 약 80 km까지는 공기의 조성비가 일정하며 하층으로 갈수록 공기의 밀도가 크다. O_2나 M은 하층으로 갈수록 많이 분포되어 있고 O는 상층으로 갈수록 많이 분포되어 있기 때문에 이 세가지 요소가 서로 충돌할 수 있는 기회는 고도 약 25 km 부근에서 가장 많으며 따라서 O_3이 가장 많이 분포되어 있는 고도가 된다. 이렇게 하여 오존이 생성되는데 이렇게 되면 오존은 계속 증가할 것이다. 그러나 오존은 불안정한 구조를 띠고 있어 자외선($0.2 \sim 0.3\ \mu m$)을 흡수하면 다시 O_2와 O로 분리되는 성질이 있다. 실제로는 $O_3 + O \rightarrow 2O_2$이다.

★ 균질층(Homosphere)

지상 0~88 km까지 분자가 비교적 고루 섞여 있기 때문에 수분을 제외하고는 질소 및 산소 등 분자 조성비가 어느정도 일정하므로 이 층을 균질층이라 하며, 공기는 건조가스로서 질소가스가 78.9%, 산소 20.94%, 아르곤 0.93%, 탄산가스 0.032%, 기타 희귀가스로 구성되어 있다.(공기의 평균 분자량은 28.96 g)

지상 0~5.6 km까지 공기의 50%, 지상 0~30 km까지 공기의 98%가 존재한다.

3) 중간권(Mesosphere)

성층권의 위에서 높이 약 80 km정도까지의 층으로 적외복사에 의해 열을 잃기 때문에 기온이 고도의 증가에 따라 감소하는 층이다. 이 층의 꼭대기에서의 기온은 -90℃ 정도로 대기권내에서 최저가 된다. 대류권과 같은 이유로 이해하면 된다.

4) 열권(Thermosphere)

중간권위의 층으로서 파장이 0.1 μm 이하의 자외선을 열권에 있는 질소나 산소가 광전리로 흡수하기 때문에 온도가 높아지며 대체로 고도 약 200 km까지는 온도가 비교적 급격히 상승하지만 그 위에서는 서서히 상승한다.

흡수되는 에너지는 많지 않지만 대기의 밀도가 매우 작아서 열용량이 작기 때문에 온도는 매우 높게 된다.

열권의 하부에서는 희박한 대기가 태양의 자외선과 X선에 의해 강하게 전리되고 있어서 전리층이라고도 불리우며, D층, E층, F층이 있다. 이 전리층에서는 전파가 반사되기 때문에 원거리 통신을 가능케 해준다. 또한 오로라와 유성이 관측된다. 특히 고도 약 90~130 km에 있는 E층은 중파(방송파)를 반사하며 그 위의 고도(150~300 km)에 있는 F층은 단파를 반사하는데 이 층들은 주간에 발달하고 야간에는 쇠약해지는 경향이 있다.

★ 이질층(Heterosphere)

지상 88 km 이상 상층에서는 분자간 균질혼합이 이루어지지 못하는 층이며, 다음과 같이 4개층으로 분류된다.

질소분자층(88 ~ 200 km) → 산소원자층(200 ~ 1,120 km) → 헬륨층(1,120 ~ 3,600 km) → 수소층(3,600 ~ 9,600 km)

공기(전체 공기질량의 0.01%정도)는 태양에너지 중 유해한 것을 흡수·약화시킴으로서 생물세포의 이온화 또는 화상 등을 방지하는 반면 강한 산화력으로 인하여 지상에서 발생되어 상승한 이물질들을 산화·소멸시킨다.

5) 외기권(Exosphere)

열권위의 층으로 지구대기와 혹성 공간사이의 전이층으로 볼 수 있다.

외기권의 하한고도는 정확하게 이야기 할 수는 없으나 대체로 500~1,000 km로 추정된다. 여기서는 대기가 대단히 희박하여 기체입자의 평균자유행로가 길며 또이 고도부근에서는 기체원자의 운동속도가 지구 탈출속도(약 11.2 km/s)에 육박하므로 기체원자는 자유로이 지구의 대기권 경계를 왕래할 수 있다.

1.1.2 대기오염의 개념

1) 대기오염의 현상

① 환경오염 : 자연환경과 생활환경 모두가 오염물에 의하여 오염되는 현상이다.

② 국지오염 : 광역오염에 상대되는 용어로 국소오염이라고도 한다. 특정의 공장 등 하나의 점발생원에서 배출되는 오염물질에 의해 발생되며, 어느 한정된 지역에서 볼 수 있는 오염현상이다. 공장의 배기가스, 배수 등에 의해 구체적으로 진청, 감청이 되어 나타나는 경우가 많다.

③ 광역오염 : 국지오염에 대비되는 용어로서, 불특정 다수의 발생원으로부터 불특정 다수의 지역주민에게 피해를 미치는 오염현상을 말한다. 고정오염원이나 이동오염원으로부터 배출되는 황산화물(SOx), 질소산화물(NOx), 일산화탄소, 먼지 등에 의해 동절기에는 스모그, 하절기에는 광화학스모그 등이 발생하여 넓은 지역으로 오염현상이 미치게 되는 것이다.

2) 대기오염레벨(Air Pollution Level)

① 적응한도량(Threshold) : 영향을 주지 않으면서 적응할 수 있는 최대허용량으로 어떤 환경에 대한 인체의 적응 한도량을 말한다.

② 유해량(Adverse Level) : 병 증세가 나타날 정도는 아니지만 불쾌감이나 어떤 증상이 나타날 정도를 말한다.

★ **스모그(Smog)**

대기오염의 하나이다. 스모크(smoke)와 포그(fog)가 결합된 말로 원래는 연기와 안개가 섞인 것을 가리키는 말이었지만, 대기오염물질로 하늘이 뿌옇게 보이는 현상을 부르는 말로 쓰인다.

★ **광화학스모그(Photochemical smog)**

광화학스모그는 자동차나 공장의 배출가스 중에 포함된 질소산화물(NO_x)과 탄화수소(HC)가 태양광선을 받아 유독물질인 PAN(Peroxyacetyl nitrate)과 광화학옥시던트(Ox)등을 형성하여 생긴다.

빛(자외선) 때문에 일어나는 화학반응이므로 일사량이 많고 고온이면서 바람이 약한 날 나타난다.

- 런던형스모그(황화스모그) : 화석연료 연소에 의한 이산화황, 일산화탄소
- LA형스모그(광화학스모그) : 자동차 배기가스에 함유된 질소산화물
- 화산스모그 : 자연적으로 생기는 스모그로, 화산 폭발로 분출된 이산화황
- 혼합형스모그(서울스모그) : 런던형스모그와 LA형스모그가 같이 일어나는 현상

③ 위험량(Serious Level) : 감수성이 예민한 사람에게 만성질환, 잠재적 또는 생리적 기능에 영향을 미치는 오염물 또는 그 혼합량을 말한다.

④ 긴급량(Emergency Level) : 급성환자의 발생과 사망에 이르는 양의 오염물이나 그의 혼합레벨 및 그와 같은 미기상학적 레벨을 말한다.

3) 환경기준의 4가지 개념

① 기준치(Standard) : 행정적인 행위를 위하여 법적 규제를 가지는 기준

② 지침지(Guide 또는 Guide Line) : 지역 환경의 행정적인 대책을 위한 기준

③ 목표치(Goal) : 지역 환경의 행정적 또는 기술적인 대책을 위한 목표치 또는 바람직한 목표기준

④ 판정기준(Criteria) : 환경의 질을 판정하기 위한 기준

4) 오염지수(PSI)와 대기오염지수(API)

오염지수(PSI : Pollutant Standard Index) : PSI는 먼지(TSP), SO_2, CO, O_3, NO_x, 먼지와 아황산가스의 혼합물 등 6개의 오염도가 인체에 미치는 영향을 총체적으로 나타내는데, 지표오염의 대기 척도를 0~500에 이르는 숫자를 통일하여 나타낸다. 여기서 100은 일차연방 대기질 기준치에 해당하고, 500은 심각하게 유해한 정도를 의미한다.

대기오염지수(API : Air Polluton Index) : 대기오염 정도를 시민들이 쉽게 알 수 있도록 각종 오염물질의 대기 중 농도를 종합 산정하여 1~5의 지수로 표시한다.

[표 1.1] 오염지수(PSI)와 대기오염지수(API)

PSI 수치와 대기질 등급	
0~50	좋음
51~100	보통
101~199	건강에 나쁨
200~299	대단히 건강에 나쁨
≥300	유해(위험)

API 영향	
1	대기가 깨끗한 상태
2	약간 오염된 상태
3	인체와 동식물에 피해를 주기 시작하는 상태
4	심각하게 오염된 상태
5	사람이 피해야 할 정도의 극심하게 오염된 상태

1.2 대기오염물질

대기오염물질의 정의는 대기의 물질 중에서도 생물이나 물질에 악영향을 끼치는 물질을 말한다. 대기오염물질은 입자상 물질과 가스상 물질로 나눌 수 있다. 입자상 물질에는 매연, 훈연, 연무, 먼지, 분진, 미량중금속, 규산 등이 있으며, 가스상 물질은 아황산가스, 일산화탄소, 질소산화물 및 탄화수소 등이 있다. 이 외에도 대기오염을 유발하는 물질들은 대략 200종류가 넘으며 과학기술 발전에 따라 그 종류가 지속적으로 증가될 가능성이 있다.

대기오염의 원인은 공장의 가동, 운송교통의 활동, 일반가전의 연료소비 등 사람들의 생활이나 활동에 따라 생기는 인위적인 것과 화산의 분연이나 모래먼지 등의 자연적인 것으로 나뉜다. 인위적인 오염물질은 연료의 연소, 가열 등의 열처리, 자동차, 항공기 등의 배기가스에서 발생되고 배출된다. 가장 주된 원인은 연료의 연소시 발생하는 여러 오염물질들에 의한 것이며, 일산화탄소, 이산화질소, 아황산가스 및 탄화수소 등이 가장 많은 비율을 차지한다. 특히 이산화황의 경우 다른 대기오염물질들과 반응하여 추가적인 2차 오염물질을 만들어내므로 더욱 위험하다.

대기오염물질의 대표적인 영향은 산성비, 오존층파괴, 지구온난화 등이다.

대기오염물질 및 특정대기오염물질은 [표 1.2]와 같다. 대기오염물질은 대기오염의 원인이 되는 입자상·가스상 물질로서 「대기환경보전법」 시행규칙 [별표1]에 61개 물질을 지정하고 있으며, 특정대기오염물질은 사람의 건강과 재산이나 동식물의 생육(生育)에 직접 또는 간접으로 위해를 끼칠 우려가 있는 대기오염물질로서「대기환경보전법」 시행규칙 [별표2]에 35개 물질을 지정하고 있다.

[표 1.2] 대기오염물질 및 특정대기오염물질(대기환경보전법 시행규칙」 [별표1] [별표2])

1. 입자상물질	36. 수은 및 그 화합물	1. 카드뮴 및 그 화합물
2. 브롬 및 그 화합물	37. 구리 및 그 화합물	2. 시안화수소
3. 알루미늄 및 그 화합물	38. 염소 및 그 화합물	3. 납 및 그 화합물
4. 바나듐 및 그 화합물	39. 불소화물	4. 폴리염화비페닐
5. 망간화합물	40. 석면	5. 크롬 및 그 화합물
6. 철 및 그 화합물	41. 니켈 및 그 화합물	6. 비소 및 그 화합물
7. 아연 및 그 화합물	42. 염화비닐	7. 수은 및 그 화합물
8. 셀렌 및 그 화합물	43. 다이옥신	8. 프로필렌 옥사이드
9. 안티몬 및 그 화합물	44. 페놀 및 그 화합물	9. 염소 및 염화수소
10. 주석 및 그 화합물	45. 베릴륨 및 그 화합물	10. 불소화물
11. 텔루륨 및 그 화합물	46. 프로필렌옥사이드	11. 석 면
12. 바륨 및 그 화합물	47. 폴리염화비페닐	12. 니켈 및 그 화합물
13. 일산화탄소	48. 클로로포름	13. 염화비닐
14. 암모니아	49. 포름알데히드	14. 다이옥신
15. 질소산화물	50. 아세트알데히드	15. 페놀 및 그 화합물
16. 황산화물	51. 벤지딘	16. 베릴륨 및 그 화합물
17. 황화수소	52. 1,3-부타디엔	17. 벤 젠
18. 황화메틸	53. 다환 방향족 탄화수소류	18. 사염화탄소
19. 이황화메틸	54. 에틸렌옥사이드	19. 이황화메틸
20. 메르캅탄류	55. 디클로로메탄	20. 아닐린
21. 아민류	56. 테트라클로로에틸렌	21. 클로로포름
22. 사염화탄소	57. 1,2-디클로로에탄	22. 포름알데히드
23. 이황화탄소	58. 에틸벤젠	23. 아세트알데히드
24. 탄화수소	59. 트리클로로에틸렌	24. 벤지딘
25. 인 및 그 화합물	60. 아크릴로니트릴	25. 1,3-부타디엔
26. 붕소화합물	61. 히드라진	26. 다환 방향족 탄화수소류
27. 아닐린		27. 에틸렌옥사이드
28. 벤젠		28. 디클로로메탄
29. 스틸렌		29. 스틸렌
30. 아크롤레인		30. 테트라클로로에틸렌
31. 카드뮴 및 그 화합물		31. 1,2-디클로로에탄
32. 시안화물		32. 에틸벤젠
33. 납 및 그 화합물		33. 트리클로로에틸렌
34. 크롬 및 그 화합물		34. 아크릴로니트릴
35. 비소 및 그 화합물		35. 히드라진

대기오염물질 : 61개 물질

특정대기오염물질 : 35개 물질

1.2.1 입자상물질

입자상오염물질(particulate pollutants)이라고도 한다. 대기오염물질을 특성에 따라 나눌 때 가스상오염물질에 대비되는 형태로서, 발생한 뒤 일정기간 대기 중에 흩어져 존재한다.

입자의 크기가 물질의 성격에 큰 영향을 미치는데, 대기 중에 존재할 때는 시정장애를 일으키기도 하고, 일부 미세한 흡입분진은 인체의 폐나 호흡기에 들어가 치명적인 피해를 입히기도 한다. 또 식물의 잎에 쌓이면 햇빛을 막아 탄소동화작용을 방해하여 생육에 나쁜 영향을 준다. 해로운 화학적 성분이 식물에 침전되면 이들 식물을 먹이로 하는 동물에도 피해를 주는 등 간접적 피해를 일으킨다.

물질의 파쇄, 선별, 퇴적 등의 기계적 처리과정 또는 연소, 합성, 분해 등의 화학반응과정에서 발생하는 고체상이나 액체상의 미세한 물질로 크기는 지름 0.0002 ㎛의 단일분자보다는 크고 500 ㎛보다는 작은데, 0.001~100 ㎛ 크기의 것을 에어로졸(Aerosol)이라 부른다. 이 크기의 입자들은 대기 중에 짧게는 수초에서 길게는 몇 달 동안 머무는데, 크기가 0.1 ㎛보다 작은 입자들은 대기 중에서 자유 브라운운동을 하여 각각의 분자들과 충돌한다.

생성과정에 따라 1차입자(primary particle)와 2차입자(secondary particle)로 나뉜다. 1차입자는 발생원에서 대기 중으로 직접 방출되는 것으로, 해염(海鹽)입자·토양입자·연소입자 등이 있다. 2차입자는 발생원에서 대기 중에 방출된 가스상물질이 광화학·열화학 반응을 하면서 생긴 입자로서 성분은 주로 황산염·질산염·암모늄염 및 유기물질이다.

대기 중에 존재하는 입자상물질은 그 크기가 일반적으로 0.001~1000 ㎛의 범위를 갖지만 대기에 존재하는 것은 대부분 0.1~100 ㎛의 입자들이다.

대기 중에 존재하는 크고 작은 입자들은 크기·발생원·성상에 따라 티끌(particle)·에어로졸(aerosol)·먼지(dust)·작은물방울(droplet)·비산재(flyash)·안개(fog)·증기(fume)·연무(mist)·매연(smoke)·스모그(smog)·검댕(soot) 등으로 구분해 부른다.

크기나 모양, 성분 등에 관계없이 공기 중에 떠다니는 먼지의 총량을 총부유먼지(TSP, Total Suspended Particulate)라고 한다. 총부유먼지의 개념에는 인체에 미치는 영향 등이 고려되지 않았기 때문에 호흡에 의해 폐내로 들어올 수 있는 먼지인 호흡성 먼지라는 개념으로 PM10(Particulate matters less than 10 ㎛ as an aerodynamic diameter)이 도입되었다. PM10이란 공기동역학적 직경이 10 ㎛미만인 입자로서 호흡기를 통해 체내로 유입되어 건강에 나쁜 영향을 미칠 수 있는 입자를 말한다.

입자상 오염물질의 종류에 따른 세부설명은 다음과 같다.

1) 먼지(Dust)

각종 공장에서의 작업 또는 암석이나 토양의 자연적 침식 및 붕괴에 의하여 발생하는 고체입자들을 말한다. 먼지는 대기 중에 떠다니거나 흩날려 내려오는 아주 미세한 것에서부터 눈으로 볼 수 있는 정도까지의 다양한 크기로 존재한다. 시멘트가루, 석탄가루, 밀가루 등이 이에 속한다. 입경크기는 1~100 ㎛정도.

2) 훈연=흄(Fume)

고체의 승화, 액체의 증발, 연료의 연소 등 화학반응과정에서 생성된 증기가 공기나 가스 속에서 응축되어 생성되는 고체입자를 말한다. 주로 금속 정련(납, 산화아연, 산화우라늄 등의 미립자)이나 도금 공정에서 많이 발생한다. 예를 들면, 용접시 발생하는 흰 연기 등이 이에 속한다. 입경크기는 0.001~1 ㎛정도.

3) 미스트(Mist)

화학반응시 증기의 응축에 의하여 생성되어 공기나 가스 속에 부유상태로 존재하는 액체미립자를 말하며, 액적 속에 가스상 오염물질이 용해되어 함께 존재한다.

표면장력에 의해 둥근 모양을 형성하여 공기 중에 부유하기도 하고 큰 것은 침강하기도 하는데 수평시정거리가 1 km 이상으로 회백색을 띠며 일명 증기라 한다. 입경크기는 0.001~10 ㎛정도.

4) 매연(Smoke)

고체나 액체의 연소할 때 완전히 타지 않고 남는 유리탄소를 주성분으로 하는 미세한 입자상 물질을 말하며, 일반적으로 연료나 그 밖의 물질의 연소시 발생하는 유기물질·무기물질·황산화물 등의 혼합물로 되어 있다. 입경크기는 0.01~0.1 ㎛정도.

5) 박무(Haze)

공기 중에 수분, 가스상 오염물질, 입자상 물질이 부유상태로 혼재하여 대기가 매우 탁하게 보이고 시야를 방해하며, 시정거리가 대체로 1 km 이상일 때를 말한다. 아주 작은 다수의 건조입자(습도 70%이하)가 대기 중에 떠있는 현상으로 공기가 유백색으로 나타난다. 입경크기는 1 ㎛보다 작음.

6) 검댕(Soot)

연소시에 발생하는 유리탄소가 Tar에 젖어 탄소입자가 응결한 것으로서 굴뚝과 주변 지표면에 낙하하여 주변 오염의 원인이 되기도 한다. 입경이 1 ㎛이상(액체상 매연)

7) 분진(Particulate)

미세한 독립상태의 액체 또는 고체 알맹이를 말하며, 에어로졸과 같은 의미를 갖는다.

- 강하분진(dust fall) : 비교적 입자가 크고 무거워서 침강하기 쉬운 것을 말한다. 20 ㎛이상
- 부유분진(Suspended Particulate) : 입자가 미세하고 가벼워서 침강하기 어려워 장기간 공기 중에 부유하는 것을 말한다. 20 ㎛이하

8) 에어로졸(Aerosol)

대기에 고체 또는 액체입자가 부유하고 있는 것으로서 입자의 크기가 0.001~100 수 ㎛인 모든 입자상 물질을 말한다.

9) TSP(Total Suspended Particulate)

입자의 크기를 고려하지 않고 먼지 중량만을 저감시키는 기준치로 거대입자와 미세입자의 총합을 나타낸다.

- PM-10(미세먼지) : 공기 역학적 직경기준으로 10 ㎛ 이하의 먼지
- 미세먼지(Fine Particle) : 2~5 ㎛ 미만으로 화석연료의 연소나 자동차 배출가스 및 화학물질의 제조 등과 같은 인위적 발생원에서 방출되는 1차먼지와 아황산가스 및 휘발성 유기화합물 등이 응축과정을 거쳐 가스상에서 입자상으로 변환된 2차 먼지가 대부분으로 오염된 도심지역 먼지수의 90~99%를 차지한다. 특히 0.5~5 ㎛입자는 호흡시 폐포에 침착되어 진폐증을 유발시키며 가시도를 감소시킨다.

1.2.2 가스상물질

인간의 건강이나 동식물의 생육에 영향을 미치며, 건물·장치·문화재를 부식시켜 인간에게 재산상 손해를 끼치는 오염물질들을 말한다. 대표적인 것에는 환경기준이 설정되어 있는 아황산가스·질소산화물·일산화탄소·옥시던트 등이 있다. 이 중에서 옥시던트는 대기 중에서 광화학반응에 의하여 생성되므로 2차오염물질이라 하고, 나머지는 배출원에서 직접 배출되므로 1차오염물질이라 한다.

이 밖에도 중금속의 증기, 솔벤트, 악취물질, 다이옥신 등이 포함된다.

물질의 연소·합성·분해시 또는 물리적 성질에 의하여 대기중으로 발산되는 기체상 물질을 말하며 SOx, NOx, CO, O_3, NH_3, HC, F, Cl_2 및 그 화합물 등이 있다.

아황산가스는 주로 연료의 연소과정에서 황 성분이 산화되어 발생하며, 호흡기 질환을 일으키고 식물에 피해를 주며 산성비의 원인물질이 된다. 질소산화물은 고온의 연소과정에서 공기 중 질소 성분의 산화에 의해 생성되는데 산업시설·발전소·자동차가 주요 배출원으로 알려져 있다. 피해 및 영향은 아황산가스와 비슷하다. 일산화탄소는 불완전연소에 의해 발생하며 인간에게 중독현상을 일으킨다. 오존은 호흡기 질환을 일으키며 식물에 피해를 주고 자동차 타이어를 손상시켜 사용연수를 감소시킨다.

가스상물질은 대부분 극성이 강한 양(+)이온과 음(-)이온으로 구성되어 있어 강력

한 산화제 또는 환원제로 작용하기 때문에 주로 살충제, 소독제, 멸균제, 방부제, 표백제로 활용된다.

[표 1.3] 물질의 종류와 산업에서의 용도

물질명	산업용도
불소(F)	살충제나 쥐약 원료, 소독제
브롬(Br_2)	과일 등 소독제 및 난연제 제조원료
산화에틸렌(C_2H_4O)	의료기기 등 멸균, 소독제, 에틸렌글리콜 등 합성원료
삼수소화비소(AsH_3)	반도체 제조 및 비철금속 제련에 사용
시안화수소(HCN)	유기합성용 출발원료, 살충제
암모니아(NH_3)	비료로서 가장 많이 사용되고, 유기합성 원료, 냉동용 혼합냉각제
염소(Cl_2)	산화제로 쓰이며 살균, 소독제로도 사용
오존(O_3)	살균, 소독, 펄프 및 제지의 표백, 의약품제조, 화훼단지 방부제
아황산가스(SO_2)	강한 환원제, 약한 산화제
이산화질소(NO_2)	산화력이 강해서 물과 반응시켜 초산과 아황산을 제조
일산화질소(NO)	질산제조, 레이온 표백, 안정제
일산화탄소(CO)	공업용 기체 연료, 환원제
포스겐($COCl_2$)	합성수지, 폴리우레탄, 도료, 의약품 등의 원료
포스핀(PH_3)	의약품, 농약의 가소제 제조 원료
황화수소(H_2S)	황화물의 합성 원료, 고압 윤활제의 원료, 분석화학에서의 시약

주요 가스상오염물질의 특징은 다음과 같다.

1) 일산화탄소 (CO)

가정용 난방에서 많이 발생하며, 교통수단의 연소, 공장, 소각로에서 발생한다. 즉, 산소의 불충분한 상태에서 연소할 때 생성된다.

$$2C + O_2 \rightarrow 2CO$$

분자량 28로서 공기(분자량 약 28.95)보다 약간 가벼워 공기중에 잘 섞여서 CO의 중독이 일어난다. 즉 CO는 혈액 중의 헤모글로빈과의 결합력이 산소보다 210배나 강하여 산소의 공급을 방해하며 산소 결핍증이나 질식으로 사망한다.

연료의 불완전연소와 자동차의 공회전시 대량발생하며, 대기 중 NO에서 NO_2로 산화를 가속시켜 광화학스모그 형성을 촉진한다.

금속산화물을 산화시키며, Cl_2와 촉매가 있을 경우 포스켄($COCl_2$)를 형성한다.

2) 아황산가스 (SO_2)

비가연성의 폭발성이 있는 무색의 자극성 냄새를 갖는 기체이다. 화석 연료의 연소과정에서 황성분(S)이 산소와 반응하여 대기 중으로 방출되며 약 95%는 SO_2로 배출되고 약 5%는 SO_3로 배출된다.

$$S + O_2 \rightarrow SO_2 + \frac{1}{2}O_2 \rightarrow SO_3$$

대기 중 SO_2는 수분과 반응, 황산(H_2SO_4)을 형성하여 산성비(Acid Rain)의 원인물질이 된다.

$$2SO_2 + O_2 + 2H_2O \rightarrow 2H_2SO_4$$

3) 질소산화물 (NOx : NO, NO_2)

NO는 무색의 기체로 액화시키기 어렵고 공기보다 약간 무겁다. NO는 대기 중의 산소와 반응하여 NO_2로 변하여 적갈색을 띤다. 각종 연료의 연소시 생성(Thermal NOx, prompt NOx, Fuel NOx) 되며, 연소 중 NO/NOx 비율은 90~95%이다.

NO는 Hemoglobin(Hb)과의 결합력이 O_2, CO보다 강하기 때문에 질식성 가스이다.

연소 중 NO의 생성 메커니즘은 다음과 같다.

$$O_2 \rightarrow O + O$$
$$O + N_2 \rightarrow NO + N$$
$$N + O_2 \rightarrow NO + O$$

대기 중 수분과 반응하여 질산(HNO_3)을 형성, 산성비의 원인이 되며 자외선의 영향으로 광화학스모그(Photochemical Smog)를 형성한다.

$$NO_x + HC \rightarrow O_3$$

PAN($CH_3COOONO_2$: PeroxyAcetylNitrate)
알데히드(HCHO : Aldehyde)
아크로레인

$$NO_2 + UV \rightarrow NO + O$$
$$O + O_2 \rightarrow O_3$$

오존과 PAN 등 과산화물(Oxidants)은 일반적으로 자극성이 있고, 동식물에 손상을 초래한다. 이들 물질은 공기 중의 질소산화물, 일산화탄소 및 탄화수소나 기타 유기물 증기가 햇빛을 받아 광화학반응을 일으켜 생성된다. 자동차 배기가스는 대개 NOx, CO 및 HC를 함유하므로 자동차가 많고 일조량이 풍부한 대도시에서 광화학스모그가 생길 우려가 높다.

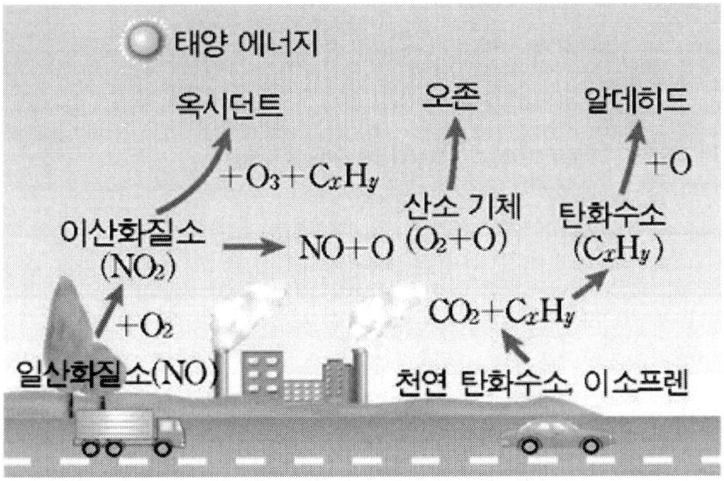

[그림 1.2] 대기오염물질의 광화학반응

4) 암모니아 (NO_3)

무색의 기체로 특유한 자극성의 냄새를 공기 중에 5 ppm만 존재하여도 냄새를 감지한다. 유기물 부패 시 생성되며, 물에 잘 용해되고 염산(HCl)과 반응하여 흰색 침전이 생긴다. 냉동제로 널리 이용되며, 구리, 알루미늄 등 금속물질에 심한 부식을 일으킨다. 비료공장, 냉동공장, 표백, 색소제조공장, 암모니아 제조공장에서 발생한다.

5) 염화수소 (HCl)

순수한 HCl 가스는 무색으로서 자극성 냄새가 있으며 대기 중에서 접촉하여 산성, 백색의 연무를 발생, 수분을 포함하지 않은 경우에는 강한 자극성이 있고 상부기도에 흡수되어 산화작용을 일으킨다. 물에 잘 녹고 그 수용액을 염산이라 하며 물에 염화수소를 흡수시킬 때 염화수소의 포화농도는 15℃에서 42.7%, 0℃에서 45.2%이므로 그 이상의 수용액은 구할 수 없다.

6) 염소 (Cl_2)

상온에서 황록색의 기체로 특수한 자극취가 있고 1 ppm정도에서 취기가 있다. 액체 염소제조, 의약품, 종이, 밀가루의 표백과 살균, 고무제조, 금속공업에서 발생하며, 상수도의 살균제로도 사용되고 있다. 기도에 대한 독성은 염화수소 가스보다 약 20배 정도 강하다.

7) 포름알데히드 (Formaldehyde, HCHO)

상온에서 강한 자극취가 있는 무색의 기체이며, 광화학 반응에 의하여 생성되기도 한다. 흡입과 피부 점막을 통하여 체내에 침입, 특히 중추신경에 대한 마취 작용과 점막에 대한 자극작용을 한다.

8) 황화수소 (H_2S)

계란 썩는 냄새가 나는 기체로, 인견, 고무, 아교제조, 제당, 가스공장 및 광산에서 발생한다. 세포 내부의 호흡작용의 정지, 불면증이나 식용부진을 초래한다.

황산화물 중 자연계에 가장 많이 존재한다.(약 80%)

9) 불소 (F_2)

황록색의 특수한 냄새가 있는 기체로 화학작용이 매우 강하고 모든 원소와 직접 반응하며, 할로겐화 반응을 일으킨다. 냉매, 불소수지, 방부제, 살충제의 제조 등 넓은 용도로 사용된다. 인 및 인산 비료제조, 요업, 유리 및 에나멜 제조, 금속주조, 용접, 제철 및 알루미늄의 정련 과정에서 발생한다.

10) 이산화탄소(CO_2) : 실내 공기오염의 지표

정상적인 대기 중의 농도는 약 350 ppm정도이며 최근에 이르러 기온에 영향을 미치는 것이 보고되어 대기오염물질로서 문제시되고 있다.

현재 인위적으로 배출하는 CO_2양의 약 50%가 대기 중에 축적되며 나머지 29%가 해수에 흡수되고 그 외는 지상 생물에 의해 흡수되어 연간 0.2%씩 CO_2가 대기 중에 증가하게 된다. 식물활동만으로 대기 중의 CO_2를 흡수한다면 체류시간은 17년, 해양에서의 대기 중 CO_2 체류시간은 2.5년이다. CO_2는 용해성이 크므로 해양에서 저장되기도 하고 해양 동·식물의 성장에 소비되기도 한다.(체류시간 2~4시간)

★ 온실효과(Green House Effect)

태양으로부터 방사되는 에너지는 탄산가스와 수증기에 의해 흡수되지 않고 지표에 도달하지만, 지표에서 방사되는 에너지는 흡수된다. 따라서 지구로 들어온 태양광선 중 약 2/3은 지표에 흡수되고 1/3은 재 방사되는데 재 방사된 태양복사에너지가 CO_2층에 의해 지표에서 대기로 방출되지 못하고 지표로 환원되므로 지구 위에 뚜껑을 덮은 격이 되어 지표부근의 대기온도는 점점 증가하게 되는데 이러한 현상을 온실효과라 한다.

★ 온실효과를 유발하는 주물질

CO_2, H_2O, CFCs, N_2O, CH_4, O_3, Halon 등이며, 여기서 Halon은 브롬과 불소를 동시에 함유하는 할로겐화 탄화수소를 말한다.

★ 온실효과의 기여도

CO_2(56%) 〉 CFCs(24%) 〉 CH_4(11%) 〉 N_2O(6%) 〉 기타

★ 온실현상의 피해

지표기온의 상승, 강수량, 수분증발량의 변화, 해수면의 상승, 식물성장의 변화

11) 포름알데히드(HCHO)

무색의 기체로 자극성이 강하며 물에 잘 녹고 40% 수용액을 포르말린이라 한다. 단열재, 섬유옷감, 실내가구의 칠, 연료의 연소과정, 흡연, 생활용품, 접착제, 의약품, 피혁, 합성수지, 포르말린 제조업 등에서 발생한다.

12) 페놀(석탄산 : C_6H_5OH)

병원에서 소독살균제로 많이 사용하며 염료, 도료, 제초제로 쓰이며 염소 소독을 하는 상수도에 유입시 염화페놀이 되어 발암물질이 되기도 한다.

13) 벤젠류

벤젠(C_6H_6), 톨루엔($C_6H_5CH_3$), 크실렌($CH_5(CH_3)_2$)등과 같은 벤젠의 알킬유도체의 총이다. 상온에서 무색으로 특이한 방향성의 냄새를 갖는 액체로서 휘발성 및 가연성이 대단히 커서 이들 증기가 공기와 적당량 혼합되면 폭발성이 있는 혼합기체를 만들기도 하며 세척제, 유기용매로 많이 사용된다. 저농도에서 장기간 폭로되어 만성중독을 일으키는 경우 조형장기의 장애를 일으켜 빈혈, 혈액응고 장애, 백혈구를 파괴하여 감염에 대한 저항력이 떨어져 발암성물질로 나타난다. 벤젠(체내에서 뮤코산), 톨루엔(체내에서 마뇨산)으로 대사하여 소변으로 배설된다.

★ **다환방향족탄화수소(PAH : Polynuclear Aromatic Hydrocarbon)**

2가지 이상의 방향족 고리가 융합된 유기화합물로 실온에서 PAHs는 고체상태이다. 이 부류화합물은 비점과 융점이 높으나 증기압이 낮고, 물에는 잘 용해되지 않으나 유기용매에 용해되어 친유성이 높으며 대기 중에서 쉽게 휘발하고 크기는 2.5 ㎛ 미만의 입자상 물질이다. 석탄, 기름, 산불, 쓰레기 소각 등 각종 유기물질의 불완전 연소로 형성되며 내구성이 크고 자연적으로 분해하지 않고 대기 내로 방출되면 잔류하게 되어 토양오염을 일으키는 발암성 물질이다.

14) 다이옥신(Dioxin)

다이옥신류에는 크게 다이옥신계 PCDD(Poly Chlorinated Dibenzo Dioxin : 75개 이성체)와 퓨란계 PCDF(Poly Chlorinated Dibenzo Furan : 135개 이성체)로 분류되며 독성이 있다고 알려진 것은 17종이며 이 중에서 2,3,7,8-TCDD는 가장 유해한 다이옥신으로 표준상태에서 증기압이 낮은 고형화합물이다.

대표적인 물리적 성질은 수용성이 낮으며 열적으로 안정, 낮은 증기압 등으로 700℃이상에서 열분해하는 물질이다.

고온에서 완전연소, 완전분해 후에도 연소가스의 배출시 저온(300~400℃)에서 재생성이 가능하며 벤젠 등에 용해되는 지용성으로 토양 등에 흡수된다.

두 개의 산소교량으로 두 개의 벤젠고리가 연결된 유기염화물로 독성등가지수(TEF)를 기준으로 시안화물(Cyanide) 10,000배의 독성을 가진다.

★ **다이옥신 생성과정**

- PCB의 부분산화 또는 불완전 연소에 의하여 발생
- 살충제, 제초제 등의 농업 및 염소가 함유된 플라스틱, 무기염소 등 산업화학물질의 부산물에서 발생
- 제철소나 금속 제련공장의 공정, 제지공장 등 산업 활동에서 발생
- 도시폐기물, 산업폐기물 등 폐기물 소각시 발생하며 도시폐기물 소각시 유해폐기물 소각 때보다 수천배의 다이옥신이 배출
- 석탄사용, 자동차배출가스, 담배연기 등 일상생활에서 발생
- 건강상의 피해 : 높은 농도에서 급성중독, 피부질환이 발생하고 장기간 노출시 면역독성, 발암성, 심장기능장애 등을 유발

이상의 대기오염물질의 공정별 배출원(고정배출원)을 살펴보면 다음과 같다.

① 아황산가스 : 황산공장, 펄프제조, 용광로, 석탄 및 유류의 연소, 정유공장, 금속공업 등

② 이산화질소 : 질산공장, 금속부식, 필름제조, 폭약, 비료, 내연기관, 연료사용제조업 등

③ 일산화탄소 : 코크스, 내연기관, 주물공장, 석유화학, 가스공정 등

④ 시안화수소 : 화학공업, 가스공업, 제철공업, 청산제조업 등

⑤ 포름알데히드 : 피혁, 합성수지, 포르말린 제조업 등

⑥ 페놀 : 타르, 화학, 도장공업 등

⑦ 벤젠 : 석유정제, 포르말린 제조, 도장공업 등

⑧ 브롬 : 염료, 의약, 농약 등

발생원별로 대기오염물질 배출량은 『수송부문→산업부문→발전부문→난방부문』의 순이며, 먼지와 아황산가스는 산업부문, 일산화탄소는 수송 및 난방부문 그리고 질소산화물 및 탄화수소는 수송부문에서 주로 배출되고 있다.

2. 대기오염물질 배출시설

2.1 대기오염물질 배출시설 설치 · 운영 관련 법령

2.2 대기오염물질 배출시설 설치 · 운영 개요

2.3 대기오염물질 배출시설

대기오염물질이란 대기오염의 원인이 되는 가스·입자상 물질을 말하며, 특정대기유해물질이란 사람의 건강과 재산이나 동식물의 생육에 직접 또는 간접으로 위해를 끼칠 우려가 있는 대기오염물질을 말한다.

대기오염물질 배출시설이란 대기오염물질을 대기에 배출하는 시설물, 기계, 기구, 그 밖의 물체를 말하며, 대기오염물질 배출시설에서 나오는 오염물질의 발생량에 따라 1종사업장부터 5종사업장까지로 나누어진다.

대기오염물질 배출시설을 설치·운영하려는 자는 배출허용기준을 준수해야 하며, 대기보전특별대책지역에 이미 설치되었거나 새로 설치되는 배출시설은 배출허용기준보다 엄격한 배출허용기준 또는 특별배출허용기준을 적용하여야 하고, 「대기환경보전법」에 따라 특별시장·광역시장·도지사 또는 특별자치도지사로부터 설치허가를 받거나 시·도지사에게 설치신고를 해야 한다.

수도권 대기관리권역에서 총량관리대상 오염물질(먼지, 황산화물, 질소산화물)을 배출하려는 사업장을 설치하거나 이에 해당하는 사업장으로 변경하려는 자는 「수도권 대기환경개선에 관한 특별법」에 따라 서울특별시장·인천광역시장 또는 경기도지사로부터 설치허가를 받거나 서울특별시장 등에게 신고하여 허가의제처리를 받아야 한다.

2.1 대기오염물질 배출시설 설치 · 운영 관련 법령

대기오염물질 배출시설 설치 · 운영과 관련된 법률은 「환경정책기본법」, 「대기환경보전법」, 「수도권 대기환경개선에 관한 특별법」 등이 있다.

2.1.1 「환경정책기본법」

「환경정책기본법」은 환경보전에 관한 국민의 권리·의무와 국가의 책무를 명확히 하고 환경정책의 기본사항을 정하여 환경오염과 환경훼손을 예방하고 환경을 적정하고 지속가능하게 관리·보전함으로써 모든 국민이 건강하고 쾌적한 삶을 누릴 수 있도록 함을 목적으로 하고 있다(「환경정책기본법」 제1조).

「환경정책기본법」은 환경보전 계획수립, 환경기준 설정, 자연환경 보전, 사전환경성 검토 등 환경보전 일반을 규정하고 있다.

2.1.2 「대기환경보전법」

「대기환경보전법」은 대기오염으로 인한 국민건강이나 환경에 관한 위해(危害)를 예방하고 대기환경을 적정하고 지속가능하게 관리·보전하여 모든 국민이 건강하고 쾌적한 생활할 수 있게 하는 것을 목적으로 한다(「대기환경보전법」 제1조).

「대기환경보전법」은 대기환경개선 계획수립, 대기오염물질 배출시설의 설치·운영, 생활환경 상의 대기오염물질 배출 규제, 자동차·선박 등의 배출가스 규제 등을 규정하고 있다.

2.1.3 「수도권 대기환경개선에 관한 특별법」

「수도권 대기환경개선에 관한 특별법」은 대기오염이 심각한 수도권 지역의 대기환경 개선을 위해 종합적인 시책을 추진하고, 대기오염원(大氣汚染源)을 체계적으로 관리함으로써 지역주민의 건강을 보호하고 쾌적한 생활환경을 조성함을 목적으로 한다(「수도권 대기환경개선에 관한 특별법」 제1조).

「수도권 대기환경개선에 관한 특별법」은 수도권 대기환경관리 기본계획의 수립, 사업장 오염물질 총량관리, 자동차배출가스의 억제, 휘발성 유기화합물 배출 억제 등을 규정하고 있다.

「수도권 대기환경개선에 관한 특별법」은 「대기환경보전법」에 우선하여 적용하며, 「수도권 대기환경개선에 관한 특별법」에서 정하지 않은 사항에 대해서는 「대기환경보전법」이 정하는 바에 따라야 한다(「수도권 대기환경개선에 관한 특별법」 제3조).

2.2 대기오염물질 배출시설 설치·운영 개요

2.2.1 대기오염물질 배출시설의 설치

대기오염물질 배출시설(이하 "배출시설"이라 함)을 설치하려는 자는 「대기환경보전법」에 따라 특별시장·광역시장·도지사 또는 특별자치도지사(이하 "시·도지사"라 함)로부터 설치허가를 받거나 시·도지사에게 설치신고를 해야 한다(「대기환경보전법」 제23조제1항).

배출시설의 설치허가를 받은 자가 허가사항 중 중요한 사항을 변경하려는 경우에는 시·도지사로부터 변경허가를 받아야 한다(「대기환경보전법」 제23조제2항).

배출시설의 설치허가를 받았거나 설치신고를 한 자가 허가사항(변경허가 사항을 제외한 그 밖의 사항) 또는 신고사항을 변경하려는 경우에는 시·도지사에게 변경신고를 해야 한다(「대기환경보전법」 제23조제2항 및 제3항).

배출시설을 설치하려는 자는 그 배출시설로부터 나오는 대기오염물질이 배출허용기준(「대기환경보전법」 제16조제1항, 「대기환경보전법 시행규칙」 제15조 및 별표 8) 이하로 나오게 하기 위해 대기오염방지시설(이하 "방지시설"이라 함)을 설치해야 한다.(「대기환경보전법」 제26조제1항).

2.2.2 배출시설의 운영

배출시설이나 방지시설의 설치를 완료하거나 변경을 완료한 자는 그 배출시설이나 방지시설을 가동하기 전에 시·도지사에게 가동개시 신고를 해야 한다(「대기환경보전법」 제30조제1항).

배출시설을 가동할 때 방지시설을 가동하지 아니하거나 오염도를 낮추기 위해 배출시설에서 나오는 오염물질에 공기를 섞어 배출하는 등의 행위를 해서는 안 되며, 배출시설 및 방지시설의 운영기록부를 기록·보존해야 한다(「대기환경보전법」 제31조).

배출시설 및 방지시설을 운영하는 자는 해당 시설의 정상적인 운영·관리를 위해 환경기술인을 임명해야 한다(「대기환경보전법」 제40조제1항).

배출시설을 운영하는 자는 배출시설에서 나오는 오염물질이 배출허용기준(「대기환경보전법」 제16조제1항 및 「대기환경보전법」 제29조제3항)에 맞는지 확인하기 위해 측정기기를 부착해야 한다(「대기환경보전법」 제32조).

2.2.3 위반 시 제재

1) 개선명령 및 조치명령

측정기기의 운영·관리기준을 지키지 못하거나 배출시설에서 나오는 오염물질의 정도가 배출허용기준을 초과하는 경우에는 시·도지사로부터 개선명령 또는 조치명령을 받을 수 있다(「대기환경보전법」 제32조제5항 및 제33조).

2) 조업정지명령 등

개선명령 또는 조치명령을 받은 자가 해당 명령을 이행하지 아니하거나 기간 내에 이행은 하였으나 검사결과 배출허용기준을 계속 초과한 경우에는 해당 배출시설의 전부 또는 일부에 대해 조업정지명령을 받을 수 있다(「대기환경보전법」 제34조제1항).

배출시설의 조업정지가 주민의 생활, 대외적인 신용·고용·물가 등 국민경제, 그 밖에 공익에 현저한 지장을 줄 우려가 있다고 인정되는 경우에는 조업정치처분에 갈음하여 2억원 이하의 과징금을 부과받을 수 있다(「대기환경보전법」 제37조제1항).

3) 배출부과금

대기오염물질을 배출하는 사업자와 설치허가·변경허가를 받지 아니하거나 설치신고·변경신고를 하지 아니하고 배출시설을 설치 또는 변경한 자는 배출부과금을 부과받는다(「대기환경보전법」 제35조제1항).

배출부과금은 배출허용기준 초과 여부에 따라 기본부과금 또는 초과부과금으로 구분되어 부과받는다(「대기환경보전법」 제35조제2항).

4) 허가의 취소 등

거짓이나 그 밖의 부정한 방법으로 허가·변경허가를 받는 등의 경우에는 허가가 취소되거나 배출시설의 폐쇄명령을 받거나 6개월 이내의 조업정지명령 등을 받을 수 있다(「대기환경보전법」 제36조).

5) 과태료

배출시설 및 방지시설의 운영상황에 대한 기록을 보존하지 아니하거나, 거짓으로 기록하는 등의 경우에는 과태료를 부과받는다(「대기환경보전법」 제94조).

6) 형사처벌

배출시설의 설치허가나 변경허가를 받지 아니하거나 거짓으로 설치허가나 변경허가를 받아 배출시설을 설치 또는 변경하거나 그 배출시설을 이용하여 조업하는 등 「대기환경보전법」 제89조부터 제93조까지 어느 하나에 해당하는 경우에는 징역이나 벌금에 처해질 수 있다(「대기환경보전법」 제89조, 제90조, 제91조, 제92조 및 제93조).

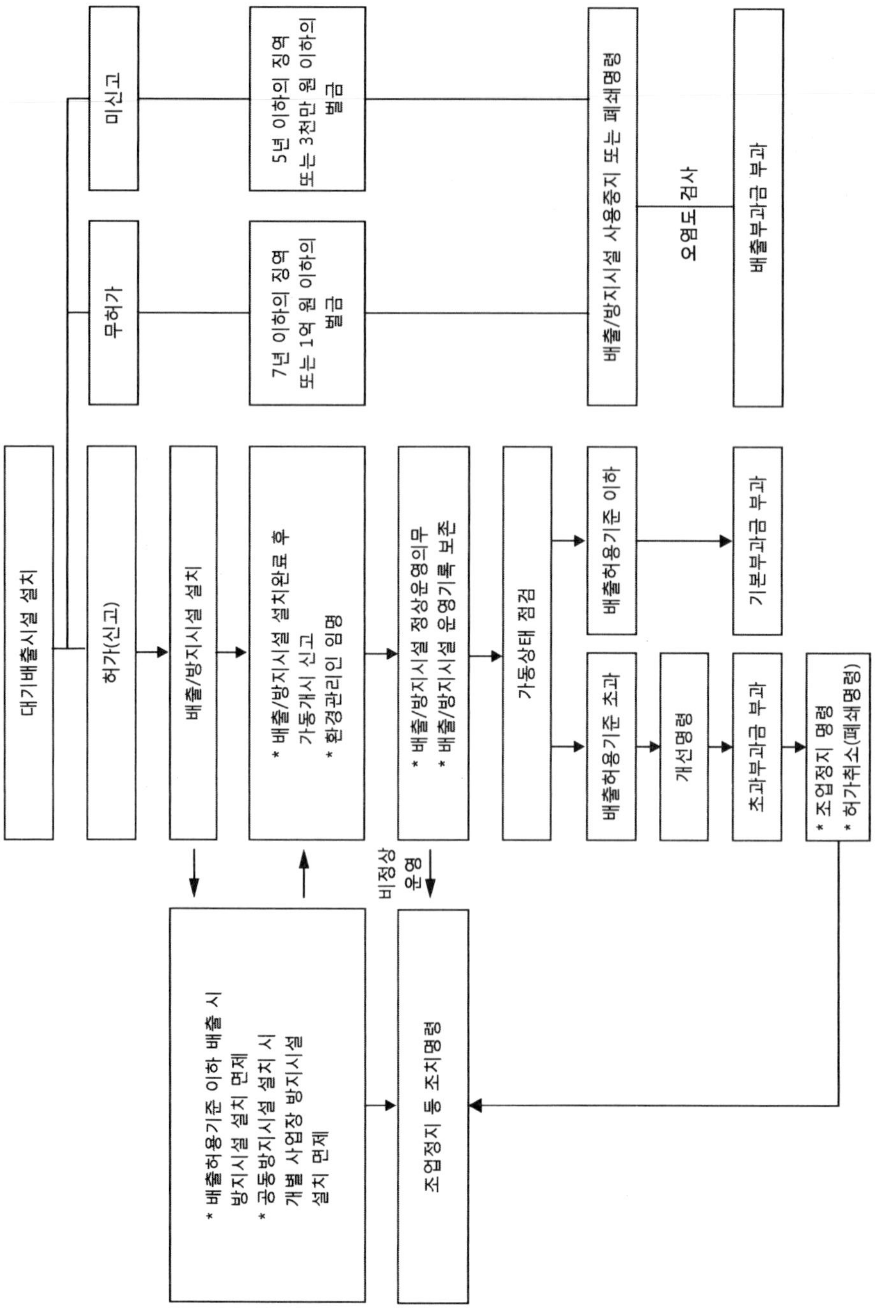

[그림 2.1] 대기오염물질 배출시설 설치 · 운영 개요

2.3 대기오염물질 배출시설

2.3.1 배출시설 적용기준

대기오염물질 배출시설의 분류는 「대기환경보전법 시행규칙」[별표3]에 세부적으로 규정되어 있다. 배출시설은 각각의 원료(부원료와 첨가제를 포함한다)나 연료가 투입되는 지점부터 해당 공정이 끝나는 지점까지의 단위공정 전체를 말한다. 배출시설의 규모는 그 시설의 중량·면적·용적·열량·마력 등의 규모로 하되, 동일 사업장에 그 규모 미만의 동종시설(지름 1밀리미터 이상인 고체입자상물질 저장시설은 제외한다)이 2개 이상 설치된 경우로서 그 시설의 총 규모가 「대기환경보전법 시행규칙」[별표3] 나목의 대상 배출시설란에서 규정하고 있는 규모 이상인 경우에는 그 시설들을 배출시설에 포함한다. 다만, 하나의 동력원에 2개 이상의 배출시설이 연결되어 동시에 가동되는 경우에는 각 배출시설의 동력 소요량에 비례하여 배출시설의 규모를 산출하고, 그 외의 경우에는 각각 연결된 동력원의 최대규모로 시설의 규모를 산출한다.

2.3.2 배출시설 분류

배출시설에 대한 구체적인 분류는 「대기환경보전법 시행규칙」[별표3]에 배출시설 적용범위가 명시되어 있으며, 주요 배출시설은 [표 2.1]과 같다.

[표 2.1] 대기오염물질 배출시설

1) 섬유제품 제조시설	9) 화학비료 및 질소화합물 제조시설
2) 가죽.모피가공시설 및 모피제품.신발제조시설	10) 의약품 제조 시설
3) 펄프, 종이 및 종이제품 제조시설과 인쇄 및 각종 기록 매체 제조 (복제)시설	11) 기타 화학제품 제조시설 및 탄화시설
4) 코크스 제조시설 및 관련제품 저장시설	12) 화학섬유 제조시설
5) 석유제품 제조시설	13) 고무 및 고무제품 제조시설
6) 기초유기화합물 제조시설	14) 합성고무, 플라스틱물질 및 플라스틱제품 제조시설
7) 기초무기화합물 제조시설	15) 유리 및 유리제품 제조시설[재생(再生)용 원료가공시설을 포함한다]
8) 무기안료.염료.유연제 제조시설 및 기타 착색제 제조시설	16) 도자기.요업(窯業)제품 제조시설(재생용 원료가공시설을 포함한다)

17) 시멘트·석회·플라스터 및 그 제품 제조시설 18) 기타 비금속광물제품 제조시설(아스팔트제품 제조시설은 제외한다) 19) 아스팔트제품 제조시설 20) 제1차금속 제조시설 21) 조립금속제품·기계·기기·장비·운송장비·가구 제조시설 22) 발전시설(수력, 원자력 발전시설은 제외한다)	23) 폐수·폐기물·폐가스소각시설(소각보일러를 포함한다) 24) 보일러 25) 고형연료제품 제조·사용시설 및 관련시설 26) 입자상물질 및 가스상물질 발생시설 27) 화장로 시설 28) 그 밖의 배출시설
※ 2014년 12월 31일까지 적용되는 배출시설	

배출시설에서 발생된 대기오염물질이 일련의 공정작업이나 연속된 공정작업을 통하여 밀폐된 상태로 배출시설을 거쳐 대기 중으로 배출되는 경우로서, 해당 배출구가 설치된 최종시설에 대하여 허가(변경허가를 포함한다)를 받거나 신고(변경신고를 포함한다)를 한 경우에는 그 최종시설과 일련의 공정 또는 연속된 공정에 설치된 모든 배출시설은 허가를 받거나 신고를 한 배출시설로 본다.

세부적으로 명시되어 있지 않는 배출시설은 "26) 입자상물질 및 가스상물질 발생시설" 또는 "28) 그 밖의 배출시설"의 배출시설로 판단하며, 이는 한국표준산업분류에 따른 업종에만 적용해야 한다(가. 광업, 나. 제조업, 다. 자동차 및 모터사이클 수리업, 라. 운수업, 마. 항공 운송지원 서비스업, 바. 폐기물 수집운반, 처리 및 원료재생업, 사. 폐수처리업).

또한 본 서에 「대기환경보전법 시행규칙」 [별표3] 대기오염물질 배출시설의 세부내용을 [표 2.2]에 정리하였다.

[표 2.2] 대기오염물질 배출시설 세부내용 (「대기환경보전법 시행규칙」 [별표3])

1. 2014년 12월 31일까지 적용되는 대기오염배출시설

가. 배출시설 적용기준

1) 배출시설은 각각의 원료(부원료와 첨가제를 포함한다)나 연료가 투입되는 지점부터 해당 공정이 끝나는 지점까지의 단위공정 전체를 말한다.

2) 배출시설의 규모는 그 시설의 중량.면적.용적.열량.마력 등의 규모로 하되, 동일 사업장에 그 규모 미만의 동종시설(지름 1밀리미터 이상인 고체입자상물질 저장시설은 제외한다)이 2개 이상 설치된 경우로서 그 시설의 총 규모가 나목의 대상 배출시설란에서 규정하고 있는 규모 이상인 경우에는 그 시설들을 배출시설에 포함한다. 다만, 하나의 동력원에 2개 이상의 배출시설이 연결되어 동시에 가동되는 경우에는 각 배출시설의 동력 소요량에 비례하여 배출시설의 규모를 산출하고, 그 외의 경우에는 각각 연결된 동력원의 최대규모로 시설의 규모를 산출한다.

3) 대기오염물질배출시설은 나목의 대상 배출시설난에서 규정하고 있는 규모의 배출시설에 해당하는 배출시설난의 배출시설로서 적용범위난에서 규정하고 있는 산업의 배출시설로 한다.

4) 나목에도 불구하고 다음의 시설은 대기오염물질배출시설에서 제외한다.

가) 가스류.전기 또는 경질유[경유.등유.부생연료유1호(등유형).휘발유.나프타.정제연료유(「폐기물관리법 시행규칙」 별표 5의 열분해방법 또는 감압증류방법으로 재생처리한 정제연료유만 해당한다)]만을 사용하여 간접 가열하는 연소시설 및 전기만을 사용하는 간접 가열시설. 다만, 원유의 정제과정이나 금속의 용융.제련과정에서 부수적으로 발생하는 가스를 사용하는 석유정제시설의 연소시설과 금속의 용융.제련.열처리시설의 연소시설 및 발전시설은 배출시설에 포함한다.

나) 건조시설 중 옥내에서 태양열 등을 이용하여 자연 건조시키는 시설

다) 용적규모가 5만 세제곱미터 이상인 도장시설

라) 선박건조공정의 야외구조물 및 선체외판 도장시설

마) 수상구조물 제작공정의 도장시설

바) 액체여과기 제조업 중 해수담수화설비제조 도장시설

사) 금속조립구조제 제조업 중 교량제조 등 대형 야외구조물 완성품을 부분적으로 도장하는 야외도장시설

아) 제품의 길이가 100미터 이상인 야외도장시설 등

자) 붓 또는 롤러만을 사용하는 도장시설

차) 습식시설로서 대기오염물질이 배출되지 않는 시설 카) 밀폐, 차단시설 설치 등으로 대기오염물질이 전혀 배출되지 않는 시설로서 시・도지사가 인정하는 시설 타) 이동식 시설(해당 시설이 당해 사업장의 부지경계선을 벗어나는 시설을 말한다)

나. 배출시설의 분류	
배출시설	대상 배출시설
1) 섬유제품 제조시설	가) 동력이 3마력 이상인 선별(혼타)시설 나) 연료사용량이 시간당 60킬로그램 이상이거나 용적이 5세제곱미터 이상인 다음의 시설 ① 다림질(텐트)시설 ② 코팅시설(실리콘.불소수지 외의 유연제 또는 방수용 수지를 사용하는 시설만 해당한다) 다) 연료사용량이 일일 20킬로그램 이상이거나 용적이 1세제곱미터 이상인 모소시설(모직물만 해당한다) 라) 동력이 10마력 이상인 기모(식모)시설
2) 가죽・모피가공시설 및 모피제품・신발 제조시설	용적이 3세제곱미터 이상인 다음의 시설 가) 도장시설 나) 염색시설 다) 접착시설 라) 건조시설(유기용제를 사용하는 시설만 해당한다)
3) 펄프, 종이 및 종이제품 제조시설과 인쇄 및 각종 기록 매체 제조 (복제)시설	가) 펄프, 종이 및 종이제품 제조시설 ① 용적이 3세제곱미터 이상인 다음의 시설 ㉮ 증해(蒸解)시설 ㉯ 표백(漂白)시설 ② 연료사용량이 시간당 30킬로그램 이상인 다음의 시설 ㉮ 석회로시설 ㉯ 가열시설

	나) 인쇄 및 각종 기록매체 제조 (복제)시설 연료사용량이 시간당 30킬로그램 이상이거나 합계용적이 1세제곱미터 이상인 인쇄.건조시설(유기용제류를 사용하는 그라비아 인쇄시설과 이 시설과 연계되어 유기용제류를 사용하는 코팅시설만 해당한다)
4) 코크스 제조시설 및 관련제품 저장시설	연료사용량이 시간당 30킬로그램 이상인 석탄 코크스 제조시설(코크스로.인출시설.냉각시설을 포함한다. 다만, 석탄 장입시설 및 코크스 오븐가스 방산시설은 제외한다), 석유 코크스 제조시설 및 저장시설
5) 석유제품 제조시설	가) 용적이 1세제곱미터 이상인 다음의 시설 ① 반응(反應)시설 ② 흡수(吸收)시설 ③ 응축시설 ④ 정제(精製)시설[분리(分離)시설, 증류(蒸溜)시설, 추출(抽出)시설 및 여과(濾過)시설을 포함한다] ⑤ 농축(濃縮)시설 ⑥ 표백시설 나) 용적이 1세제곱미터 이상이거나 연료사용량이 시간당 30킬로그램 이상인 다음의 시설 ① 용융.용해시설 ② 소성(燒成)시설 ③ 가열시설 ④ 건조시설 ⑤ 회수(回收)시설 ⑥ 연소(燃燒)시설(석유제품의 연소시설, 중질유 분해시설의 일산화탄소 소각시설 및 황 회수장치의 부산물 연소시설만 해당한다) ⑦ 촉매재생시설 ⑧ 탈황(脫黃)시설

<table>
<tr><td></td><td>가) 용적이 1세제곱미터 이상인 다음의 시설
① 반응시설
② 흡수시설
③ 응축시설
④ 정제시설(분리.증류.추출.여과시설을 포함한다)
⑤ 농축시설
⑥ 표백시설</td></tr>
<tr><td>6) 기초유기화합물 제조시설</td><td>나) 용적이 1세제곱미터 이상이거나 연료사용량이 시간당 30킬로그램 이상인 다음의 시설
① 용융.용해시설
② 소성시설
③ 가열시설
④ 건조시설
⑤ 회수시설
⑥ 연소시설(기초유기화합물의 연소시설, 중질유 분해시설의 일산화탄소 소각시설 및 황 회수장치의 부산물 연소시설만 해당한다)
⑦ 촉매재생시설
⑧ 탈황시설</td></tr>
<tr><td></td><td>다) 50마력 이상인 성형(成形)시설[압출(壓出)방법, 압연(壓延)방법 또는 사출(射出)방법에 의한 시설을 포함한다.</td></tr>
<tr><td>7) 기초무기화합물 제조시설</td><td>가) 용적이 1세제곱미터 이상인 다음의 시설
① 반응시설
② 흡수시설
③ 응축시설
④ 정제시설(분리.증류.추출.여과시설을 포함한다)
⑤ 농축시설
⑥ 표백시설</td></tr>
</table>

	나) 용적이 1세제곱미터 이상이거나 연료사용량이 시간당 30킬로그램 이상인 다음의 시설 ① 용융.용해시설 ② 소성시설 ③ 가열시설 ④ 건조시설 ⑤ 회수시설 ⑥ 연소시설(기초무기화합물의 연소시설만 해당한다) ⑦ 촉매재생시설 ⑧ 탈황시설 다) 염산제조시설 및 폐염산정제시설(염화수소 회수시설을 포함한다) 라) 황산제조시설 마) 형석의 용융.용해시설 및 소성시설, 불소화합물 제조시설 바) 과인산암모늄 제조시설 사) 인광석의 용융.용해시설 및 소성시설, 인산제조시설
8) 무기안료・염료・유연제 제조시설 및 기타 착색제 제조시설	가) 용적이 1세제곱미터 이상인 다음의 시설 ① 반응시설 ② 흡수시설 ③ 응축시설 ④ 정제시설(분리.증류.추출.여과시설을 포함한다) ⑤ 농축시설 ⑥ 표백시설

	나) 연료사용량이 시간당 30킬로그램 이상이거나 용적이 1세제곱미터 이상인 다음의 시설 ① 연소시설(무기안료·염료·유연제 연소시설과 그 밖의 착색제 연소시설만 해당한다) ② 용융.용해시설 ③ 소성시설 ④ 가열시설 ⑤ 건조시설 ⑥ 회수시설
9) 화학비료 및 질소화합물 제조시설	가) 용적이 1세제곱미터 이상인 다음의 시설 ① 반응시설 ② 흡수시설 ③ 응축시설 ④ 정제시설(분리.증류.추출.여과시설을 포함한다) ⑤ 농축시설 ⑥ 표백시설 나) 연료사용량이 시간당 30킬로그램 이상이거나 용적이 1세제곱미터 이상인 다음의 시설 ① 연소시설 ② 용융.용해시설 ③ 소성시설 ④ 가열시설 ⑤ 건조시설 ⑥ 회수시설 다) 용적이 3세제곱미터 이상이거나 동력이 10마력 이상인 다음의 시설 ① 혼합시설 ② 입자상물질 계량시설 라) 질소화합물 및 질산 제조시설

10) 의약품 제조시설	가) 용적이 1세제곱미터 이상인 다음의 시설 ① 반응시설 ② 흡수시설 ③ 응축시설 ④ 정제시설(분리·증류·추출·여과시설을 포함한다) ⑤ 농축시설 ⑥ 표백시설 나) 연료사용량이 시간당 30킬로그램 이상이거나 용적이 1 세제곱미터 이상인 다음의 시설 ① 연소시설(의약품의 연소시설만 해당한다) ② 용융·용해시설 ③ 소성시설 ④ 가열시설 ⑤ 건조시설 ⑥ 회수시설
11) 기타 화학제품 제조시설 및 탄화시설	가) 용적이 1세제곱미터 이상인 다음의 시설 ① 반응시설 ② 흡수시설 ③ 응축시설 ④ 정제시설(분리·증류·추출·여과시설을 포함한다) ⑤ 농축시설 ⑥ 표백시설 나) 연료사용량이 시간당 30킬로그램 이상이거나 용적이 1 세제곱미터 이상인 다음의 시설 ① 연소시설(화학제품의 연소시설만 해당한다) ② 용융·용해시설 ③ 소성시설 ④ 가열시설 ⑤ 건조시설 ⑥ 회수시설

	다) 용적이 30세제곱미터 이상인 탄화(炭火)시설(「국토의 계획 및 이용에 관한 법률」 제36조제1항제1호 및 제2호에 따른 도시지역 및 관리지역에서 판매와 관계없이 숯을 만드는 시설을 포함한다)
12) 화학섬유 제조시설	가) 용적이 1세제곱미터 이상인 다음의 시설 ① 반응시설 ② 흡수시설 ③ 응축시설 ④ 정제시설(분리·증류·추출·여과시설을 포함한다) ⑤ 농축시설 ⑥ 표백시설 나) 연료사용량이 시간당 30킬로그램 이상이거나 용적이 1세제곱미터 이상인 다음의 시설 ① 연소시설(화학섬유의 연소시설만 해당한다) ② 용융·용해시설 ③ 소성시설 ④ 건조시설 ⑤ 회수시설 ⑥ 가열시설
13) 고무 및 고무제품 제조시설	가) 용적이 1세제곱미터 이상인 다음의 시설 ① 반응시설 ② 흡수시설 ③ 응축시설 ④ 정제시설(분리.증류.추출.여과시설을 포함한다) ⑤ 농축시설 ⑥ 표백시설 나) 연료사용량이 시간당 30킬로그램 이상이거나 용적이 1세제곱미터 이상인 다음의 시설 ① 연소시설(고무제품의 연소시설만 해당한다) ② 용융·용해시설

	③ 소성시설 ④ 가열시설 ⑤ 건조시설 ⑥ 회수시설 다) 용적이 3세제곱미터 이상이거나 동력이 10마력 이상인 다음의 시설 ① 소련시설 ② 분리시설 ③ 정련시설 ④ 접착시설 라) 용적이 3세제곱미터 이상이거나 동력이 20마력 이상인 가황시설(열과 압력을 가하여 제품을 성형하는 시설을 포함한다)
14) 합성고무, 플라스틱 물질 및 플라스틱 제품 제조시설	가) 용적이 1세제곱미터 이상인 다음의 시설 ① 반응시설 ② 흡수시설 ③ 응축시설 ④ 정제시설(분리·증류·추출·여과시설을 포함한다) ⑤ 농축시설 ⑥ 표백시설 나) 연료사용량이 시간당 30킬로그램 이상이거나 용적이 1세제곱미터 이상인 다음의 시설 ① 연소시설(플라스틱제품의 연소시설만 해당한다) ② 용융·용해시설 ③ 소성시설 ④ 가열시설 ⑤ 건조시설 ⑥ 회수시설

	다) 용적이 3세제곱미터 이상이거나 동력이 10마력 이상인 다음의 시설 ① 소련(蘇鍊)시설 ② 분리시설 ③ 정련시설 라) 폴리프로필렌 또는 폴리에틸렌 외의 물질을 원료로 사용하는 동력이 250마력 이상인 성형시설(압출방법, 압연방법 또는 사출방법에 의한 시설을 포함한다)
15) 유리 및 유리제품 제조시설[재생(再生)용 원료가공시설을 포함한다	연료사용량이 시간당 30킬로그램 이상이거나 용적이 3세제곱미터 이상인 다음의 시설 ① 혼합시설 ② 용융.용해시설 ③ 소성시설 ④ 유리제품 산처리시설(부식시설을 포함한다) ⑤ 입자상물질 계량시설
16) 도자기·요업(窯業) 제품 제조시설(재생용 원료가공시설을 포함한다)	연료사용량이 시간당 30킬로그램 이상이거나 용적이 3세제곱미터 이상인 다음의 시설 ① 혼합시설 ② 용융.용해시설 ③ 소성시설(예열시설을 포함하되, 나무를 연료로 사용하는 시설은 제외한다) ④ 건조시설 ⑤ 입자상물 계량시설
17) 시멘트·석회·플라스터 및 그 제품 제조시설	연료사용량이 시간당 30킬로그램 이상이거나 용적이 3세제곱미터 이상인 다음의 시설 ① 혼합시설(습식은 제외한다) ② 소성(燒成)시설(예열시설을 포함한다) ③ 건조시설(시멘트 양생시설은 제외한다) ④ 용융.용해시설 ⑤ 냉각시설 ⑥ 입자상물질 계량시설

18) 기타 비금속광물 제품 제조시설(아스팔트제품 제조시설은 제외한다)	가) 연료사용량이 시간당 30킬로그램 이상이거나 용적이 3세제곱미터 이상인 다음의 시설 ① 혼합시설(습식은 제외한다) ② 용융.용해시설 ③ 소성시설(예열시설을 포함한다) ④ 건조시설 ⑤ 입자상물질 계량시설 나) 석면 및 암면제품 제조시설의 권취(卷取)시설, 압착시설, 탈판시설, 방사(紡絲)시설, 집면(集綿)시설, 절단(切斷)시설
19) 아스팔트제품 제조시설	연료사용량이 시간당 30킬로그램 이상이거나 용적이 3세제곱미터 이상인 다음의 시설 ① 건조시설 ② 선별(選別)시설 ③ 혼합시설 ④ 용융.용해시설
20) 제1차금속 제조시설	가) 금속의 용융.용해 또는 열처리시설 ① 시간당 300킬로와트 이상인 전기아크로[유도로(誘導爐)를 포함한다] ② 노상면적이 4.5제곱미터 이상인 반사로(反射爐) ③ 1회 주입 연료 및 원료량의 합계가 0.5톤 이상이거나 풍구(노복)면의 횡단면적이 0.2제곱미터 이상인 다음의 시설 ㉮ 용선로(鎔銑爐) 또는 제선로 ㉯ 용광로 및 관련시설[원료처리시설, 열풍로 및 용선출탕시설을 포함하되, 고로(高爐)슬래그 냉각시설은 제외한다. ④ 1회 주입 원료량이 0.5톤 이상이거나 연료사용량이 시간당 30킬로그램 이상인 도가니로 ⑤ 연료사용량이 시간당 30킬로그램 이상이거나 용적이 1세제곱미터 이상인 다음의 시설 ㉮ 전로 ㉯ 정련로 ㉰ 배소로(焙燒爐) ㉱ 소결로(燒結爐) 및 관련시설(원료 장입, 소결광 후처리 시설을 포함한다)

	㉮ 산.알칼리 처리시설 ㉯ 환형로(環形爐) ㉰ 가열로 ㉱ 용융.용해로 ㉲ 열처리로[소둔로(燒鈍爐), 소려로(燒戾爐)를 포함한다] ㉳ 전해로(電解爐) ㉴ 건조로 나) 금속 표면처리시설 ① 용적이 1세제곱미터 이상인 다음의 시설 ㉮ 도금시설 ㉯ 탈지시설 ㉰ 산.알칼리 처리시설 ㉱ 화성처리시설 ② 연료사용량이 시간당 30킬로그램 이상이거나 용적이 3세제곱미터 이상인 금속의 표면처리용 건조시설[수세(水洗) 후 건조시설은 제외한다] ③ 시간당 처리능력이 0.1톤 이상이거나 용적이 1세제곱미터이상인 주물사(鑄物砂) 사용 및 처리시설[저장시설, 혼합시설코어(Core) 제조시설 및 건조 (乾燥)시설, 주형 장입 및 해체 시설, 주물사 재생시설을 포함한다.
21) 조립금속제품・기계・기기・장비・운송장비.가구 제조시설	가) 금속의 용융.용해 또는 열처리시설 ① 시간당 300킬로와트 이상인 전기아크로(유도로를 포함한다) ② 노상면적이 4.5제곱미터 이상인 반사로 ③ 1회 주입 원료량이 0.5톤 이상이거나 연료사용량이 시간당 30킬로그램 이상인 도가니로 ④ 연료사용량이 시간당 30킬로그램 이상이거나 용적이 1세제곱미터 이상인 다음의 시설 ㉮ 전로 ㉯ 정련로 ㉰ 용융.용해로 ㉱ 가열로 ㉲ 열처리로(소둔로.소려로를 포함한다)

	㉶ 전해로 ㉷ 건조로 나) 표면 처리시설 ① 용적이 1세제곱미터 이상인 다음의 시설 ㉮ 도금시설 ㉯ 탈지시설 ㉱ 화성처리시설설 ② 용적이 5세제곱미터 이상이거나 동력이 3마력 이상인 도장시설(분무.분체.침지도장시설, 건조시설을 포함한다) ③ 연료사용량이 시간당 30킬로그램 이상이거나 용적이 3세제곱미터 이상인 금속 또는 가구의 표면처리용 건조시설[수세(水洗) 후 건조시설은 제외한다] ④ 시간당 처리능력이 0.1톤 이상이거나 용적이 1세제곱미터 이상인 주물사 사용 및 처리시설[저장시설, 혼합시설, 코어(Core) 제조시설 및 건조시설, 주형 장입 및 해체시설, 주물사 재생시설을 포함한다] ⑤ 반도체 및 기타 전자부품 제조시설 중 용적이 3세제곱미터 이상인 다음의 시설 ㉮ 증착(蒸着)시설 ㉯ 식각(蝕刻)시설
22) 발전시설(수력, 원자력 발전시설은 제외한다)	가) 화력발전시설 나) 열병합발전시설 다) 120 ㎾ 이상인 발전용 내연기관(도서지방용.비상용, 수송용을 제외한다) 라) 120 ㎾ 이상인 발전용 매립.바이오가스 사용시설
23) 폐수・폐기물・폐가스소각시설(소각보일러를 포함한다)	가) 시간당 처리능력이 0.5세제곱미터 이상인 폐수.폐기물 증발시설 및 농축시설, 용적이 0.15세제곱미터 이상인 폐수.폐기물 건조시설 및 정제시설

	나) 삭제 <2010.12.31> 다) 삭제 <2009.7.14> 라) 시간당 소각능력이 25킬로그램 이상인 폐수.폐기물소각시설 마) 연료사용량이 시간당 30킬로그램 이상이거나 용적이 1세제곱미터 이상인 폐가스소각시설 또는 폐가스소각보일러, 소각능력이 시간당 100킬로그램 이상인 폐가스소각시설. 다만, 별표 16에 따른 기준에 맞는 휘발성유기화합물 배출억제.방지시설 및 악취소각시설은 제외한다. 바) 라)와 마)의 공정에 일체되거나 부대되는 시설로서 동력 20마력 이상인 다음의 시설 ① 분쇄시설 ② 파쇄시설 ③ 용융시설
24) 보일러	가) 산업용 보일러와 업무용 보일러만 해당하며, 다른 배출시설에서 규정한 보일러는 제외한다. 나) 가스 또는 경질유[경유.등유.부생(副生)연료유1호(등유형)・휘발유・나프타・정제연료유(「폐기물관리법시행규칙」 별표 5의 열분해방법 또는 감압증류(減壓蒸溜)방법으로 재생처리한 정제연료유만 해당한다)]만을 연료로 사용하는 시설을 제외한 시간당 증발량이 0.5톤 이상이거나 시간당 열량이 309,500킬로칼로리 이상인 보일러. 다만, 환경부장관이 고체연료 사용금지 지역으로 고시한 지역에서는 시간당 증발량이 0.2톤 이상이거나 시간당 열량이 123,800킬로칼로리 이상인 보일러만 해당한다.
25) 고형연료제품 제조・사용시설 및 관련시설	가) 고형(固形)연료제품 제조시설 「자원의 절약과 재활용촉진에 관한 법률」 제25조의2에 따른 생활폐기물 고형연료제품(RDF) 제조시설, 폐플라스틱 고형연료제품(RPF) 제조시설, 폐타이어 고형연료제품(TDF)

	제조시설 및 폐목재 고형연료제품(WCF) 제조시설 중 연료사용량이 시간당 30킬로그램 이상이거나 용적이 3세제곱미터 이상이거나 동력이 3마력이상인 다음의 시설 ① 선별시설 ② 건조・가열시설 ③ 파쇄・분쇄시설 ④ 압축・성형시설 나) 바이오매스 및 목재펠릿 제조시설 중 연료사용량이 시간당 30킬로그램 이상이거나 용적이 3세제곱미터 이상이거나 동력이 3마력(파쇄・분쇄시설은 20마력) 이상인 다음의 시설 ① 선별시설 ② 건조・가열시설 ③ 파쇄・분쇄시설 ④ 압축・성형시설 다) 바이오가스 제조시설 라) 고형(固形)연료제품 사용시설 중 연료제품 사용량이 시간당 200킬로그램 이상이고 사용비율이 30퍼센트 이상인 다음의 시설(「자원의 절약과 재활용촉진에 관한 법률」 제25조의2에 따른 시설만 해당한다) ① 생활폐기물 고형연료제품(RDF) 사용시설 ② 폐플라스틱 고형연료제품(RPF) 사용시설 ③ 폐타이어 고형연료제품(TDF) 사용시설 ④ 폐목재 고형연료제품(WCF) 사용시설 마) 바이오매스 및 목재펠릿 사용시설 중 연료제품 사용량이 시간당 200킬로그램 이상인 시설. 다만, 다른 연료와 목재펠릿을 함께 연소하는 시설은 제외한다. 바) 바이오가스 사용시설

26) 입자상물질 및 가스상물질 발생시설	가) 동력이 20마력 이상인 다음의 시설. 다만, 습식은 제외한다. ① 연마시설 ② 제재시설 ③ 제분시설 ④ 선별시설 ⑤ 분쇄시설 ⑥ 탈사(脫砂)시설 ⑦ 탈청(脫靑)시설 나) 용적이 3세제곱미터 이상이거나 동력이 10마력 이상인 다음의 시설 ① 고체입자상물질 계량시설 ② 혼합시설(농산물 가공시설은 제외한다) 다) 처리능력이 시간당 100kg 이상인 고체입자상물질 포장시설 라) 동력이 70마력 이상인 도정(搗精)시설 마) 용적이 50세제곱미터 이상인 다음의 시설 ① 고체입자상물질 저장시설 ② 유·무기산 저장시설 ③ 유기화합물(원유·휘발유·나프타·알켄족·알킨족·방향족·알데히드류·케톤류가 50퍼센트 이상 함유된 것만 해당한다) 저장시설 바) 가)부터 마)까지의 배출시설 외에 연료사용량이 시간당 60킬로그램 이상이거나 용적이 5세제곱미터 이상인 다음의 시설 ① 건조시설(도포시설, 도장시설 및 분리시설을 포함한다) ② 기타로(其他爐) ③ 훈증시설 ④ 산·알칼리 처리시설 ⑤ 소성시설

<table>
<tr><td>27) 화장로 시설</td><td>「장사 등에 관한 법률」에 따른 화장시설</td></tr>
<tr><td>28) 그 밖의 배출시설</td><td>다음의 물질을 제조하거나 해당 대기오염물질을 발생시켜 배출하는 모든 시설. 다만, 대기오염물질이 해당 물질 배출허용기준의 30퍼센트 미만으로 배출되는 시설은 제외한다.
가) 암모니아
나) 이황화탄소
다) 황화수소
라) 불소화물
마) 포름알데히드
바) 시안화수소 및 시안화물
사) 브롬 및 그 화합물
아) 벤젠
자) 페놀 및 그 화합물
차) 염소(수질정화용은 제외한다) 및 그 화합물
카) 염화비닐
타) 탄화수소
파) 비소 및 그 화합물
하) 수은 및 그 화합물
거) 카드뮴 및 그 화합물
너) 납 및 그 화합물
더) 크롬 및 그 화합물
러) 구리 및 그 화합물
머) 니켈 및 그 화합물
버) 아연 및 그 화합물</td></tr>
<tr><td colspan="2">비 고

1. 위 표의 각 목에 따른 배출시설에서 발생된 대기오염물질이 일련의 공정작업이나 연속된 공정작업을 통하여 밀폐된 상태로 배출시설을 거쳐 대기 중으로 배출되는 경우로서 해당 배출구가 설치된 최종시설에 대하여 허가(변경허가를 포함한다)를 받거나 신고(변경신고를 포함한다)를 한 경우에는 그 최종시설과 일련의 공정 또는 연속된 공정에 설치된 모든 배출시설은 허가를 받거나 신고를 한 배출시설로 본다.</td></tr>
</table>

2. "연료사용량"이란 연료별 사용량에 무연탄을 기준으로 한 고체연료환산계수를 곱하여 산정한 양을 말하며, 고체연료환산계수는 다음 표와 같다(다음 표에 없는 연료의 고체연료환산계수는 사업자가 국가 또는 지방중소기업청 등 국가공인기관에서 발급받아 제출한 증명서류에 적힌 해당 연료의 발열량을 무연탄발열량으로 나누어 산정한다. 이 경우 무연탄 1킬로그램당 발열량은 4,600킬로칼로리로 한다).

3. "습식"이란 해당 시설을 이용하여 수중에서 작업을 하거나 물을 분사시켜 작업을 하는 경우[인장・압축・절단・비틀림・충격・마찰력 등을 이용하는 조분쇄기(크러셔・카드 등)를 사용하는 석재분쇄시설의 경우에는 물을 분무시켜 작업을 하는 경우만 해당한다] 또는 원료 속에 수분이 항상 15퍼센트 이상 함유되어 있는 경우를 말한다.

4. 위 표에 따른 배출시설의 분류에 해당하지 않는 배출시설은 26) 또는 28)의 배출시설로 본다. 다만, 배출시설의 분류 중 26)과 28)은 「통계법」 제22조에 따라 통계청장이 고시하는 한국표준산업분류에 따른 다음 각 목의 항목에만 적용한다.
   가. 광업
   나. 제조업
   다. 자동차 및 모터사이클 수리업
   라. 운수업
   마. 항공 운송지원 서비스업
   바. 폐기물 수집운반, 처리 및 원료재생업
   사. 폐수처리업

〈고체연료환산계수〉

연료 또는 원료명	단 위	환 산 계 수	연료 또는 원료명	단 위	환 산 계 수
무연탄	kg	1.00	유연탄	kg	1.34
코크스	kg	1.32	갈탄	kg	0.90
이탄	kg	0.80	목탄	kg	1.42
목재	kg	0.70	유황	kg	0.46
중유(C)	L	2.00	중유(A, B)	L	1.86
원유	L	1.90	경유	L	1.92
등유	L	1.80	휘발유	L	1.68
나프타	L	1.80	엘피지	kg	2.40
액화 천연가스	Sm³	1.56	석탄타르	kg	1.88
메탄올	kg	1.08	에탄올	kg	1.44
벤젠	kg	2.02	톨루엔	kg	2.06
수소	Sm³	0.62	메탄	Sm³	1.86
에탄	Sm³	3.36	아세틸렌	Sm³	2.80
일산화탄소	Sm³	0.62	석탄가스	Sm³	0.80
발생로가스	Sm³	0.2	수성가스	Sm³	0.54
혼성가스	Sm³	0.60	도시가스	Sm³	1.42
전기	kW	0.17			

다. 삭제 <2012.12.31.>

2. 2015년 1월 1일부터 적용되는 대기오염배출시설

가. 배출시설 적용기준

1) 배출시설의 규모는 그 시설의 중량·면적·용적·열량·마력 등으로 하되 최대시설규모를 말하고, 동일 사업장에 그 규모 미만의 동종시설(지름 1밀리미터 이상인 고체입자상물질 저장시설은 제외한다)이 2개 이상 설치된 경우로서 그 시설의 총 규모가 나목의 대상 배출시설란에서 규정하고 있는 규모 이상인 경우에는 그 시설들을 배출시설에 포함한다. 다만, 하나의 동력원에 2개 이상의 배출시설이 연결되어 동시에 가동되는 경우에는 각 배출시설의 동력 소요량에 비례하여 배출시설의 규모를 산출한다.

2) 나목에도 불구하고 다음의 시설은 대기오염물질배출시설에서 제외한다.

가) 전기만을 사용하는 간접가열시설

나) 가스류 또는 경질유[경유·등유·부생연료유1호(등유형)·휘발유·나프타·정제연료유(「폐기물관리법 시행규칙」 별표 5의2 열분해방법 또는 감압증류방법으로 재생처리한 정제연료유만 해당한다)]만을 사용하여 시간당 열량이 1,238,000킬로칼로리 미만의 간접 가열하는 연소시설. 다만, 원유의 정제과정이나 금속의 용융·제련과정에서 부수적으로 발생하는 가스를 사용하는 석유정제시설의 연소시설과 금속의 용융·제련·열처리시설의 연소시설 및 발전시설은 배출시설에 포함한다.

다) 건조시설 중 옥내에서 태양열 등을 이용하여 자연 건조시키는 시설

라) 용적규모가 5만세제곱미터 이상인 도장시설

마) 선박건조공정의 야외구조물 및 선체외판 도장시설

바) 수상구조물 제작공정의 도장시설

사) 액체여과기 제조업 중 해수담수화설비제조 도장시설

아) 금속조립구조제 제조업 중 교량제조 등 대형 야외구조물 완성품을 부분적으로 도장하는 야외도장시설

자) 제품의 길이가 100미터 이상인 야외도장시설 등

차) 붓 또는 롤러만을 사용하는 도장시설

카) 습식시설로서 대기오염물질이 배출되지 않는 시설

타) 밀폐, 차단시설 설치 등으로 대기오염물질이 전혀 배출되지 않는 시설로서 시·도지사가 인정하는 시설

파) 이동식 시설(해당 시설이 해당 사업장의 부지경계선을 벗어나는 시설을 말한다)

나. 배출시설의 분류	
배출시설	대상 배출시설
1) 섬유제품 제조시설	가) 동력이 3마력 이상인 선별(혼타)시설 나) 연료사용량이 시간당 60킬로그램 이상이거나 용적이 5세제곱미터 이상인 다음의 시설 ① 다림질(텐트)시설 ② 코팅시설(실리콘.불소수지 외의 유연제 또는 방수용 수지를 사용하는 시설만 해당한다) 다) 연료사용량이 일일 20킬로그램 이상이거나 용적이 1세제곱미터 이상인 모소시설(모직물만 해당한다) 라) 동력이 10마력 이상인 기모(식모, 전모)시설
2) 가죽·모피가공시설 및 모피제품·신발 제조시설	용적이 3세제곱미터 이상인 다음의 시설 가) 염색시설 나) 접착시설 다) 건조시설(유기용제를 사용하는 시설만 해당한다)
3) 펄프, 종이 및 종이제품 제조시설과 인쇄 및 각종 기록 매체 제조(복제)시설	가) 용적이 3세제곱미터 이상인 다음의 시설 ① 증해(蒸解)시설 ② 표백(漂白)시설 나) 연료사용량이 시간당 30킬로그램 이상인 다음의 시설 ① 석회로시설 ② 가열시설 다) 연료사용량이 시간당 30킬로그램 이상이거나 합계용적이 1세제곱미터 이상인 인쇄.건조시설(유기용제류를 사용하는 그라비아 인쇄시설과 이 시설과 연계되어 유기용제류를 사용하는 코팅시설, 건조시설만 해당한다)

4) 코크스 제조시설 및 관련제품 저장시설	연료사용량이 시간당 30킬로그램 이상인 석탄 코크스 제조시설(코크스로 · 인출시설 · 냉각시설을 포함한다. 다만, 석탄 장입시설 및 코크스 오븐가스 방산시설은 제외한다), 석유 코크스 제조시설 및 저장시설
5) 석유제품 제조시설 및 관련제품 저장시설	가) 용적이 1세제곱미터 이상인 다음의 시설 ① 반응(反應)시설 ② 흡수(吸收)시설 ③ 응축시설 ④ 정제(精製)시설[분리(分離)시설, 증류(蒸溜)시설, 추출(抽出)시설 및 여과(濾過) 시설을 포함한다] ⑤ 농축(濃縮)시설 ⑥ 표백시설 나) 용적이 1세제곱미터 이상이거나 연료사용량이 시간당 30킬로그램 이상인 다음의 시설 ① 용융 · 용해시설 ② 소성(燒成)시설 ③ 가열시설 ④ 건조시설 ⑤ 회수(回收)시설 ⑥ 연소(撚燒)시설(석유제품의 연소시설, 중질유 분해시설의 일산화탄소 소각시설 및 황 회수장치의 부산물 연소시설만 해당한다) ⑦ 촉매재생시설 ⑧ 탈황(脫黃)시설 다) 용적이 50세제곱미터 이상인 유기화합물(원유 · 휘발유 · 나프타) 저장시설(주유소 저장시설은 제외한다)
6) 기초유기화합물제조시설 및 가스제조시설	가) 용적이 1세제곱미터 이상인 다음의 시설 ① 반응시설 ② 흡수시설 ③ 응축시설 ④ 정제시설(분리 · 증류 · 추출 · 여과시설을 포함한다) ⑤ 농축시설 ⑥ 표백시설

	나) 용적이 1세제곱미터 이상이거나 연료사용량이 시간당 30킬로그램 이상인 다음의 시설 ① 용융·용해시설 ② 소성시설 ③ 가열시설 ④ 건조시설 ⑤ 회수시설 ⑥ 연소(撚燒)시설(중질유 분해시설의 일산화탄소 소각시설 및 황 회수장치의 부산물 연소시설을 포함한 기초유기화합물 제조시설의 연소시설만 해당한다) ⑦ 촉매재생시설 ⑧ 탈황시설(成形)
	다) 50마력 이상인 성형(成形)시설[압출(壓出)방법, 압연(壓延)방법 또는 사출방법에 의한 시설을 포함한다]
	라) 용적이 1세제곱미터 이상이거나 연료사용량이 시간당 30킬로그램 이상인 석탄가스화 연료 제조시설 중 다음의 시설 ① 건조시설 ② 분쇄시설 ③ 가스화시설 ④ 제진시설 ⑤ 황 회수시설(황산제조시설, 탈황시설을 포함한다) ⑥ 연소시설(석탄가스화 연료 제조시설의 각종 부산물 연소시설만 해당한다) ⑦ 용적이 50세제곱미터 이상인 고체입자상물질 및 유·무기산 저장시설
7) 기초무기화합물 제조시설	가) 용적이 1세제곱미터 이상인 다음의 시설 ① 반응시설 ② 흡수시설 ③ 응축시설 ④ 정제시설(분리.증류.추출.여과시설을 포함한다) ⑤ 농축시설 ⑥ 표백시설

	나) 용적이 1세제곱미터 이상이거나 연료사용량이 시간당 30킬로그램 이상인 다음의 시설 ① 용융.용해시설 ② 소성시설 ③ 가열시설 ④ 건조시설 ⑤ 회수시설 ⑥ 연소시설(기초무기화합물의 연소시설만 해당한다) ⑦ 촉매재생시설 ⑧ 탈황시설 다) 염산제조시설 및 폐염산정제시설(염화수소 회수시설을 포함한다) 라) 황산제조시설 마) 형석의 용융.용해시설 및 소성시설, 불소화합물 제조시설 바) 과인산암모늄 제조시설 사) 인광석의 용융.용해시설 및 소성시설, 인산제조시설 아) 용적이 1세제곱미터 이상이거나 원료사용량이 시간당 30킬로그램 이상인 다음의 카본블랙 제조시설 ① 반응시설 ② 분리정제시설 ③ 분쇄시설 ④ 성형시설 ⑤ 가열시설 ⑥ 건조시설 ⑦ 저장시설 ⑧ 포장시설

8) 무기안료・염료・유연제 제조시설 및 기타 착색제 제조시설	가) 용적이 1세제곱미터 이상인 다음의 시설 ① 반응시설 ② 흡수시설 ③ 응축시설 ④ 정제시설(분리・증류・추출・여과시설을 포함한다) ⑤ 농축시설 ⑥ 표백시설 나) 연료사용량이 시간당 30킬로그램 이상이거나 용적이 1세제곱미터 이상인 다음의 시설 ① 연소시설(무기안료・염료・유연제 연소시설과 그 밖의 착색제 연소시설만 해당한다) ② 용융・용해시설 ③ 소성시설 ④ 가열시설 ⑤ 건조시설 ⑥ 회수시설
9) 화학비료 및 질소화합물 제조시설	가) 용적이 1세제곱미터 이상인 다음의 시설 ① 반응시설 ② 흡수시설 ③ 응축시설 ④ 정제시설(분리.증류.추출.여과시설을 포함한다) ⑤ 농축시설 ⑥ 표백시설 나) 연료사용량이 시간당 30킬로그램 이상이거나 용적이 1세제곱미터 이상인 다음의 시설 ① 연소시설 ② 용융.용해시설 ③ 소성시설 ④ 가열시설 ⑤ 건조시설 ⑥ 회수시설

	다) 용적이 3세제곱미터 이상이거나 동력이 10마력 이상인 다음의 시설 ① 혼합시설 ② 입자상물질 계량시설 라) 질소화합물 및 질산 제조시설
10) 의료용 물질 및 의약품 제조 시설	가) 용적이 1세제곱미터 이상인 다음의 시설 ① 반응시설 ② 흡수시설 ③ 응축시설 ④ 정제시설(분리.증류.추출.여과시설을 포함한다) ⑤ 농축시설 ⑥ 표백시설 나) 연료사용량이 시간당 30킬로그램 이상이거나 용적이 1세제곱미터 이상인 다음의 시설 ① 연소시설(의약품의 연소시설만 해당한다) ② 용융・용해시설 ③ 소성시설 ④ 가열시설 ⑤ 건조시설 ⑥ 회수시설
11) 기타 화학제품 제조시설 및 탄화시설	가) 용적이 1세제곱미터 이상인 다음의 시설 ① 반응시설 ② 흡수시설 ③ 응축시설 ④ 정제시설(분리.증류.추출.여과시설을 포함한다) ⑤ 농축시설 ⑥ 표백시설

	나) 연료사용량이 시간당 30킬로그램 이상이거나 용적이 1세제곱미터 이상인 다음의 시설 ① 연소시설(화학제품의 연소시설만 해당한다) ② 용융.용해시설 ③ 소성시설 ④ 가열시설 ⑤ 건조시설 ⑥ 회수시설 다) 용적이 30세제곱미터 이상인 탄화(炭火)시설 라) 목재를 연료로 사용하는 용적이 30세제곱미터 이상인 욕장업의 숯가마.찜질방 및 그 부대시설 마) 용적이 150세제곱미터 이상인 숯 및 목초액을 제조하는 전통식 숯가마
12) 화학섬유 제조시설	가) 용적이 1세제곱미터 이상인 다음의 시설 ① 반응시설 ② 흡수시설 ③ 응축시설 ④ 정제시설(분리.증류.추출.여과시설을 포함한다) ⑤ 농축시설 ⑥ 표백시설 나) 연료사용량이 시간당 30킬로그램 이상이거나 용적이 1세제곱미터 이상인 다음의 시설 ① 연소시설(화학섬유의 연소시설만 해당한다) ② 용융.용해시설 ③ 소성시설 ④ 건조시설 ⑤ 회수시설 ⑥ 가열시설

13) 고무 및 고무 제품 제조시설	가) 용적이 1세제곱미터 이상인 다음의 시설 ① 반응시설 ② 흡수시설 ③ 응축시설 ④ 정제시설(분리.증류.추출.여과시설을 포함한다) ⑤ 농축시설 ⑥ 표백시설 나) 연료사용량이 시간당 30킬로그램 이상이거나 용적이 1세제곱미터 이상인 다음의 시설 ① 연소시설(고무제품의 연소시설만 해당한다) ② 용융.용해시설 ③ 소성시설 ④ 가열시설 ⑤ 건조시설 ⑥ 회수시설 다) 용적이 3세제곱미터 이상이거나 동력이 10마력 이상인 다음의 시설 ① 소련시설 ② 분리시설 ③ 정련시설 ④ 접착시설 라) 용적이 3세제곱미터 이상이거나 동력이 20마력 이상인 가황시설(열과 압력을 가하여 제품을 성형하는 시설을 포함한다)
14) 합성고무, 플라스틱물질 및 플라스틱제품 제조시설	가) 용적이 1세제곱미터 이상인 다음의 시설 ① 반응시설 ② 흡수시설 ③ 응축시설 ④ 정제시설(분리.증류.추출.여과시설을 포함한다) ⑤ 농축시설 ⑥ 표백시설

	나) 연료사용량이 시간당 30킬로그램 이상이거나 용적이 1세제곱미터 이상인 다음의 시설 ① 연소시설(플라스틱제품의 연소시설만 해당한다) ② 용융.용해시설 ③ 소성시설 ④ 가열시설 ⑤ 건조시설 ⑥ 회수시설 다) 용적이 3세제곱미터 이상이거나 동력이 10마력 이상인 다음의 시설 ① 소련(蘇鍊)시설 ② 분리시설 ③ 정련시설 라) 폴리프로필렌 또는 폴리에틸렌 외의 물질을 원료로 사용하는 동력이 250마력 이상인 성형시설(압출방법, 압연방법 또는 사출방법에 의한 시설을 포함한다)
15) 비금속광물제품 제조시설	가) 유리 및 유리제품 제조시설[재생(再生)용 원료가공시설을 포함한다] 중의 연료사용량이 시간당 30킬로그램 이상이거나 용적이 3세제곱미터 이상인 다음의 시설 ① 혼합시설 ② 용융・용해시설 ③ 소성시설 ④ 유리제품 산처리시설(부식시설을 포함한다) ⑤ 입자상물질 계량시설 나) 도자기・요업(窯業)제품 제조시설(재생용 원료가공시설을 포함한다) 중의 연료사용량이 시간당 30킬로그램 이상이거나 용적이 3세제곱미터 이상인 다음의 시설 ① 혼합시설 ② 용융・용해시설 ③ 소성시설(예열시설을 포함하되, 나무를 연료로 사용하는 시설은 제외한다)

	④ 건조시설 ⑤ 입자상물질 계량시설
	다) 시멘트·석회·플라스터 및 그 제품 제조시설 중 연료사용량이 시간당 30킬로그램 이상이거나 용적이 3세제곱미터 이상인 다음의 시설 ① 혼합시설(습식은 제외한다) ② 소성(燒成)시설(예열시설을 포함한다) ③ 건조시설(시멘트 양생시설은 제외한다) ④ 용융·용해시설 ⑤ 냉각시설 ⑥ 입자상물질 계량시설
	라) 기타 비금속광물제품 제조시설 ① 연료사용량이 시간당 30킬로그램 이상이거나 용적이 3세제곱미터 이상인 다음의 시설 ㉮ 혼합시설(습식은 제외한다) ㉯ 용융·용해시설 ㉰ 소성시설(예열시설을 포함한다) ㉱ 건조시설 ㉲ 입자상물질 계량시설 ② 석면 및 암면제품 제조시설의 권취(卷取)시설, 압착시설, 탈판시설, 방사(紡絲)시설, 집면(集綿)시설, 절단(切斷)시설 ③ 아스콘(아스팔트 포함) 제조시설 중 연료사용량이 시간당 30킬로그램 이상이거나 용적이 3세제곱미터 이상인 다음의 시설 ㉮ 가열·건조시설 ㉯ 선별(選別)시설 ㉰ 혼합시설 ㉱ 용융·용해시설
16) 1차금속 제조시설	가) 금속의 용융·용해 또는 열처리시설 ① 시간당 300킬로와트 이상인 전기아크로[유도로(誘導爐)를 포함한다] ② 노상면적이 4.5제곱미터 이상인 반사로(反射爐)

③ 1회 주입 연료 및 원료량의 합계가 0.5톤 이상이거나 풍구(노복)면의 횡단면적이 0.2제곱미터 이상인 다음의 시설

㉮ 용선로(鎔銑爐) 또는 제선로

㉯ 용융·용광로 및 관련시설[원료처리시설, 성형탄 제조시설, 열풍로 및 용선출탕시설을 포함하되, 고로(高爐)슬래그 냉각시설은 제외한다]

④ 1회 주입 원료량이 0.5톤 이상이거나 연료사용량이 시간당 30킬로그램 이상인 도가니로

⑤ 연료사용량이 시간당 30킬로그램 이상이거나 용적이 1세제곱미터 이상인 다음의 시설

㉮ 전로

㉯ 정련로

㉰ 배소로(焙燒爐)

㉱ 소결로(燒結爐) 및 관련시설(원료 장입, 소결광 후처리시설을 포함한다)

㉲ 환형로(環形爐)

㉳ 가열로

㉴ 용융·용해로

㉵ 열처리로[소둔로(燒鈍爐), 소려로(燒戾爐)를 포함한다]

㉶ 전해로(電解爐)

㉷ 건조로

나) 금속 표면처리시설

① 용적이 1세제곱미터 이상인 다음의 시설

㉮ 도금시설

㉯ 탈지시설

㉰ 산·알칼리 처리시설

㉱ 화성처리시설

② 연료사용량이 시간당 30킬로그램 이상이거나 용적이 3세제곱미터 이상인 금속의 표면처리용 건조시설[수세(水洗) 후 건조 시설은 제외한다]

	다) 주물사(鑄物砂) 사용 및 처리시설 중 시간당 처리능력이 0.1톤 이상이거나 용적이 1세제곱미터 이상인 다음의 시설 ① 저장시설 ② 혼합시설 ③ 코어(Core) 제조시설 및 건조(乾燥)시설 ④ 주형 장입 및 해체시설 ⑤ 주물사 재생시설
17) 금속가공제품 · 기계 · 기기 · 장비 · 운송장비 · 가구 제조시설	가) 금속의 용융 · 용해 또는 열처리시설 ① 시간당 300킬로와트 이상인 전기아크로(유도로를 포함한다) ② 노상면적이 4.5제곱미터 이상인 반사로 ③ 1회 주입 원료량이 0.5톤 이상이거나 연료사용량이 시간당 30킬로그램 이상인 도가니로 ④ 연료사용량이 시간당 30킬로그램 이상이거나 용적이 1세제곱미터 이상인 다음의 시설 ㉮ 전로 ㉯ 정련로 ㉰ 용융 · 용해로 ㉱ 가열로 ㉲ 열처리로(소둔로 · 소려로를 포함한다) ㉳ 전해로 ㉴ 건조로 나) 표면 처리시설 ① 용적이 1세제곱미터 이상인 다음의 시설 ㉮ 도금시설 ㉯ 탈지시설 ㉰ 산 · 알칼리 처리시설 ㉱ 화성처리시설 ② 연료사용량이 시간당 30킬로그램 이상이거나 용적이 3세제곱미터 이상인 금속 또는 가구의 표면처리용 건조시설[수세(水洗) 후 건조시설은 제외한다]

	다) 주물사(鑄物砂) 사용 및 처리시설 중 시간당 처리능력이 0.1톤 이상이거나 용적이 1세제곱미터 이상인 다음의 시설 ① 저장시설 ② 혼합시설 ③ 코어(Core) 제조시설 및 건조(乾燥)시설 ④ 주형 장입 및 해체시설 ⑤ 주물사 재생시설
18) 전자부품・컴퓨터・영상・음향・통신장비 및 전기장비 제조시설	가) 반도체 및 기타 전자부품 제조시설 중 용적이 3세제곱미터 이상인 다음의 시설 ① 증착(蒸着)시설 ② 식각(蝕刻)시설 나) 금속의 용융・용해 또는 열처리시설 ① 시간당 300킬로와트 이상인 전기아크로(유도로를 포함한다) ② 노상면적이 4.5제곱미터 이상인 반사로 ③ 1회 주입 원료량이 0.5톤 이상이거나 연료사용량이 시간당 30킬로그램 이상인 도가니로 ④ 연료사용량이 시간당 30킬로그램 이상이거나 용적이 1세제곱미터 이상인 다음의 시설 ㉮ 전로 ㉯ 정련로 ㉰ 용융・용해로 ㉱ 가열로 ㉲ 열처리로(소둔로・소려로를 포함한다) ㉳ 전해로 ㉴ 건조로 다) 표면 처리시설 ① 용적이 1세제곱미터 이상인 다음의 시설 ㉮ 도금시설 ㉯ 탈지시설 ㉰ 산・알칼리 처리시설 ㉱ 화성처리시설

	② 연료사용량이 시간당 30킬로그램 이상이거나 용적이 3세제곱미터 이상인 금속의 표면처리용 건조시설[수세(水洗) 후 건조시설은 제외한다]
19) 발전시설(수력, 원자력 발전시설은 제외한다)	가) 화력발전시설 나) 열병합발전시설(120 ㎾ 이상) 다) 120 ㎾ 이상인 발전용 내연기관(도서지방용·비상용, 수송용을 제외한다) 라) 120 ㎾ 이상인 발전용 매립·바이오가스 사용시설 마) 120 ㎾ 이상인 발전용 석탄가스화 연료 사용시설 바) 120 ㎾ 이상인 카본블랙 제조시설의 폐가스재이용시설 사) 120 ㎾ 이상인 린번엔진 발전시설
20) 폐수·폐기물·폐가스소각시설(소각보일러를 포함한다)	가) 시간당 소각능력이 25킬로그램 이상인 폐수·폐기물소각시설 나) 연료사용량이 시간당 30킬로그램 이상이거나 용적이 1세제곱미터 이상인 폐가스소각시설·폐가스소각보일러 또는 소각능력이 시간당 100킬로그램 이상인 폐가스소각시설. 다만, 별표 16에 따른 기준에 맞는 휘발성유기화합물 배출억제·방지시설 및 악취소각시설은 제외한다.
21) 폐수·폐기물 처리시설	가) 시간당 처리능력이 0.5세제곱미터 이상인 폐수·폐기물 증발시설 및 농축시설, 용적이 0.15세제곱미터 이상인 폐수·폐기물 건조시설 및 정제시설 나) 소각시설의 공정과 일체되거나 부대되는 시설로서 연료사용량이 시간당 30킬로그램 이상이거나 동력이 20마력 이상인 다음의 시설 ① 분쇄시설(멸균시설포함) ② 파쇄시설 ③ 용융시설

	다) 1일 처리능력이 100킬로그램 이상인 음식물류 폐기물 처리시설 중 연료사용량이 시간당 30킬로그램 이상이거나 동력이 20마력 이상인 다음의 시설(습식 및 「악취방지법」 제8조에 따른 악취배출시설로 설치 신고된 시설은 제외한다) ① 분쇄 및 파쇄시설 ② 건조시설
22) 보일러	가) 산업용 보일러와 업무용 보일러만 해당하며, 다른 배출시설에서 규정한 보일러는 제외한다. 나) 시간당 증발량이 0.5톤 이상이거나 시간당 열량이 309,500킬로칼로리 이상인 보일러. 다만, 환경부장관이 고체연료 사용금지 지역으로 고시한 지역에서는 시간당 증발량이 0.2톤 이상이거나 시간당 열량이 123,800킬로칼로리 이상인 보일러를 말한다. 다) 나)에도 불구하고 가스(바이오가스를 포함한다) 또는 경질유[경유・등유・부생(副生)연료유1호(등유형)・휘발유・나프타・정제연료유(「폐기물관리법 시행규칙」 별표 5의2 열분해방법 또는 감압증류(減壓蒸溜)방법으로 재생처리한 정제연료유만 해당한다)]만을 연료로 사용하는 시설의 경우에는 시간당 증발량이 2톤 이상이거나 시간당 열량이 1,238,000킬로칼로리 이상인 보일러만 해당한다.
23) 고형연료제품 제조・사용시설 및 관련시설	가) 고형(固形)연료제품 제조시설 「자원의 절약과 재활용촉진에 관한 법률」 제25조의2에 따른 생활폐기물 고형연료제품(RDF) 제조시설, 폐플라스틱 고형연료제품(RPF) 제조시설, 폐타이어 고형연료제품(TDF) 제조시설 및 폐목재 고형연료제품(WCF) 제조시설 중 연료사용량이 시간당 30킬로그램 이상이거나 용적이 3세제곱미터 이상이거나 동력이 3마력이상인 다음의 시설 ① 선별시설 ② 건조・가열시설 ③ 파쇄・분쇄시설 ④ 압축・성형시설

	나) 바이오매스 및 목재펠릿 제조시설 중 연료사용량이 시간당 30킬로그램 이상이거나 용적이 3세제곱미터 이상이거나 동력이 3마력(파쇄ㆍ분쇄시설은 20마력) 이상인 다음의 시설 ① 선별시설 ② 건조ㆍ가열시설 ③ 파쇄ㆍ분쇄시설 ④ 압축ㆍ성형시설 다) 바이오가스 제조시설 라) 고형(固形)연료제품 사용시설 중 연료제품 사용량이 시간당 200킬로그램 이상이고 사용비율이 30퍼센트 이상인 다음의 시설(「자원의 절약과 재활용촉진에 관한 법률」 제25조의2에 따른 시설만 해당한다) ① 생활폐기물 고형연료제품(RDF) 사용시설 ② 폐플라스틱 고형연료제품(RPF) 사용시설 ③ 폐타이어 고형연료제품(TDF) 사용시설 ④ 폐목재 고형연료제품(WCF) 사용시설 마) 바이오매스 및 목재펠릿 사용시설 중 연료제품 사용량이 시간당 200킬로그램 이상인 시설. 다만, 다른 연료와 목재펠릿을 함께 연소하는 시설은 제외한다. 바) 바이오가스 사용시설
24) 화장로 시설	「장사 등에 관한 법률」에 따른 화장시설
25) 도장시설	용적이 5세제곱미터 이상이거나 동력이 3마력 이상인 도장시설(분무ㆍ분체ㆍ침지도장시설, 건조시설을 포함한다)
26) 입자상물질 및 가스상물질 발생시설	가) 동력이 20마력 이상인 다음의 시설. 다만, 습식은 제외한다. ① 연마시설 ② 제재시설 ③ 제분시설 ④ 선별시설

⑤ 분쇄시설
⑥ 탈사(脫砂)시설
⑦ 탈청(脫靑)시설

나) 용적이 3세제곱미터 이상이거나 동력이 10마력 이상인 다음의 시설
① 고체입자상물질 계량시설
② 혼합시설(농산물 가공시설은 제외한다)

다) 처리능력이 시간당 100 kg 이상인 고체입자상물질 포장시설

라) 동력이 70마력 이상인 도정(搗精)시설

마) 용적이 50세제곱미터 이상인 다음의 시설
① 고체입자상물질 저장시설
② 유·무기산 저장시설
③ 유기화합물(알켄족·알킨족·방향족·알데히드류·케톤류가 50퍼센트 이상 함유된 것만 해당한다) 저장시설

바) 가)부터 마)까지의 배출시설 외에 연료사용량이 시간당 60킬로그램 이상이거나 용적이 5세제곱미터 이상이거나 동력이 3마력 이상인 다음의 시설
① 건조시설(도포시설 및 분리시설을 포함한다)
② 기타로(其他爐)
③ 훈증시설
④ 산·알칼리 처리시설
⑤ 소성시설

사) 용적이 1세제곱미터 이상인 다음의 시설
① 반응시설
② 흡수시설
③ 응축시설
④ 정제시설(분리, 증류, 추출, 여과시설을 포함한다)

	⑤ 농축시설 ⑥ 표백시설 ⑦ 화학물질 저장탱크 세척시설
27) 그 밖의 배출시설	다음의 물질을 제조하거나 해당 대기오염물질을 발생시켜 배출하는 모든 시설. 다만, 대기오염물질이 해당 물질 배출허용기준의 30퍼센트 미만으로 배출되는 시설은 제외한다. 가) 암모니아 나) 이황화탄소 다) 황화수소 라) 불소화물 마) 포름알데히드 바) 시안화수소 및 시안화물 사) 브롬 및 그 화합물 아) 벤젠 자) 페놀 및 그 화합물 차) 염소(수질정화용은 제외한다) 및 그 화합물 카) 염화비닐 타) 탄화수소 파) 비소 및 그 화합물 하) 수은 및 그 화합물 거) 카드뮴 및 그 화합물 너) 납 및 그 화합물 더) 크롬 및 그 화합물 러) 구리 및 그 화합물 머) 니켈 및 그 화합물 버) 아연 및 그 화합물
비고 1. 위 표의 각 목에 따른 배출시설에서 발생된 대기오염물질이 일련의 공정작업이나 연속된 공정작업을 통하여 밀폐된 상태로 배출시설을 거쳐 대기 중으로 배출되는 경우로서 해당 배출구가 설치된 최종시설에 대하여 허가(변경허가를 포함한다)를 받거나 신고(변경신고를 포함한다)를 한 경우에는 그 최종시설과 일련의 공정 또는 연속된 공정에 설치된 모든 배출시설은 허가를 받거나 신고를 한 배출시설로 본다.	

2. "연료사용량"이란 연료별 사용량에 무연탄을 기준으로 한 고체연료환산계수를 곱하여 산정한 양을 말하며, 고체연료환산계수는 다음 표와 같다(다음 표에 없는 연료의 고체연료환산계수는 사업자가 국가 및 그 밖의 국가공인기관에서 발급받아 제출한 증명서류에 적힌 해당 연료의 발열량을 무연탄발열량으로 나누어 산정한다. 이 경우 무연탄 1킬로그램당 발열량은 4,600킬로칼로리로 한다).

3. "습식"이란 해당 시설을 이용하여 수중에서 작업을 하거나 물을 분사시켜 작업을 하는 경우[인장・압축・절단・비틀림・충격・마찰력 등을 이용하는 조분쇄기(크러셔・카드 등)를 사용하는 석재분쇄시설의 경우에는 물을 분무시켜 작업을 하는 경우만 해당한다] 또는 원료 속에 수분이 항상 15퍼센트 이상 함유되어 있는 경우를 말한다.

4. 위 표에 따른 배출시설의 분류에 해당하지 않는 배출시설은 26) 또는 27)의 배출시설로 본다. 다만, 배출시설의 분류 중 26) 또는 27)은 「통계법」 제22조에 따라 통계청장이 고시하는 한국표준산업분류에 따른 다음 각 목의 항목에만 적용한다.
   가. 광업
   나. 제조업
   다. 자동차 및 모터사이클 수리업
   라. 운수업
   마. 항공 운송지원 서비스업
   바. 폐기물 수집운반, 처리 및 원료재생업
   사. 폐수처리업
   아. 전기, 가스, 증기 및 공기조절 공급업(발전업(3511), 가스 제조 및 배관 공급업(3520), 증기・ 냉온수 및 공기조절 공급업(3530)만 해당된다)
   자. 사업시설 및 산업용품 청소업(74212)

〈고체연료환산계수〉

연료 또는 원료명	단 위	환 산 계 수	연료 또는 원료명	단 위	환 산 계 수
무연탄	kg	1.00	유연탄	kg	1.34
코크스	kg	1.32	갈탄	kg	0.90
이탄	kg	0.80	목탄	kg	1.42
목재	kg	0.70	유황	kg	0.46
중유(C)	L	2.00	중유(A, B)	L	1.86
원유	L	1.90	경유	L	1.92
등유	L	1.80	휘발유	L	1.68
나프타	L	1.80	엘피지	kg	2.40
액화 천연가스	Sm³	1.56	석탄타르	kg	1.88
메탄올	kg	1.08	에탄올	kg	1.44
벤젠	kg	2.02	톨루엔	kg	2.06
수소	Sm³	0.62	메탄	Sm³	1.86
에탄	Sm³	3.36	아세틸렌	Sm³	2.80
일산화탄소	Sm³	0.62	석탄가스	Sm³	0.80
발생로가스	Sm³	0.2	수성가스	Sm³	0.54
혼성가스	Sm³	0.60	도시가스	Sm³	1.42
전기	kW	0.17			

다. 2015년 1월 1일 당시 배출시설을 설치·운영하고 있는 자로서 법 제23조에 따른 허가·변경허가 또는 신고·변경신고의 대상이 된 경우에는 2015년 12월 31일까지 법 제23조에 따라 허가·변경허가를 받거나 신고·변경신고를 하여야 한다.

3. 배출허용기준 및 총량관리제도

3.1 배출허용기준 관련법

3.2 수도권 사업장 대기오염물질 총량관리제도 개요

3.1 배출허용기준 관련법

3.1.1 배출허용기준

1) 대기오염물질의 배출허용기준

대기오염물질 배출시설을 설치 · 운영하는 자는 배출허용기준(「대기환경보전법」 제16조제1항)을 준수해야 한다. 특별시 · 광역시 · 도 또는 특별자치도는 지역환경기준의 유지가 곤란하다고 인정되거나 대기환경규제지역의 대기질(大氣質)에 대한 개선이 필요하다고 인정되면 해당 시 · 도의 조례로 「대기환경보전법」에 따른 배출허용기준보다 강화된 배출허용기준을 정할 수 있다. 또한, 대기보전특별대책지역에 이미 설치되었거나 새로 설치되는 배출시설은 배출허용기준(「대기환경보전법」 제16조제1항)보다 엄격한 배출허용기준 또는 특별배출허용기준이 적용되고 있다.

대기오염물질 배출시설에서 나오는 대기오염물질의 배출허용기준은 「대기환경보전법 시행규칙」 제15조 및 [별표8]에 따라 가스형태의 물질과 입자형태의 물질로 나눌 수 있다.

2) 굴뚝 원격감시체계 관제센터로 측정결과를 자동 전송하는 배출시설에 대한 특례

굴뚝 자동측정기기(「대기환경보전법」 제32조제1항 및 「대기환경보전법 시행령」 제17조제1항제2호)를 설치하여 굴뚝 원격감시체계 관제센터로 측정결과를 자동 전송하는 배출시설의 경우, 배출허용기준 초과 여부는 "굴뚝 원격감시체계 관제센터로 측정결과를 자동 전송하는 배출시설에 대한 특례(「대기환경보전법 시행규칙」 별표8 제3호)"에 따라 결정된다(「대기환경보전법 시행규칙」 제15조 및 별표8 제3호).

3) 조례에 따른 배출허용기준

특별시 · 광역시 · 특별자치시 · 도(그 관할구역 중 인구 50만 이상 시는 제외) · 특별자치도(이하 "시 · 도"라 함) 또는 특별시 · 광역시 및 특별자치시를 제외한 인구 50만 이상 시(이하 "대도시"라 함)는 지역환경기준의 유지가 곤란하다고 인정되거나 대기환경규제지역의 대기질(大氣質)에 대한 개선이 필요하다고 인정되면 해당 시

·도 또는 대도시의 조례로 「대기환경보전법」에 따른 배출허용기준보다 강화된 배출허용기준을 정할 수 있다(「대기환경보전법」 제16조제3항).

조례에 따른 배출허용기준이 적용되는 시·도 또는 대도시에 그 기준이 적용되지 않는 지역이 있으면 그 지역에 설치되었거나 설치되는 배출시설에도 조례에 따른 배출허용기준을 적용한다(「대기환경보전법」 제16조제6항).

3.1.2 엄격 및 특별배출허용기준

1) 엄격한 배출허용기준

대기보전특별대책지역(이하 "특별대책지역"이라 함)에 이미 설치된 배출시설은 배출허용기준(「대기환경보전법 시행규칙」 제15조 및 별표8)보다 엄격한 배출허용기준(「대기보전특별대책지역지정 및 같은 지역내 대기오염저감을 위한 종합대책」 제3조 및 별표1)이 적용된다(「대기환경보전법」 제16조제5항 및 「대기보전특별대책지역지정 및 같은 지역내 대기오염저감을 위한 종합대책」(환경부 고시 제2009-173호, 2009. 8. 24. 발령·시행) 제3조 본문).

엄격한 배출허용기준(「대기보전특별대책지역지정 및 같은 지역내 대기오염저감을 위한 종합대책」 별표1)에서 규정되지 아니한 오염물질 또는 배출시설은 배출허용기준(「대기환경보전법 시행규칙」 별표8)이 적용된다(「대기보전특별대책지역지정 및 같은 지역내 대기오염저감을 위한 종합대책」 제3조 단서).

2) 특별배출허용기준

특별대책지역에 새로 설치되는 배출시설은 특별배출허용기준(「대기보전특별대책지역지정 및 같은지역내 대기오염저감을 위한 종합대책」 제4조 및 별표1)이 적용된다(「대기환경보전법」 제16조제5항 및 「대기보전특별대책지역지정 및 같은 지역내 대기오염저감을 위한 종합대책」 제4조 본문).

특별배출허용기준(「대기보전특별대책지정 및 같은 지역내 대기오염저감을 위한 종합대책」 별표1)에서 규정되지 아니한 오염물질 또는 배출시설은 배출허용기준(「대기환경보전법 시행규칙」 별표8)이 적용된다(「대기보전특별대책지역지정 및 같은 지역내 대기오염저감을 위한 종합대책」 제4조 단서).

1. 2014년 12월 31일까지 적용되는 배출허용기준
   가. 가스형태의 물질

대기오염물질	배출시설	배출허용기준
암모니아 (ppm)	1) 화학비료 및 질소화합물 제조시설	20 이하
	2) 무기안료・염료・유연제・착색제 제조시설	20 이하
	3) 폐수·폐기물·폐가스 소각처리시설(소각보일러를 포함한다) 및 고형연료제품 사용시설	30(12) 이하
	4) 시멘트 제조시설 중 소성시설	30(13) 이하
	5) 그 밖의 배출시설	50 이하
일산화탄소 (ppm)	1) 폐수·폐기물·폐가스 소각처리시설(소각보일러를 포함한다)	
	가) 소각용량이 시간당 2톤(의료폐기물 처리시설은 시간당 200 kg) 이상인 시설	50(12) 이하
	나) 소각용량 시간당 2톤 미만인 시설	200(12) 이하
	2) 석유제품 제조시설 중 중질유분해시설의 일산화탄소 소각보일러	200(12) 이하
	3) 고형연료제품 제조·사용시설 및 관련시설	
	가) 고형연료제품 사용량이 시간당 2톤 이상인 시설	50(12) 이하
	나) 고형연료제품 사용량이 시간당 200킬로그램 이상 2톤 미만인 시설	200(12) 이하
	다) 바이오매스 및 목재펠릿 사용시설	200(12) 이하
	4) 화장로시설	
	가) 2009년 12월 31일 이전에 설치한 시설	200(12) 이하
	나) 2010년 1월 1일 이후에 설치한 시설	80(12) 이하
염화수소 (ppm)	1) 기초무기화합물 제조시설 중 염산 제조시설(염산, 염화수소 회수시설을 포함한다) 및 저장시설	6 이하
	2) 기초무기화합물 제조시설 중 폐염산 정제시설(염산 및 염화수소 회수시설을 포함한다) 및 저장시설	15 이하
	3) 제1차 금속제조시설, 조립금속제품·기계·기기·운송장비·가구 제조시설의 표면처리시설 중 탈지시설, 산·알칼리 처리시설	5 이하
	4) 폐수·폐기물·폐가스 소각처리시설(소각보일러를 포함한다)	20(12) 이하
	5) 유리 및 유리제품 제조시설 중 용융·용해시설	2(13) 이하

	6) 시멘트·석회·플라스터 및 그 제품 제조시설, 기타 비금속 광물제품 제조시설 중 소성시설(예열시설을 포함한다), 용융·용해시설, 건조시설	15(13) 이하
	7) 조립금속제품 제조시설의 반도체 및 기타 전자부품 제조시설 중 증착(蒸着)시설, 식각(蝕刻)시설 및 표면처리시설	5 이하
	8) 고형연료제품 사용량이 시간당 200킬로그램 이상인 고형연료제품 사용시설	20(12) 이하
	9) 화장로시설	20(12) 이하
	10) 그 밖의 배출시설	6 이하
황산화물 (SO_2로서) (ppm)	1) 일반보일러 가) 액체연료 사용시설 (1) 증발량이 시간당 40톤 이상이거나 열량이 시간당 24,760,000킬로칼로리 이상인 시설 (가) 2004년 12월 31일 이전 설치시설 ① 0.3% 이하 저황유 사용지역 ② 그 밖의 지역 (나) 2005년 1월 1일 이후 설치시설 (2) 증발량이 시간당 40톤 미만이거나 열량이 시간당 24,760,000킬로칼로리 미만인 시설 (가) 0.3% 이하 저황유 사용지역 (나) 0.5% 이하 저황유 사용지역 (다) 그 밖의 지역 나) 고체연료 사용시설(액체연료 혼합시설을 포함한다) (1) 2001년 6월 30일 이전 설치시설 (2) 2001년 7월 1일 이후 설치시설	 180(4) 이하 270(4) 이하 100(4) 이하 180(4) 이하 270(4) 이하 540(4) 이하 180(6) 이하 150(6) 이하
	2) 발전시설 가) 1996년 6월 30일 이전 설치시설 (1) 액체연료 사용시설 (가) 설비용량 400 MW 이상 (나) 설비용량 100 MW 이상 400 MW 미만 (다) 설비용량 100 MW 미만	 100(4) 이하 150(4) 이하 180(4) 이하

(2) 고체연료 사용시설(액체연료 혼합시설을 포함한다) (가) 설비용량 100 MW 이상 (나) 설비용량 100 MW 미만 나) 1996년 7월 1일 이후 설치시설 (1) 액체연료 사용시설 (2) 유연탄 및 국내생산 무연탄 사용시설 다) 국내에서 생산되는 석유코크스 사용시설 라) 그 밖의 고체연료 사용시설	 100(6) 이하 150(6) 이하 70(4) 이하 80(6) 이하 240(6) 이하 150(6) 이하
3) 제1차 금속제조시설, 조립금속제품·기계·기기·운송장비·가구 제조시설의 용융·용해로 또는 열처리시설 가) 배소로(焙燒爐), 용광로(鎔鑛爐) 및 용선로(鎔銑爐)의 연소가스시설 (1) 2007년 1월 31일 이전 설치시설 (2) 2007년 2월 1일 이후 설치시설 나) 소결로(燒結爐)의 연소시설 (1) 2007년 1월 31일 이전 설치시설 (2) 2007년 2월 1일 이후 설치시설	 270 이하 180 이하 270(15) 이하 180(15) 이하
4) 기초무기화합물 제조시설 중 황산제조시설	270(8) 이하
5) 화학비료 및 질소화합물 제조시설 중 혼합시설, 반응시설, 정제시설 및 농축시설	150 이하
6) 석유제품 제조시설 가) 황 회수시설 나) 가열시설 (1) 0.3% 이하 저황유 사용지역 (2) 그 밖의 지역 다) 중질유 분해시설의 일산화탄소 소각보일러	 270(4) 이하 180(4) 이하 270(4) 이하 400(12) 이하
7) 기초유기화합물 제조시설 중 가열시설	270(12) 이하
8) 코크스 제조시설 및 코크스 저장시설 중 연소시설	150(7) 이하
9) 폐수·폐기물·폐가스 소각처리시설(소각보일러를 포함한다) 가) 소각용량이 시간당 2톤(의료폐기물 처리시설은 200킬로그램) 이상인 시설 나) 소각용량이 시간당 200킬로그램 이상 2톤 미만인 시설 다) 소각용량이 시간당 200킬로그램 미만인 시설	 30(12) 이하 50(12) 이하 70(12) 이하

	10) 시멘트·석회·플라스터 및 그 제품 제조시설 중 시멘트 소성시설(예열시설을 포함한다), 용융·용해시설, 건조시설 가) 2007년 1월 31일 이전 설치시설 (1) 크링커 생산량이 연 200,000톤 이상인 시설 (2) 크링커 생산량이 연 200,000톤 미만인 시설 나) 2007년 2월 1일 이후 설치시설 (1) 크링커 생산량이 연 200,000톤 이상인 시설 (2) 크링커 생산량이 연 200,000톤 미만인 시설	 30(13) 이하 150(13) 이하 20(13) 이하 50(13) 이하
	11) 유리 및 유리제품 제조시설(재생용 원료가공시설을 포함한다) 중 용융·용해로 가) 「수도권 대기환경개선에 관한 특별법」에 따른 대기관리권역, 대기환경규제지역, 대기보전 특별대책지역 나) 그 밖의 지역	 300(13) 이하 350(13) 이하
	12) 고형연료제품 사용시설 가) 고형연료제품 사용량이 시간당 2톤 이상인 시설 나) 고형연료제품 사용량이 시간당 200킬로그램 이상 2톤 미만인 시설	 30(12) 이하 50(12) 이하
	13) 화장로시설 가) 2009년 12월 31일 이전에 설치한 시설 나) 2010년 1월 1일 이후에 설치한 시설	 70(12) 이하 30(12) 이하
	14) 그 밖의 배출시설	400 이하
질소산화물 (NO_2로서) (ppm)	1) 일반보일러 가) 액체연료(경질유는 제외한다) 사용시설 (1) 증발량이 시간당 40톤 이상이거나 열량이 시간당 24,760,000킬로칼로리 이상인 시설 (가) 2001년 6월 30일 이전 설치시설 (나) 2001년 7월 1일 이후 설치시설 (2) 증발량이 시간당 10톤 이상 40톤 미만인 시설, 열량이 시간당 6,190,000킬로칼로리 이상 24,760,000킬로칼로리 미만인 시설 (가) 2007년 1월 31일 이전 설치시설 (나) 2007년 2월 1일 이후 설치시설	 150(4) 이하 70(4) 이하 200(4) 이하 100(4) 이하

	(3) 증발량이 시간당 10톤 미만이거나 열량이 시간당 6,190,000킬로칼로리 미만인 시설	
	(가) 2007년 1월 31일 이전 설치시설	200(4) 이하
	(나) 2007년 2월 1일 이후 설치시설	180(4) 이하
	나) 고체연료 사용시설	
	(1) 2007년 1월 31일 이전 설치시설	150(6) 이하
	(2) 2007년 2월 1일 이후 설치시설	70(6) 이하
	다) 국내에서 생산되는 석유코크스 사용시설	150(6) 이하
	라) 그 밖의 배출시설	250 이하
	2) 발전시설	
	가) 액체연료 사용시설	
	(1) 발전용 내연기관	
	(가) 가스터빈	
	① 2001년 6월 30일 이전 설치시설	100(15) 이하
	② 2001년 7월 1일 이후 설치시설	70(15) 이하
	(나) 디젤기관	
	① 2001년 6월 30일 이전 설치시설	600(15) 이하
	② 2001년 7월 1일 이후 설치시설	300(15) 이하
	(2) 그 밖의 발전시설	
	(가) 설비용량 100 MW 이상	
	① 2001년 6월 30일 이전 설치시설	100(4) 이하
	② 2001년 7월 1일 이후 설치시설	70(4) 이하
	(나) 설비용량 100 MW 미만	
	① 2001년 6월 30일 이전 설치시설	150(4) 이하
	② 2001년 7월 1일 이후 설치시설	70(4) 이하
	나) 고체연료 사용시설	
	(1) 1996년 6월 30일 이전 설치시설	150(6) 이하
	(2) 1996년 7월 1일 이후 설치시설	80(6) 이하
	다) 기체연료 사용시설	
	(1) 발전용 내연기관(가스터빈을 포함한다)	
	(가) 2001년 6월 30일 이전 설치시설	100(15) 이하
	(나) 2001년 7월 1일 이후 설치시설	50(15) 이하

(2) 그 밖의 발전시설	
(가) 2001년 6월 30일 이전 설치시설	70(4) 이하
(나) 2001년 7월 1일 이후 설치시설	50(4) 이하
3) 폐수·폐기물·폐가스 소각처리시설	
가) 소각용량이 시간당 2톤(의료폐기물 처리시설은 200킬로그램) 이상인 시설	70(12) 이하
나) 소각용량이 시간당 2톤 미만인 시설	100(12) 이하
4) 제1차금속 제조시설, 조립금속제품 제조시설의 용융·용해로 또는 열처리시설	
가) 배소로	150 이하
나) 용선로의 연소가스시설	100 이하
다) 소결로	
(1) 2007년 1월 31일 이전 설치시설	220(15) 이하
(2) 2007년 2월 1일 이후 설치시설	120(15) 이하
라) 가열로, 열처리로, 소둔로(燒鈍爐), 건조로, 열풍로	
(1) 2007년 1월 31일 이전 설치시설	200(11) 이하
(2) 2007년 2월 1일 이후 설치시설	150(11) 이하
5) 석유제품 제조시설 및 기초유기화합물 제조시설	
가) 가열시설	
(1) 액체연료 사용시설	
(가) 증발량이 시간당 50톤 이상인 시설	
① 2001년 6월 30일 이전 설치시설	200(4) 이하
② 2001년 7월 1일 이후 설치시설	70(4) 이하
(나) 증발량이 시간당 50톤 미만인 시설	200(4) 이하
(2) 기체연료 사용시설	
(가) 증발량이 시간당 50톤 이상인 시설	
① 2001년 6월 30일 이전 설치시설	150(4) 이하
② 2001년 7월 1일 이후 설치시설	100(4) 이하
(나) 증발량이 시간당 50톤 미만인 시설	150(4) 이하
나) 중질유분해시설의 일산화탄소 소각보일러	200(12) 이하

	6) 유리·유리제품 제조시설(재생용 원료가공시설을 포함한다) 중 용융·용해시설	
	가) 개별배출 용량이 일 10톤 이상인 시설	250(13) 이하
	나) 개별배출 용량이 일 10톤 미만인 시설	350(13) 이하
	다) 순산소를 사용하는 유리섬유 생산시설	320 이하
	7) 시멘트·석회·플라스터 및 그 제품 제조시설 중 시멘트 소성시설(예열시설을 포함한다), 용융·용해시설, 건조시설	
	가) 2007년 1월 31일 이전 설치시설	330(13) 이하
	나) 2007년 2월 1일 이후 설치시설	250(13) 이하
	8) 코크스제조시설 및 관련제품 저장시설 중 연소시설	250(7) 이하
	9) 고형연료제품 제조·사용시설 및 관련시설	
	가) 고형연료제품 사용량이 시간당 2톤 이상인 시설	70(12) 이하
	나) 고형연료제품 사용량이 시간당 200킬로그램 이상 2톤 미만인 시설	100(12) 이하
	다) 바이오매스 및 목재펠릿 제조시설 중 건조·가열시설	100 이하
	라) 바이오매스 및 목재펠릿 사용시설	150(12) 이하
	10) 화장로시설	
	가) 2009년 12월 31일 이전에 설치한 시설	100(12) 이하
	나) 2010년 1월 1일 이후에 설치한 시설	70(12) 이하
	11) 그 밖의 배출시설	200 이하
이황화탄소 (ppm)	모든 배출시설	30 이하
포름알데히드 (ppm)	모든 배출시설	10 이하
황화수소 (ppm)	1) 폐수·폐기물·폐가스 소각처리시설(소각보일러를 포함한다)	
	가) 소각용량이 시간당 200킬로그램 이상인 시설	2(12) 이하
	나) 소각용량이 시간당 200킬로그램 미만인 시설	10(12) 이하
	2) 시멘트제조시설 중 소성시설	2(13) 이하
	3) 석유제품 제조시설 및 기초유기화합물 제조시설 중 가열시설, 탈황시설 및 폐가스소각시설	6 이하
	4) 펄프·종이 및 종이제품 제조시설	5 이하

	5) 고형연료제품 사용시설 가) 고형연료제품 사용량이 시간당 2톤 이상인 시설 나) 고형연료제품 사용량이 시간당 200킬로그램 이상 2톤 미만인 시설	 2(12) 이하 10(12) 이하
	6) 그 밖의 배출시설	10 이하
불소화합물 (F로서) (ppm)	1) 도자기·요업제품 제조시설의 소성시설(예열시설을 포함한다), 용융·용해시설	5(13) 이하
	2) 기초무기화합물 제조시설과 화학비료 및 질소화합물 제조시설의 습식인산 제조시설, 복합비료 제조시설, 과인산암모늄 제조시설, 인광석·형석의 용융·용해시설 및 소성시설, 불소화합물 제조시설	5 이하
	3) 폐수·폐기물·폐가스 소각처리시설(소각보일러를 포함한다) 가) 소각용량이 시간당 200킬로그램 이상인 시설 나) 소각용량이 시간당 200킬로그램 미만인 시설	 2(12) 이하 3(12) 이하
	4) 시멘트제조시설 중 소성시설	2(13) 이하
	5) 조립금속제품 제조시설의 반도체 및 기타 전자부품 제조시설 중 표면처리시설(증착시설, 식각시설을 포함한다)	5 이하
	6) 제1차금속 제조시설, 조립금속제품 제조시설의 표면처리시설 중 탈지시설, 산·알칼리처리시설, 화성처리시설, 건조시설, 불산처리시설, 무기산저장시설	3이하
	7) 고형연료제품 사용시설 가) 고형연료제품 사용량이 시간당 2톤 이상인 시설 나) 고형연료제품 사용량이 시간당 200킬로그램 이상 2톤 미만인 시설	 2(12) 이하 3(12) 이하
	8) 그 밖의 배출시설	3 이하
시안화수소 (ppm)	모든 배출시설	10 이하
브롬화합물 (Br로서) (ppm)	모든 배출시설	5 이하
벤젠 (ppm)	모든 배출시설(내부부상 지붕형 또는 외부부상 지붕형 저장시설은 제외한다)	20 이하

페놀화합물 (C_6H_5OH) (ppm)	모든 배출시설	10 이하
수은화합물 (Hg로서) (㎎/S㎥)	1) 폐수·폐기물·폐가스 소각처리시설(소각보일러를 포함한다) 및 고형연료제품 사용시설	0.1(12) 이하
	2) 발전시설(고체연료 사용시설)	0.1(6) 이하
	3) 제1차 금속제조시설 중 소결로	0.1(15) 이하
	4) 시멘트·석회·플라스터 및 그 제품 제조시설 중 시멘트 소성시설	0.1(13) 이하
	5) 그 밖의 배출시설	5 이하
비소화합물 (As로서) (ppm)	1) 폐수·폐기물·폐가스 소각처리시설(소각보일러를 포함한다) 및 고형연료제품 사용시설	0.5(12) 이하
	2) 시멘트제조시설 중 소성시설	0.5(13) 이하
	3) 그 밖의 배출시설	3 이하
염화비닐 (ppm)	이염화에틸렌·염화비닐 및 PVC 제조시설 중 중합반응시설 가) 1996년 6월 30일 이전 설치시설 나) 1996년 7월 1일 이후 설치시설 (1) 괴상중합반응시설 (2) 유화중합 및 공중합 반응시설 (3) 그 밖의 배출시설	 200 이하 50 이하 150 이하 10 이하
탄화수소 (THC로서) (ppm)	1) 연속식 도장시설(건조시설과 분무·분체·침지도장시설을 포함한다)	40 이하
	2) 비연속식 도장시설	200 이하
	3) 인쇄 및 각종 기록매체 제조(복제)시설	200 이하
	4) 시멘트 제조시설 중 소성시설(예열시설을 포함하며, 폐기물을 연료로 사용하는 시설만 해당한다)	60(13)이하
디클로로메탄 (ppm)	모든 배출시설	50 이하

비고

1. 배출허용기준 난의 ( )는 표준산소농도(O_2의 백분율)를 말하며, 유리용해시설에서 공기 대신 순산소를 사용하는 경우, 폐가스소각시설 중 직접연소에 의한 시설, 촉매반응을 이용하는 시설 및 구리제련시설의 건조로, 질소산화물(NO_2로서)의 7)에 해당하는 시설(시멘트 제조시설은 고로슬래그 시멘트 제조시설만 해당한다) 중 열풍을 이용하여 직접 건조하는 시설은 표준산소농도(O_2의 백분율)를 적용하지 아니한다. 다만, 실측산소농도가 12% 미만인 직접연소에 의한 시설은 표준산소농도(O_2의 백분율)를 적용한다.
2. "고형연료제품 사용시설"이란 「자원의 절약과 재활용촉진에 관한 법률」 제25조의2에 따른 해당 시설로서 연료사용량 중 고형연료제품 사용비율이 30퍼센트 이상인 시설을 말한다.
3. 황산화물(SO_2로서)의 1)가)에서 "저황유 사용지역"이란 영 제40조제1항에 따라 고시한 지역을 말한다.
4. 다음 각 시설의 황산화물(SO_2로서)에 대하여는 본문의 배출허용기준에 우선하여 각 시설별로 설정된 예외인정 허용기준을 적용한다.

구분	본문 적용 예외 인정시설	본문 적용 예외인정 허용기준 및 인정기간
가	1)가)에 해당하는 시설 중 「석유 및 석유대체 연료사업법」 제2조제2호에 따른 등유 및 경유만을 사용하는 시설	배출허용기준을 적용하지 아니한다.
나	2)가)(1)(다)시설과 2)나)(1)시설 중 열병합발전시설	1)가)의 기준을 적용한다. 다만, 「집단에너지사업법」에 따른 한국지역난방공사의 열병합 발전시설 중 2000년 12월 31일 이전 설치시설은 150(4) ppm 이하, 청주지역의 2005년 1월 1일 이후 설치시설은 50(4) ppm 이하를 적용한다.
다	2)가)(1)(가)(나)(다) 해당 시설 중 울산화력발전소	4호기, 5호기, 6호기는 150(4) ppm 이하를 적용한다. 다만, 1호기, 2호기, 3호기는 2013년 12월 31일까지 180(4) ppm 이하를 적용한다.
라	2)가)(1)(가)(나)(다) 해당 시설 중 남제주화력발전소	2013년 12월 31일까지 270(4) ppm 이하를 적용한다.
마	2)가)(2)(가) 해당 시설 중 보령화력발전소 1호기, 2호기	2010년 12월 31일까지 1호기, 2호기는 270(6) ppm 이하를 적용한다.
바	2)가)(2)(가) 해당 시설 중 삼천포화력발전소	2)가)(2)(가)의 기준을 적용한다. 다만, 1호기, 2호기, 3호기, 4호기는 70(6) ppm 이하를 적용하고 5호기, 6호기는 140(6) ppm 이하를 적용한다.

사	2)가)(2)(가) 해당 시설 중 호남화력발전소	2010년 12월 31일까지 1호기, 2호기는 270(6) ppm 이하를 적용한다.
아	2)가)(2)(나) 해당 시설 중 부산염색공단 열병합발전소, STX에너지 구미열병합발전소, (주)휴비스 전주공장	부산염색공단 열병합발전소는 2013년 12월 31일까지 270(6) ppm 이하, 2014년 1월 1일부터 150(6) ppm 이하를 적용한다.(다만, 기존시설을 신규로 교체 시에는 2015년도 이후의 해당 기준을 적용한다) STX에너지 구미열병합발전소는 2013년 12월 31일까지 270(6) ppm 이하를 적용한다. (주)휴비스 전주공장의 열병합발전시설은 2013년 12월 31일까지 270(6) ppm 이하, 2017년 12월 31일까지 150(6) ppm 이하를 적용한다.
자	2)가)(2)(나) 해당 시설 중 고려아연	1호기 열병합발전시설은 200(6) ppm 이하를 적용한다.
차	2)나)(2) 해당 시설	국내에서 생산되는 무연탄을 사용하는 시설은 120(6) ppm 이하를 적용하고, 영흥화력발전소 제1호기 및 제2호기는 45(6) ppm 이하, 제3호기부터 제6호기까지는 25(6) ppm 이하를 각각 적용한다.
카	2)가)(2)(가) 해당 시설 중 동해화력발전소	1호기 및 2호기는 150(6) ppm 이하를 적용한다.
타	2)가)(2)(나) 해당 시설 중 대구염색산업단지 열병합발전소	1호기는 2014년 12월 31일까지 270(6) ppm 이하, 2017년 12월 31일까지 250(6) ppm 이하, 2018년 1월 1일부터 80(6) ppm 이하를 적용한다. 2호기, 3호기는 2015년 12월 31일까지 270(6) ppm 이하, 2017년 12월 31일까지 250(6) ppm 이하, 2018년 1월 1일부터 80(6) ppm 이하를 적용한다.

5. 다음 각 시설의 질소산화물(NO_2로서)에 대하여는 본문의 배출허용기준에 우선하여 각 시설별로 설정된 예외인정 허용기준을 적용한다.

구분	본문 적용 예외 인정시설	적용 예외 인정의 허용기준
가	1)가)(1)(가) 해당 시설 중 연료 교체 후 탈황설비를 설치 운영 중인 시설	2012년 12월 31일까지 250(4) ppm 이하를 적용한다.
나	2)가)(1)(가) 해당 시설 중 제주도의 기존시설	400(15) ppm 이하를 적용한다.
다	2)가)(2)(가)① 해당시설 중 울산화력발전소	4호기, 5호기, 6호기는 150(4) ppm 이하를 적용한다. 2013년 12월 31일까지 1호기, 2호기, 3호기는 250(4) ppm 이하를 적용한다.
라	2)가)(2)(가)① 해당 시설 중 영남화력발전소	2014년 1월 31일까지 1호기는 250(4) ppm, 2호기는 150(4) ppm 이하를 적용한다.
마	2)가)(2)(나)① 해당 시설 중 남제주화력발전소, (주)한주	남제주화력발전소의 1호기, 2호기는 2010년 12월 31일까지 250(4) ppm 이하를 적용한다. (주)한주의 벙커시유를 사용하는 예비용 발전시설 (보일러 200톤/시) 9호기, 10호기는 250(4) ppm 이하를 적용한다.
바	2)가)(2)(나)① 해당 시설 중 STX에너지 구미열병합발전소	2013년 12월 31일까지 4호기는 250(4) ppm 이하를 적용한다.
사	2)나)(1) 해당 시설 중 영동화력발전소, 서천화력발전소	영동화력발전소 1호기, 2호기는 2013년 12월 31일 까지 350(6) ppm 이하, 2017년 6월 30일까지 320(6) ppm 이하를 적용하고, 2017년 7월 1일부터 1호기는 90(6) ppm 이하, 2호기는 25(15) ppm 이하를 적용한다. 서천화력발전소 1호기, 2호기는 2013년 12월 31일까지 350(6) ppm 이하, 2017년 6월 30일까지 280(6) ppm 이하, 2017년 7월 1일부터 50(6) ppm 이하를 적용한다.

아	2)나)(1) 해당 시설 중 STX에너지 구미열병합발전소, 부산염색공단 열병합발전소, (주)휴비스 전주공장	STX에너지 구미열병합발전소 1호기, 2호기, 3호기는 2013년 12월 31일까지 320(6) ppm 이하를 적용한다. 부산염색공단 열병합발전소는 2013년 12월 31일까지 320(6) ppm 이하, 2014년 1월 1일부터 150(6) ppm 이하를 적용한다. (다만, 기존시설을 신규로 교체시에는 2015년도 이후의 해당 기준을 적용한다) (주)휴비스 전주공장의 열병합발전시설은 2013년 12월 31일까지 310(6) ppm 이하, 2017년 12월 31일까지 150(6) ppm 이하를 적용한다.
자	2)나)(2) 해당 시설 중 영흥화력발전소	영흥화력발전소 1호기, 2호기는 55(6) ppm 이하를 적용하고 제3호기부터 제6호기까지는 15(6) ppm 이하를 적용한다.
차	2)다)(1)(나) 해당 시설 중 매립가스와 바이오가스를 사용하는 발전량 10 MW 이하의 린번엔진 열병합발전시설	125(13) ppm 이하를 적용한다.
카	2)다)(2)(가) 열병합발전시설 중 카본블랙 제조시설의 폐가스 재이용시설	2009년 12월 31일까지 300(13) ppm 이하를 적용하고, 2010년 1월 1일부터 250(4) ppm 이하를 적용한다.
타	2)나)(1) 해당 시설 중 대구염색단지 열병합발전소	1호기는 2014년 12월 31일까지 350(6) ppm 이하, 2017년 12월 31일까지 250(6) ppm 이하, 2018년 1월 1일부터 80(6) ppm 이하를 적용한다. 2호기, 3호기는 2015년 12월 31일까지 350(6) ppm 이하, 2017년 12월 31일까지 250(6) ppm 이하, 2018년 1월 1일부터 80(6) ppm 이하를 적용한다.
파	2)나)(1) 해당 시설 중 석유코크스 사용시설	2013년 12월 31일까지 350(6) ppm 이하를 적용한다.
하	3)가) 해당 시설 중 폐수소각처리시설	80(12) ppm 이하를 적용한다.

거	6)가) 해당 시설 중 2007년 1월 31일 이전에 SCR를 설치하여 운영하는 경우	300(13) ppm 이하를 적용한다.

6. 탄화수소(THC로서)의 1)의 "연속식 도장시설"이란 1일 8시간 이상 연속하여 가동하는 시설이며, 2)의 "비연속식 도장시설"이란 연속식 도장시설 외의 시설을 말한다.
7. 탄화수소(THC로서)의 도장시설(건조시설을 포함한다) 중 자동차제작자의 도장시설(건조시설을 포함하며, 유기용제 사용량이 연 15톤 이상인 시설만 해당한다)에 대한 배출허용기준은 다음과 같다.

차종		생산규모	적용기간 및 배출허용기준		
			기 존 시 설		신규시설
			2005년1월1일부터 2007년12월31일 까지	2008년1월1일 이후	2005년1월1일 이후
승용자동차		1) 5,000대/년 미만	100 g/㎡ 이하	70 g/㎡ 이하	50 g/㎡ 이하
		2) 5,000대/년 이상	90 g/㎡ 이하	60 g/㎡ 이하	45 g/㎡ 이하
소형상용 자동차		3) 5,000대/년 미만	145 g/㎡ 이하	110 g/㎡ 이하	65 g/㎡ 이하
		4) 5,000대/년 이상	135 g/㎡ 이하	100 g/㎡ 이하	60 g/㎡ 이하
트럭	운전석	5) 2,500대/년 미만	130 g/㎡ 이하	95 g/㎡ 이하	65 g/㎡ 이하
		6) 2,500대/년 이상	120 g/㎡ 이하	90 g/㎡ 이하	60 g/㎡ 이하
	차 체	7) 2,500대/년 미만	145 g/㎡ 이하	110 g/㎡ 이하	80 g/㎡ 이하
		8) 2,500대/년 이상	135 g/㎡ 이하	100 g/㎡ 이하	70 g/㎡ 이하
버스		9) 2,000대/년 미만	370 g/㎡ 이하	250 g/㎡ 이하	200 g/㎡ 이하

	10) 2,000대/년 이상	350 g/㎡ 이하	225 g/㎡ 이하	150 g/㎡ 이하
차체부품		350 g/㎡ 이하	225 g/㎡ 이하	150 g/㎡ 이하

비고

가) 차종의 분류기준은 다음과 같다.

차종	분류기준
승용자동차	차량 총중량이 3.5톤 미만으로 승차인원이 5명 이하인 자동차
소형상용자동차	차량 총중량이 3.5톤 미만이고 승차인원이 15명 이하인 자동차 또는 적재중량이 1톤 이하인 자동차
트럭운전석	차량 총중량이 3.5톤 이상이고 적재중량이 1톤을 초과하는 화물자동차의 운전석
트럭차체	차량 총중량이 3.5톤 이상이고 적재중량이 1톤을 초과하는 화물자동차의 운전석을 제외한 차체
버 스	차량 총중량이 3.5톤 이상이고 승차인원이 15명을 초과하는 자동차
차체부품	위의 분류기준에 따른 차종의 차체부품

나) 적용기간 및 배출허용기준란의 g/㎡는 자동차 표면 도장부위의 단위면적당 사용되는 유기용제로부터 배출되는 탄화수소(THC로서)의 양을 말한다.

다) "기존시설"이란 2004년 12월 31일 이전에 설치되었거나 설치 중인 시설을 말하며, "신규시설"이란 기존시설 외의 시설을 말한다.

라) 생산규모에 따른 차종별 배출량의 산정방법 등 필요한 사항은 환경부장관이 정하여 고시한다.

8. 배출시설란에서 "이전 설치시설"이란 해당 연월일 이전에 배출시설을 설치 중인 시설 및 환경영향평가협의를 요청한 시설을 말하며, "이후 설치시설"이란 해당 연월일 이후에 배출시설 설치허가(신고를 포함한다)를 받은 시설 및 환경영향평가 협의를 요청한 시설을 말한다.
9. 디클로로메탄의 배출허용기준은 2014년 5월 24일부터 적용한다.

나. 입자형태의 물질

대기오염물질	배출시설	배출허용기준
먼지 (mg/S㎥)	1) 일반보일러	
	가) 액체연료 사용시설	
	(1) 증발량이 시간당 150톤 이상 또는 열량이 시간당 92,850,000킬로칼로리 이상인 시설	
	(가) 2001년 6월 30일 이전 설치시설	30(4) 이하
	(나) 2001년 7월 1일 이후 설치시설	20(4) 이하
	(2) 증발량이 시간당 20톤 이상 150톤 미만인 시설 또는 열량이 시간당 12,380,000킬로칼로리 이상 92,850,000킬로칼로리 미만인 시설	
	(가) 2007년 1월 31일 이전 설치시설	40(4) 이하
	(나) 2007년 2월 1일 이후 설치시설	30(4) 이하
	(3) 증발량이 시간당 5톤 이상 20톤 미만인 시설 또는 열량이 3,095,000킬로칼로리 이상 12,380,0000킬로칼로리 미만인 시설	50(4) 이하
	(4) 증발량이 시간당 5톤 미만 또는 열량이 3,095,000킬로칼로리 미만인 시설	70(4) 이하
	나) 고체연료 사용시설(액체연료 혼합시설을 포함한다)	
	(1) 증발량이 시간당 20톤 이상 또는 열량이 시간당 12,380,000킬로칼로리 이상인 시설	30(6) 이하
	(2) 증발량이 시간당 5톤 이상 20톤 미만인 시설 또는 열량이 3,095,000킬로칼로리 이상 12,380,000킬로칼로리 미만인 시설	50(6) 이하
	(3) 증발량이 시간당 5톤 미만 또는 열량이 시간당 3,095,000킬로칼로리 미만인 시설	70(6) 이하
	2) 발전시설	
	가) 액체연료 사용시설	
	(1) 설비용량이 100 MW 이상인 시설	
	(가) 2001년 6월 30일 이전 설치시설	30(4) 이하
	(나) 2001년 7월 1일 이후 설치시설	20(4) 이하
	(2) 발전용량이 100 MW 미만인 시설	
	(가) 2001년 6월 30일 이전 설치시설	40(4) 이하
	(나) 2001년 7월 1일 이후 설치시설	20(4) 이하

(3) 발전용 내연기관	40(15) 이하
나) 고체연료 사용시설(액체연료 혼합시설을 포함한다)	
(1) 발전용량이 500 MW 이상인 시설	
(가) 2001년 6월 30일 이전 설치시설	30(6) 이하
(나) 2001년 7월 1일 이후 설치시설	20(6) 이하
(2) 발전용량이 500 MW 미만인 시설	
(가) 2001년 6월30일 이전 설치시설	40(6) 이하
(나) 2001년 7월 1일 이후 설치시설	30(6) 이하
다) 매립가스 사용시설(10 MW 이상인 시설)	40(13) 이하
3) 폐수·폐기물·폐가스 소각처리시설(소각보일러를 포함한다)	
가) 소각용량이 시간당 2톤(의료폐기물 처리시설은 200킬로그램) 이상인 시설	20(12) 이하
나) 소각용량이 시간당 200킬로그램 이상 2톤 미만인 시설	40(12) 이하
다) 소각용량이 200킬로그램 미만인 시설	70(12) 이하
4) 제1차 금속제조시설·조립금속제품 • 기계 • 기기 • 운송장비 • 가구 제조시설의 용융 • 용해시설 또는 열처리시설	
가) 전기아크로(유도로를 포함한다)	
(1) 1998년 12월 31일 이전 설치시설	20 이하
(2) 1999년 1월 1일 이후 설치시설	10 이하
나) 용선로, 용광로, 용선 예비처리시설, 전로, 정련로, 용융 • 용광로, 도가니로 및 전해로	
(1) 2007년 1월 31일 이전 설치시설	50 이하
(2) 2007년 2월 1일 이후 설치시설	20 이하
다) 소결로, 배소로, 환형로	
(1) 소결로	30(15) 이하
(2) 원료장입, 소결광 후처리시설, 배소로, 환형로	40 이하
라) 가열로, 열처리로, 소둔로, 건조로, 도가니로, 제선로, 용해로, 전해로	40(11) 이하
마) 주물사처리시설, 탈사시설 및 탈청시설	50 이하

5) 화학비료 및 질소화합물 제조시설 중 소성시설, 건조시설	40(10) 이하
6) 코크스 제조시설 및 저장시설 가) 석탄코크스 제조시설 (1) 코크스로 (2) 인출시설, 건식냉각시설, 저장시설 나) 석유코크스 제조시설 (1) 연소시설 (2) 인출시설, 건식냉각시설, 저장시설	 20(7) 이하 20 이하 30(4) 이하 20 이하
7) 아스팔트제품 제조시설 중 건조·선별·혼합시설	50(10) 이하
8) 석유제품 제조시설 및 기초유기화합물 제조시설 가) 황회수시설 및 폐가스소각시설 나) 가열시설 및 촉매재생시설 다) 중질유 분해시설의 일산화탄소 소각보일러	 30(4) 이하 30(4) 이하 50(12) 이하
9) 유리 및 유리제품 제조시설(재생용 원료가공시설을 포함한다)의 용융·용해시설 가) 연속식 탱크로 또는 전기로(상부 개폐형 전기로는 제외한다) 나) 그 밖의 배출시설	 50(13) 이하 50 이하
10) 도자기·요업제품 제조시설 중 용융·용해시설, 소성시설 및 냉각시설	50(16) 이하
11) 시멘트·석회·플라스터 및 그 제품 제조시설 가) 소성시설(예열시설을 포함한다), 용융·용해시설, 건조시설 (1) 2001년 6월 30일 이전 설치시설 (2) 2001년 7월 1일 이후 설치시설 나) 냉각시설(직접 배출시설만 해당한다)	 40(13) 이하 30(13) 이하 40 이하
12) 그 밖의 비금속광물제품 제조시설의 석면 및 암면제품제조 가공시설 가) 방사시설, 집면시설 및 탈판시설 나) 그 밖의 배출시설	 30 이하 70 이하

	13) 입자상물질 발생시설의 도장시설(분무·분체·침지도장시설, 자동차정비업의 경우 동력을 이용한 연마시설을 포함한다) 및 부속 건조시설	50 이하
	14) 조립금속제품 제조시설의 반도체 및 기타 전자부품 제조시설 중 표면가공 및 처리시설(증착시설, 식각시설을 포함한다)	50 이하
	15) 연마·연삭시설, 고체입자상물질 포장·저장·혼합시설, 탈사시설 및 탈청시설	50 이하
	16) 선별시설 및 분쇄시설	50 이하
	17) 고형연료제품 제조·사용시설 및 관련시설	
	가) 고형연료제품 사용량이 시간당 2톤 이상인 시설	20(12) 이하
	나) 고형연료제품 사용량이 시간당 200킬로그램 이상 2톤 미만인 시설	40(12) 이하
	다) 바이오매스 및 목재펠릿 제조시설 중 건조·가열시설	50 이하
	라) 바이오매스 및 목재펠릿 사용시설	50(12) 이하
	18) 금속 표면처리시설	40 이하
	19) 화장로시설	
	가) 2009년 12월 31일 이전에 설치한 시설	70(12) 이하
	나) 2010년 1월 1일 이후에 설치한 시설	20(12) 이하
	20) 그 밖의 배출시설	100 이하
카드뮴화합물 (Cd로서) (mg/S㎥)	1) 폐수·폐기물·폐가스 소각처리시설(소각보일러를 포함한다)	
	가) 소각용량이 시간당 2톤(의료폐기물 처리시설은 200킬로그램) 이상인 시설	0.02(12) 이하
	나) 소각용량이 시간당 200킬로그램 이상 2톤 미만인 시설	0.1(12) 이하
	다) 소각용량이 시간당 200킬로그램 미만인 시설	0.2(12) 이하
	2) 고형연료제품 사용시설	
	가) 고형연료제품 사용량이 시간당 2톤 이상인 시설	0.02(12) 이하
	나) 고형연료제품 사용량이 시간당 200킬로그램 이상 2톤 미만인 시설	0.1(12) 이하
	3) 시멘트제조시설 중 소성시설	0.02(13) 이하
	4) 그 밖의 배출시설	1.0 이하

납화합물 (Pb로서) (mg/S㎥)	1) 폐수・폐기물・폐가스 소각처리시설(소각보일러를 포함한다)	
	가) 소각용량이 시간당 2톤(의료폐기물 처리시설은 200킬로그램) 이상인 시설	0.2(12) 이하
	나) 소각용량이 시간당 200킬로그램 이상 2톤 미만인 시설	1.6(12) 이하
	다) 소각용량이 시간당 200킬로그램 미만인 시설	5(12) 이하
	2) 시멘트제조시설 중 소성시설	0.2(13) 이하
	3) 제1차금속 제조시설, 조립금속제품 제조시설의 용융・제련 및 열처리시설 중 용융·용해로, 용광로, 도가니로, 전해로	10 이하
	4) 고형연료제품 사용시설	
	가) 고형연료제품 사용량이 시간당 2톤 이상인 시설	0.2(12) 이하
	나) 고형연료제품 사용량이 시간당 200킬로그램 이상 2톤 미만인 시설	1.6(12) 이하
	5) 그 밖의 배출시설	5 이하
크롬화합물 (Cr로서) (mg/S㎥)	1) 폐수·폐기물·폐가스 소각처리시설	0.5(12) 이하
	2) 시멘트제조시설 중 소성시설	0.5(13) 이하
	3) 그 밖의 배출시설	1.0 이하
구리화합물 (Cu로서) (mg/S㎥)	모든 배출시설	10 이하
니켈 및 그 화합물 (mg/S㎥)	모든 배출시설	20 이하
아연화합물 (Zn로서) (mg/S㎥)	모든 배출시설	10 이하
비산먼지 (mg/S㎥)	1)시멘트 제조시설	0.3 이하
	2)그 밖의 배출시설	0.5 이하

매연	모든 배출시설	링겔만비탁표 2도 이하

비고

1. 배출허용기준 난의 ( )는 표준산소농도(O_2의 백분율)를 말하며, 다음의 시설에 대하여는 표준산소농도(O_2의 백분율)를 적용하지 아니한다.
   가. 폐가스소각시설 중 직접연소에 의한 시설과 촉매반응을 이용하는 시설. 다만, 실측산소농도가 12% 미만인 직접연소에 의한 시설은 표준산소농도(O_2의 백분율)를 적용한다.
   나. 먼지의 5) 및 11)(시멘트 제조시설은 고로슬래그 시멘트 제조시설만 해당한다)에 해당하는 시설 중 열풍을 이용하여 직접 건조하는 시설
   다. 공기 대신 순산소를 사용하는 시설
   라. 구리제련시설의 건조로
   마. 그 밖에 공정의 특성상 표준산소농도 적용이 불가능한 시설로서 시·도지사가 인정하는 시설
2. 일반보일러의 경우에는 시설의 고장 등을 대비하여 허가를 받거나 신고하여 예비로 설치된 시설의 시설용량은 포함하지 아니한다.
3. "고형연료제품 사용시설"이란 「자원의 절약과 재활용촉진에 관한 법률」 제25조의2에 따른 해당 시설로서 연료사용량 중 고형연료제품 사용비율이 30퍼센트 이상인 시설을 말한다.
4. 「집단에너지사업법」에 따른 지역난방 열병합발전시설 중 영 제43조제3항에 따라 환경부장관으로부터 청정연료 외의 연료사용을 인정받은 시설(안산지역)의 먼지에 대하여는 20(4) mg/S㎥ 이하의 기준을 적용하고, 청주지역 시설의 먼지에 대하여는 2001년 4월 14일부터 25(4) mg/S㎥ 이하를 적용한다.
5. 먼지의 2)나)에 해당하는 시설 중 영흥화력발전소 제1호기 및 제2호기는 20(6) mg/S㎥ 이하, 제3호기부터 제6호기까지는 5(6) mg/S㎥ 이하를 각각 적용한다.
6. 배출시설란에서 "이전 설치시설"이란 해당 연월일 이전에 배출시설을 설치 중인 시설 및 환경영향평가협의를 요청한 시설을 말하며, "이후 설치시설"이란 해당 연월일 이후에 배출시설 설치허가(신고를 포함한다)를 받은 시설 및 환경영향평가협의를 요청한 시설을 말한다.
7. 삭제 <2012.12.31>

2. 2015년 1월 1일부터 적용되는 배출허용기준

가. 가스형태의 물질

1) 일반적인 배출허용기준

대기오염물질	배출시설	배출허용기준
암모니아 (ppm)	1) 화학비료 및 질소화합물 제조시설	20 이하
	2) 무기안료·염료·유연제·착색제 제조시설	20 이하
	3) 폐수·폐기물·폐가스 소각처리시설(소각보일러를 포함한다) 및 고형연료제품 사용시설	30(12) 이하
	4) 시멘트 제조시설 중 소성시설	30(13) 이하
	5) 그 밖의 배출시설	50 이하
일산화탄소 (ppm)	1) 폐수·폐기물·폐가스 소각처리시설(소각보일러를 포함한다)	
	가) 소각용량이 시간당 2톤(의료폐기물 처리시설은 시간당 200 kg) 이상인 시설	50(12) 이하
	나) 소각용량 시간당 2톤 미만인 시설	200(12) 이하
	2) 석유 정제품 제조시설 중 중질유분해시설의 일산화탄소 소각보일러	200(12) 이하
	3) 고형연료제품 제조·사용시설 및 관련시설	
	가) 고형연료제품 사용량이 시간당 2톤 이상인 시설	50(12) 이하
	나) 고형연료제품 사용량이 시간당 200킬로그램 이상 2톤 미만인 시설	200(12) 이하
	다) 생활폐기물 고형연료제품(RDF) 제조시설 중 건조·가열시설	300(15) 이하
	라) 바이오매스 및 목재펠릿 사용시설	200(12) 이하
	4) 화장로시설	
	가) 2009년 12월 31일 이전에 설치한 시설	200(12) 이하
	나) 2010년 1월 1일 이후에 설치한 시설	80(12) 이하

염화수소 (ppm)	1) 기초무기화합물 제조시설 중 염산 제조시설(염산, 염화수소 회수시설을 포함한다) 및 저장시설	6 이하
	2) 기초무기화합물 제조시설 중 폐염산 정제시설(염산 및 염화수소 회수시설을 포함한다) 및 저장시설	15 이하
	3) 1차 금속제조시설, 금속가공제품·기계·기기·운송장비·가구 제조시설의 표면처리시설 중 탈지시설, 산·알칼리 처리시설	3 이하
	4) 폐수·폐기물·폐가스 소각처리시설(소각보일러를 포함한다)	
	가) 소각용량이 시간당 2톤(의료폐기물 처리시설은 시간당200 kg) 이상인 시설	15(12) 이하
	나) 소각용량 시간당 2톤 미만인 시설	20(12) 이하
	5) 유리 및 유리제품 제조시설 중 용융·용해시설	2(13) 이하
	6) 시멘트·석회·플라스터 및 그 제품 제조시설, 기타 비금속광물제품 제조시설 중 소성시설(예열시설을 포함한다), 용융·용해시설, 건조시설	12(13) 이하
	7) 반도체 및 기타 전자부품 제조시설 중 증착(蒸着)시설, 식각(蝕刻)시설 및 표면처리시설	5 이하
	8) 고형연료제품 사용시설	
	가) 고형연료제품 사용량이 시간당 2톤 이상인 시설	15(12) 이하
	나) 고형연료제품 사용량이 시간당 200킬로그램 이상 2톤 미만인 시설	20(12) 이하
	9) 화장로시설	20(12) 이하
	10) 그 밖의 배출시설	6 이하
황산화물 (SO_2로서) (ppm)	1) 일반보일러 가) 액체연료 사용시설 (1) 증발량이 시간당 40톤 이상이거나 열량이 시간당 24,760,000킬로칼로리 이상인 시설	

	(가) 2004년 12월 31일 이전 설치시설	
	① 0.3% 이하 저황유 사용지역	180(4) 이하
	② 그 밖의 지역	150(4) 이하
	(나) 2005년 1월 1일 이후 설치시설	100(4) 이하
	(다) 2015년 1월 1일 이후 설치시설	50(4)
	(2) 증발량이 시간당 10톤 이상 40톤 미만인 시설, 열량이시간당 6,190,000킬로칼로리 이상 24,760,000 킬로칼로리 미만인 시설	
	(가) 2014년 12월 31일 이전 설치시설	
	① 0.3% 이하 저황유 사용지역	180(4) 이하
	② 0.5% 이하 저황유 사용지역	270(4) 이하
	③ 그 밖의 지역	540(4) 이하
	(나) 2015년 1월 1일 이후 설치시설	70(4) 이하
	(3) 증발량이 시간당 10톤 미만이거나 열량이 시간당 6,190,000킬로칼로리 미만인 시설	
	(가) 0.3% 이하 저황유 사용지역	180(4) 이하
	(나) 0.5% 이하 저황유 사용지역	270(4) 이하
	(다) 그 밖의 지역	540(4) 이하
	나) 고체연료 사용시설(액체연료 혼합시설을 포함한다)	
	(1) 2001년 6월 30일 이전 설치시설	180(6) 이하
	(2) 2001년 7월 1일 이후 설치시설	150(6) 이하
	(3) 2015년 1월 1일 이후 설치시설	70(6) 이하
	다) 기체연료사용시설	
	(1) 2014년 12월 31일 이전 설치시설	100(4) 이하
	(2) 2015년 1월 1일 이후 설치시설	50(4) 이하
	라) 바이오가스 사용시설	180(4) 이하
	2) 발전시설	
	가) 액체연료 사용시설	
	(1) 발전용 내연기관	
	(가) 설비용량 100 MW 이상	
	① 1996년 6월 30일 이전 설치시설	30(15) 이하
	② 1996년 7월 1일 이후 설치시설	25(15) 이하

	③ 2015년 1월 1일 이후 설치시설	20(15) 이하
	(나) 설비용량 100 MW 미만	
	① 1996년 6월 30일 이전 설치시설	60(15) 이하
	② 1996년 7월 1일 이후 설치시설	25(15) 이하
	③ 2015년 1월 1일 이후 설치시설	20(15) 이하
	(2) 그 밖의 발전시설	
	(가) 설비용량 100 MW 이상	
	① 1996년 6월 30일 이전 설치시설	80(4) 이하
	② 1996년 7월 1일 이후 설치시설	70(4) 이하
	③ 2015년 1월 1일 이후 설치시설	50(4) 이하
	(나) 설비용량 100 MW 미만	
	① 1996년 6월 30일 이전 설치시설	180(4) 이하
	② 1996년 7월 1일 이후 설치시설	70(4) 이하
	③ 2015년 1월 1일 이후 설치시설	50(4) 이하
	나) 고체연료 사용시설(액체연료 혼합시설을 포함한다)	
	(1) 설비용량 100 MW 이상	
	(가) 1996년 6월 30일 이전 설치시설	100(6) 이하
	(나) 2014년 12월 31일 이전 설치시설	80(6) 이하
	(다) 2015년 1월 1일 이후 설치시설	50(6) 이하
	(2) 설비용량 100 MW 미만	
	(가) 1996년 6월 30일 이전 설치시설	130(6) 이하
	(나) 2014년 12월 31일 이전 설치시설	80(6) 이하
	(다) 2015년 1월 1일 이후 설치시설	50(6) 이하
	다) 국내생산 무연탄 사용시설	
	(1) 1996년 6월 30일 이전 설치시설	
	(가) 설비용량 100 MW 이상	100(6) 이하
	(나) 설비용량 100 MW 미만	150(6) 이하
	(2) 2014년 12월 31일 이전 설치시설	80(6) 이하
	(3) 2015년 1월 1일 이후 설치시설	50(6) 이하

	라) 국내에서 생산되는 석유코크스 사용시설	
	(1) 2014년 12월 31일 이전 설치시설	210(6) 이하
	(2) 2015년 1월 1일 이후 설치시설	50(6) 이하
	마) 기체연료 사용시설	
	(1) 2014년 12월 31일 이전 설치시설	
	(가) 발전용 내연기관(가스터빈을 포함한다)	35(15) 이하
	(나) 열병합 발전시설 중 카본블랙 제조시설의 폐가스 재이용시설	300(6) 이하
	(다) 그 밖의 발전시설	100(4) 이하
	(2) 2015년 1월 1일 이후 설치시설	
	(가) 발전용 내연기관(가스터빈을 포함한다)	20(15) 이하
	(나) 열병합 발전시설 중 카본블랙 제조시설의 폐가스 재이용시설	180(6) 이하
	(다) 그 밖의 발전시설	100(4) 이하
	바) 바이오가스 사용시설	180(4) 이하
	3) 1차 금속제조시설, 금속가공제품·기계·기기·운송장비·가구 제조시설의 용융·용해로 또는 열처리시설	
	가) 배소로(焙燒爐), 용광로(鎔鑛爐) 및 용선로(鎔銑爐)의 연소가스시설	
	(1) 2007년 1월 31일 이전 설치시설	200 이하
	(2) 2007년 2월 1일 이후 설치시설	130 이하
	(3) 2015년 1월 1일 이후 설치시설	65 이하
	나) 소결로(燒結爐)의 연소시설	
	(1) 2007년 1월 31일 이전 설치시설	200(15) 이하
	(2) 2007년 2월 1일 이후 설치시설	130(15) 이하
	(3) 2015년 1월 1일 이후 설치시설	65(15) 이하
	4) 기초무기화합물 제조시설 중 황산제조시설	250(8) 이하
	5) 화학비료 및 질소화합물 제조시설 중 혼합시설, 반응시설, 정제시설 및 농축시설	120 이하
	6) 석유정제품 제조시설	
	가) 황 회수시설	
	(1) 2014년 12월 31일 이전 설치시설	240(4) 이하
	(2) 2015년 1월 1일 이후 설치시설	150(4) 이하

	나) 가열시설	
	(1) 0.3% 이하 저황유 사용지역	180(4) 이하
	(2) 그 밖의 지역	180(4) 이하
	다) 중질유 분해시설의 일산화탄소 소각보일러 중 건식 황산회수시설	
	(1) 2014년 12월 31일 이전 설치시설	360(12) 이하
	(2) 2015년 1월 1일 이후 설치시설	50(12) 이하
	라) 중질유 분해시설의 일산화탄소 소각보일러 중 습식탈황시설	
	(1) 2014년 12월 31일 이전 설치시설	50(12) 이하
	(2) 2015년 1월 1일 이후 설치시설	50(12) 이하
	7) 기초유기화합물 제조시설 중 가열시설	380(4) 이하
	8) 석탄가스화 연료 제조시설	
	가) 건조시설 및 분쇄시설	
	(1) 2014년 12월 31일 이전 설치시설	120(8) 이하
	(2) 2015년 1월 1일 이후 설치시설	50(8) 이하
	나) 연소시설	120(7) 이하
	다) 황 회수시설	
	(1) 2014년 12월 31일 이전 설치시설	240(4) 이하
	(2) 2015년 1월 1일 이후 설치시설	150(4) 이하
	라) 황산 제조시설	
	(1) 2014년 12월 31일 이전 설치시설	250(8) 이하
	(2) 2015년 1월 1일 이후 설치시설	120(8) 이하
	9) 코크스 제조시설 중 연소시설	120(7) 이하
	10) 폐수·폐기물·폐가스 소각처리시설(소각보일러를 포함한다)	
	가) 소각용량이 시간당 2톤(의료폐기물 처리시설은 200킬로그램) 이상인 시설	30(12) 이하
	나) 소각용량이 시간당 200킬로그램 이상 2톤(의료폐기물 처리시설은 200킬로그램) 미만인 시설	40(12) 이하
	다) 소각용량이 시간당 200킬로그램 미만인 시설	50(12) 이하
	11) 시멘트·석회·플라스터 및 그 제품 제조시설 중 시멘트 소성시설(예열시설을 포함한다), 용융·용해시설, 건조시설	

	가) 2007년 1월 31일 이전 설치시설	
	(1) 크링커 생산량이 연 200,000톤 이상인 시설	30(13) 이하
	(2) 크링커 생산량이 연 200,000톤 미만인 시설	150(13) 이하
	나) 2007년 2월 1일 이후 설치시설	
	(1) 크링커 생산량이 연 200,000톤 이상인 시설	20(13) 이하
	(2) 크링커 생산량이 연 200,000톤 미만인 시설	50(13) 이하
	다) 2015년 1월 1일 이후 설치시설	
	(1) 크링커 생산량이 연 200,000톤 이상인 시설	10(13) 이하
	(2) 크링커 생산량이 연 200,000톤 미만인 시설	20(13) 이하
	12) 유리 및 유리제품 제조시설(재생용 원료가공시설을 포함한다) 중 용융·용해로	
	가) 2014년 12월 31일 이전 설치시설	
	(1) 「수도권 대기환경개선에 관한 특별법」에 따른 대기관리권역, 대기환경규제지역, 대기보전 특별대책지역	250(13) 이하
	(2) 그 밖의 지역	300(13) 이하
	나) 2015년 1월 1일 이후 설치시설	
	(1) 「수도권 대기환경개선에 관한 특별법」에 따른 대기관리권역, 대기환경규제지역, 대기보전 특별대책지역	200(13) 이하
	(2) 그 밖의 지역	200(13) 이하
	13) 고형연료제품 제조 사용시설 및 관련시설	
	가) 고형연료제품 사용량이 시간당 2톤 이상인 시설	30(12) 이하
	나) 고형연료제품 사용량이 시간당 200킬로그램 이상 2톤 미만인 시설	40(12) 이하
	다) 생활폐기물 고형연료제품(RDF) 제조시설 중 건조·가열시설	100(15) 이하
	14) 화장로시설	
	가) 2009년 12월 31일 이전에 설치한 시설	70(12) 이하
	나) 2010년 1월 1일 이후에 설치한 시설	30(12) 이하
	15) 그 밖의 배출시설	400 이하

질소산화물 (NO_2로서) (ppm)	1) 일반보일러 가) 액체연료(경질유는 제외한다) 사용시설 (1) 증발량이 시간당 40톤 이상이거나 열량이 시간당 24,760,000킬로칼로리 이상인 시설 (가) 2001년 6월 30일 이전 설치시설 (나) 2001년 7월 1일 이후 설치시설 (다) 2015년 1월 1일 이후 설치시설 (2) 증발량이 시간당 10톤 이상 40톤 미만인 시설, 열량이시간당 6,190,000킬로칼로리 이상 24,760,000킬로칼로리 미만인 시설 (가) 2007년 1월 31일 이전 설치시설 (나) 2007년 2월 1일 이후 설치시설 (다) 2015년 1월 1일 이후 설치시설 (3) 증발량이 시간당 10톤 미만이거나 열량이 시간당 6,190,000킬로칼로리 미만인 시설 (가) 2007년 1월 31일 이전 설치시설 (나) 2007년 2월 1일 이후 설치시설 (다) 2015년 1월 1일 이후 설치시설 나) 고체연료 사용시설 (1) 2007년 1월 31일 이전 설치시설 (2) 2007년 2월 1일 이후 설치시설 다) 국내에서 생산되는 석유코크스 사용시설 (1) 2014년 12월 31일 이전 설치시설 (2) 2015년 1월 1일 이후 설치시설 라) 기체연료 사용시설 (1) 증발량이 시간당 40톤 이상이거나 열량이 시간당 24,760,000킬로칼로리 이상인 시설 (가) 2014년 12월 31일 이전 설치시설 (나) 2015년 1월 1일 이후 설치시설	 130(4) 이하 70(4) 이하 50(4) 이하 180(4) 이하 100(4) 이하 70(4) 이하 180(4) 이하 180(4) 이하 70(4) 이하 120(6) 이하 70(6) 이하 120(6) 이하 70(6) 이하 150(4) 이하 40(4) 이하

(2) 증발량이 시간당 10톤 이상 40톤 미만인 시설, 열량이 시간당 6,190,000킬로칼로리 이상 24,760,000킬로칼로리 미만인 시설	
(가) 2014년 12월 31일 이전 설치시설	150(4) 이하
(나) 2015년 1월 1일 이후 설치시설	60(4) 이하
(3) 증발량이 시간당 10톤 미만이거나 열량이 시간당 6,190,000킬로칼로리 미만인 시설	
(가) 2014년 12월 31일 이전 설치시설	150(4) 이하
(나) 2015년 1월 1일 이후 설치시설	60(4) 이하
마) 바이오가스 사용시설	160(4) 이하
바) 그 밖의 배출시설	
(1) 2014년 12월 31일 이전 설치시설	250 이하
(2) 2015년 1월 1일 이후 설치시설	60 이하
2) 발전시설	
가) 액체연료 사용시설	
(1) 발전용 내연기관	
(가) 가스터빈	
① 2001년 6월 30일 이전 설치시설	80(15) 이하
② 2001년 7월 1일 이후 설치시설	70(15) 이하
③ 2015년 1월 1일 이후 설치시설	50(15) 이하
(나) 디젤기관	
① 2001년 6월 30일 이전 설치시설	530(15) 이하
② 2001년 7월 1일 이후 설치시설	270(15) 이하
③ 2015년 1월 1일 이후 설치시설	90(15) 이하
(2) 그 밖의 발전시설	
(가) 설비용량 100 MW 이상	
① 2001년 6월 30일 이전 설치시설	90(4) 이하
② 2001년 7월 1일 이후 설치시설	70(4) 이하
③ 2015년 1월 1일 이후 설치시설	50(4) 이하
(나) 설비용량 100 MW 미만	
① 2001년 6월 30일 이전 설치시설	140(4) 이하
② 2001년 7월 1일 이후 설치시설	70(4) 이하
③ 2015년 1월 1일 이후 설치시설	50(4) 이하

	나) 고체연료 사용시설	
	(1) 1996년 6월 30일 이전 설치시설	140(6) 이하
	(2) 1996년 7월 1일 이후 설치시설	70(6) 이하
	(3) 2015년 1월 1일 이후 설치시설	50(6) 이하
	다) 기체연료 사용시설	
	(1) 발전용 내연기관(가스터빈을 포함한다)	
	(가) 2001년 6월 30일 이전 설치시설	80(15) 이하
	(나) 2001년 7월 1일 이후 설치시설	50(15) 이하
	(다) 2015년 1월 1일 이후 설치시설	20(15) 이하
	(2) 열병합 발전시설 중 카본블랙 제조시설의 폐가스 재이용시설	
	(가) 2001년 6월 30일 이전 설치시설	220(6) 이하
	(나) 2001년 7월 1일 이후 설치시설	220(6) 이하
	(다) 2015년 1월 1일 이후 설치시설	180(6) 이하
	(3) 매립가스와 바이오가스를 사용하지 않는 린번엔진 발전용 내연기관	
	(가) 2001년 6월 30일 이전 설치시설	80(15)
	(나) 2001년 7월 1일 이후 설치시설	50(15)
	(4) 매립가스와 바이오가스를 사용하는 린번엔진 발전용 내연기관	95(15)
	(5) 바이오가스 사용시설	160(4)
	(6) 그 밖의 발전시설	
	(가) 2001년 6월 30일 이후 설치시설	60(4) 이하
	(나) 2001년 7월 1일 이후 설치시설	50(4) 이하
	(다) 2015년 1월 1일 이후 설치시설	25(4) 이하
	3) 폐수·폐기물·폐가스 소각처리시설	
	가) 소각용량이 시간당 2톤(의료폐기물 처리시설은 200 킬로그램) 이상인 시설	70(12) 이하
	나) 소각용량이 시간당 2톤(의료폐기물 처리시설은 200 킬로그램) 미만인 시설	90(12) 이하
	4) 1차금속 제조시설, 금속가공제품 제조시설의 용융·용해로 또는 열처리시설	
	가) 배소로	
	(1) 2007년 1월 31일 이전 설치시설	120 이하

	(2) 2007년 2월 1일 이후 설치시설	120 이하
	(3) 2015년 1월 1일 이후 설치시설	80 이하
	나) 용선로의 연소가스시설	
	(1) 2007년 1월 31일 이전 설치시설	100 이하
	(2) 2007년 2월 1일 이후 설치시설	100 이하
	(3) 2015년 1월 1일 이후 설치시설	80 이하
	다) 소결로	
	(1) 2007년 1월 31일 이전 설치시설	200(15) 이하
	(2) 2007년 2월 1일 이후 설치시설	120(15) 이하
	(3) 2015년 1월 1일 이후 설치시설	80(15) 이하
	라) 가열로, 열처리로, 소둔로(燒鈍爐), 건조로, 열풍로	
	(1) 2007년 1월 31일 이전 설치시설	200(11) 이하
	(2) 2007년 2월 1일 이후 설치시설	150(11) 이하
	(3) 2015년 1월 1일 이후 설치시설	80(11) 이하
	5) 석유 정제품 제조시설 및 기초유기화합물 제조시설	
	가) 가열시설	
	(1) 액체연료 사용시설	
	(가) 증발량이 시간당 50톤 이상인 시설	
	① 2001년 6월 30일 이전 설치시설	180(4) 이하
	② 2001년 7월 1일 이후 설치시설	70(4) 이하
	(나) 증발량이 시간당 50톤 미만인 시설	180(4) 이하
	(2) 기체연료 사용시설	
	(가) 증발량이 시간당 50톤 이상인 시설	
	① 2001년 6월 30일 이전 설치시설	150(4) 이하
	② 2001년 7월 1일 이후 설치시설	100(4) 이하
	(나) 증발량이 시간당 50톤 미만인 시설	150(4) 이하
	나) 중질유분해시설의 일산화탄소 소각보일러	150(12) 이하
	6) 유리·유리제품 제조시설(재생용 원료가공시설을 포함한다) 중 용융·용해시설	
	가) 개별배출 용량이 일 10톤 이상인 시설	
	(1) 2014년 12월 31일 이전 설치시설	230(13) 이하
	(2) 2015년 1월 1일 이후 설치시설	180(13) 이하

	나) 개별배출 용량이 일 10톤 미만인 시설	
	(1) 2014년 12월 31일 이전 설치시설	330(13) 이하
	(2) 2015년 1월 1일 이후 설치시설	180(13) 이하
	다) 순산소를 사용하는 유리섬유 생산시설	
	(1) 2014년 12월 31일 이전 설치시설	260 이하
	(2) 2015년 1월 1일 이후 설치시설	180 이하
	7) 시멘트·석회·플라스터 및 그 제품 제조시설 중 소성시설(예열시설을 포함한다), 용융·용해시설, 건조시설	
	가) 2007년 1월 31일 이전 설치시설	330(13) 이하
	나) 2007년 2월 1일 이후 설치시설	250(13) 이하
	다) 2015년 1월 1일 이후 설치시설	100(13) 이하
	8) 석탄가스화 연료 제조시설	
	가) 건조시설 및 분쇄시설	200(8) 이하
	나) 연소시설	150(7) 이하
	다) 황 회수시설	200(4) 이하
	라) 황산 제조시설	180(8) 이하
	9) 코크스제조시설 및 관련제품 저장시설 중 연소시설	
	가) 2006년 12월 31일 이전 설치시설	250(7) 이하
	나) 2007년 1월 1일 이후 설치시설	150(7) 이하
	10) 고형연료제품 제조·사용시설 및 관련시설	
	가) 고형연료제품 사용량이 시간당 2톤 이상인 시설	90(12) 이하
	나) 고형연료제품 사용량이 시간당 200킬로그램 이상 2톤 미만인 시설	80(12) 이하
	다) 생활폐기물 고형연료제품(RDF) 제조시설 중 건조·가열시설	100(15) 이하
	라) 바이오매스 및 목재펠릿 제조시설 중 건조·가열시설	100 이하
	마) 바이오매스 및 목재펠릿 사용시설	150(12) 이하
	11) 화장로시설	
	가) 2009년 12월 31일 이전에 설치한 시설	100(12) 이하
	나) 2010년 1월 1일 이후에 설치한 시설	70(12) 이하
	12) 그 밖의 배출시설	200 이하

이황화탄소 (ppm)	모든 배출시설	30 이하
포름알데히드 (ppm)	모든 배출시설	10 이하
황화수소 (ppm)	1) 폐수·폐기물·폐가스 소각처리시설(소각보일러를 포함한다)	
	가) 소각용량이 시간당 200킬로그램 이상인 시설	2(12) 이하
	나) 소각용량이 시간당 200킬로그램 미만인 시설	10(12) 이하
	2) 시멘트제조시설 중 소성시설	2(13) 이하
	3) 석유 정제품 제조시설 및 기초유기화합물 제조시설 중 가열시설, 탈황시설 및 폐가스소각시설	6(4) 이하
	4) 펄프·종이 및 종이제품 제조시설	5 이하
	5) 고형연료제품 사용시설	
	가) 고형연료제품 사용량이 시간당 2톤 이상인 시설	2(12) 이하
	나) 고형연료제품 사용량이 시간당 200킬로그램 이상 2톤 미만인 시설	10(12) 이하
	6) 석탄가스화 연료 제조시설	
	가) 황 회수시설	6(4) 이하
	나) 황산 제조시설	6(8) 이하
	7) 그 밖의 배출시설	10 이하
불소화합물 (F로서) (ppm)	1) 도자기·요업제품 제조시설의 소성시설(예열시설을 포함한다), 용융·용해시설	5(13) 이하
	2) 기초무기화합물 제조시설과 화학비료 및 질소화합물 제조시설의 습식인산 제조시설, 복합비료 제조시설, 과인산암모늄 제조시설, 인광석·형석의 용융·용해시설 및 소성시설, 불소화합물 제조시설	3 이하
	3) 폐수·폐기물·폐가스 소각처리시설(소각보일러를 포함한다)	
	가) 소각용량이 시간당 200킬로그램 이상인 시설	2(12) 이하
	나) 소각용량이 시간당 200킬로그램 미만인 시설	3(12) 이하

	4) 시멘트제조시설 중 소성시설	2(13) 이하
	5) 반도체 및 기타 전자부품 제조시설 중 표면처리시설(증착시설, 식각시설을 포함한다)	
	가) 2014년 12월 31일 이전 설치시설	5 이하
	나) 2015년 1월 1일 이후 설치시설	3 이하
	6) 1차금속 제조시설, 금속가공제품 제조시설의 표면처리시설 중 탈지시설, 산·알칼리처리시설, 화성처리시설, 건조시설, 불산처리시설, 무기산저장시설	3 이하
	7) 고형연료제품 사용시설	
	가) 고형연료제품 사용량이 시간당 2톤 이상인 시설	2(12) 이하
	나) 고형연료제품 사용량이 시간당 200킬로그램 이상 2톤 미만인 시설	3(12) 이하
	8) 그 밖의 배출시설	3 이하
시안화수소 (ppm)	1) 아크릴로니트릴 제조시설의 폐가스 소각시설	10 이하
	2) 그 밖의 배출시설	5 이하
브롬화합물 (ppm)	모든 배출시설	3 이하
벤젠 (ppm)	모든 배출시설(내부부상 지붕형 또는 외부부상 지붕형 저장시설은 제외한다)	10 이하
페놀화합물 (C_6H_5OH) (ppm)	모든 배출시설	5 이하
수은화합물 (Hg로서) (mg/S㎥)	1) 폐수·폐기물·폐가스 소각처리시설(소각보일러를 포함한다) 및 고형연료제품 사용시설	0.08(12) 이하
	2) 발전시설(고체연료 사용시설)	0.05(6) 이하
	3) 1차금속 제조시설 중 소결로	0.05(15) 이하
	4) 시멘트·석회·플라스터 및 그 제품 제조시설 중 시멘트 소성시설	0.08(13) 이하
	5) 그 밖의 배출시설	2 이하
비소화합물 (As로서) (ppm)	1) 폐수·폐기물·폐가스 소각처리시설(소각보일러를 포함한다) 및 고형연료제품 사용시설	0.25(12) 이하
	2) 시멘트제조시설 중 소성시설	0.25(13) 이하
	3) 그 밖의 배출시설	2 이하

염화비닐 (ppm)	이염화에틸렌·염화비닐 및 PVC 제조시설 중 중합반응시설 가) 1996년 6월 30일 이전 설치시설 (1) 현탁중합반응시설 (2) 괴상중합반응시설 (3) 유화중합반응시설 (4) 공중합반응시설 (5) 그 밖의 배출시설 나) 1996년 7월 1일 이후 설치시설 (1) 현탁중합반응시설 (2) 괴상중합반응시설 (3) 유화중합반응시설 (4) 공중합반응시설 (5) 그 밖의 배출시설	 50 이하 80 이하 150 이하 180 이하 10 이하 10 이하 30 이하 100 이하 180 이하 10 이하
탄화수소 (THC로서) (ppm)	1) 연속식 도장시설(건조시설과 분무·분체·침지도장시설을 포함한다)	40 이하
	2) 비연속식 도장시설(건조시설과 분무·분체·침지도장시설을 포함한다)	200 이하
	3) 인쇄 및 각종 기록매체 제조(복제)시설	200 이하
	4) 시멘트 제조시설 중 소성시설(예열시설을 포함하며, 폐기물을 연료로 사용하는 시설만 해당한다)	60(13)이하
디클로로메탄 (ppm)	모든 배출시설	50 이하

2) 1)에도 불구하고 단일한 특정대기유해물질을 연간 10톤 이상 배출하는 사업장에 대하여 해당 특정대기유해물질의 배출허용기준을 적용할 때에는 다음 표의 기준을 따른다.

대기오염물질	배출시설	배출허용기준
염화수소 (ppm)	1) 기초무기화합물 제조시설 중 염산 제조시설(염산, 염화수소 회수시설을 포함한다) 및 저장시설	5 이하
	2) 기초무기화합물 제조시설 중 폐염산 정제시설(염산 및 염화수소 회수시설을 포함한다) 및 저장시설	8 이하

	3) 1차금속 제조시설, 금속가공제품·기계·기기·운송장비·가구 제조시설의 표면처리시설 중 탈지시설, 산·알칼리 처리시설	2 이하
	4) 폐수·폐기물·폐가스 소각처리시설(소각보일러를 포함한다)	
	가) 소각용량이 시간당 2톤(의료폐기물 처리시설은 시간당 200 kg) 이상인 시설	12(12) 이하
	나) 소각용량 시간당 2톤 미만인 시설	15(12) 이하
	5) 유리 및 유리제품 제조시설 중 용융·용해시설	1(13) 이하
	6) 시멘트·석회·플라스터 및 그 제품 제조시설, 기타 비금속광물제품 제조시설 중 소성시설(예열시설을 포함한다), 용융·용해시설, 건조시설	10(13) 이하
	7) 반도체 및 기타 전자부품 제조시설 중 증착(蒸着)시설, 식각(蝕刻)시설 및 표면처리시설	3 이하
	8) 고형연료제품 사용시설	12(12) 이하
	9) 화장로시설	10(12) 이하
	10) 그 밖의 배출시설	5 이하
포름알데히드 (ppm)	모든 배출시설	5 이하
불소화합물 (F로서) (ppm)	1) 도자기·요업제품 제조시설의 소성시설(예열시설을 포함한다), 용융·용해시설	3(13) 이하
	2) 기초무기화합물 제조시설과 화학비료 및 질소화합물 제조시설의 습식인산 제조시설, 복합비료 제조시설, 과인산암모늄 제조시설, 인광석·형석의 용융·용해시설 및 소성시설, 불소화합물 제조시설	2 이하
	3) 폐수·폐기물·폐가스 소각처리시설(소각보일러를 포함한다)	
	가) 소각용량이 시간당 200킬로그램 이상인 시설	1(12) 이하
	나) 소각용량이 시간당 200킬로그램 미만인 시설	2(12) 이하
	4) 시멘트제조시설 중 소성시설	1(13) 이하
	5) 반도체 및 기타 전자부품 제조시설 중 표면처리시설(증착시설, 식각시설을 포함한다)	
	가) 2014년 12월 31일 이전 설치시설	5 이하
	나) 2015년 1월 1일 이후 설치시설	2 이하

	6) 1차금속 제조시설, 금속가공제품 제조시설의 표면처리시설 중 탈지시설, 산·알칼리처리시설, 화성처리시설, 건조시설, 불산처리시설, 무기산저장시설	2 이하
	7) 고형연료제품 사용시설	
	가) 고형연료제품 사용량이 시간당 2톤 이상인 시설	1(12) 이하
	나) 고형연료제품 사용량이 시간당 200킬로그램 이상 2톤 미만인 시설	2(12) 이하
	8) 그 밖의 배출시설	2 이하
시안화수소 (ppm)	1) 아크릴로니트릴 제조시설의 폐가스 소각시설	10 이하
	2) 그 밖의 배출시설	3 이하
벤젠 (ppm)	모든 배출시설(내부부상 지붕형 또는 외부부상 지붕형 저장시설은 제외한다)	5 이하
페놀화합물 (C_6H_5OH) (ppm)	모든 배출시설	3 이하
수은화합물 (Hg로서) (mg/Sm³)	1) 폐수·폐기물·폐가스 소각처리시설(소각보일러를 포함한다) 및 고형연료제품 사용시설	0.03(12) 이하
	2) 발전시설(고체연료 사용시설)	0.03(6) 이하
	3) 1차금속 제조시설 중 소결로	0.03(15) 이하
	4) 시멘트·석회·플라스터 및 그 제품 제조시설 중 시멘트 소성시설	0.05(13) 이하
	5) 그 밖의 배출시설	1 이하
비소화합물 (As로서) (ppm)	1) 폐수·폐기물·폐가스 소각처리시설(소각보일러를 포함한다) 및 고형연료제품 사용시설	0.15(12) 이하
	2) 시멘트제조시설 중 소성시설	0.15(13) 이하
	3) 그 밖의 배출시설	1 이하
염화비닐 (ppm)	이염화에틸렌·염화비닐 및 PVC 제조시설 중 중합반응시설	
	가) 1996년 6월 30일 이전 설치시설	
	(1) 현탁중합반응시설	30 이하
	(2) 괴상중합반응시설	50 이하
	(3) 유화중합반응시설	120 이하
	(4) 공중합반응시설	180 이하
	(5) 그 밖의 배출시설	7 이하

	나) 1996년 7월 1일 이후 설치시설	
	(1) 현탁중합반응시설	10 이하
	(2) 괴상중합반응시설	25 이하
	(3) 유화중합반응시설	75 이하
	(4) 공중합반응시설	180 이하
	(5) 그 밖의 배출시설	5 이하

비고

1. 배출허용기준 난의 ( )는 표준산소농도(O_2의 백분율)를 말하며, 유리용해시설에서 공기 대신 순산소를 사용하는 경우, 폐가스소각시설 중 직접연소에 의한 시설, 촉매반응을 이용하는 시설 및 구리제련시설의 건조로, 질소산화물(NO_2로서)의 7)에 해당하는 시설(시멘트 제조시설은 고로슬래그 시멘트 제조시설만 해당한다) 중 열풍을 이용하여 직접 건조하는 시설은 표준산소농도(O_2의 백분율)를 적용하지 아니한다. 다만, 실측산소농도가 12% 미만인 직접연소에 의한 시설은 표준산소농도(O_2의 백분율)를 적용한다.
2. "고형연료제품 사용시설"이란 「자원의 절약과 재활용촉진에 관한 법률」 제25조의2에 따른 해당 시설로서 연료사용량 중 고형연료제품 사용비율이 30퍼센트 이상인 시설을 말한다.
3. 황산화물(SO_2로서)의 1)가)에서 "저황유 사용지역"이란 영 제40조제1항에 따른 저황유의 공급지역을 말한다.
4. 다음 표에 따른 시설의 황산화물(SO_2로서)에 대해서는 본문의 배출허용기준에 우선하여 각 시설별로 설정된 예외인정 허용기준을 적용한다.

구분	본문 적용 예외 인정시설	본문 적용 예외인정 허용기준 및 인정기간
가	1)가)에 해당하는 시설 중 「석유 및 석유대체 연료사업법」 제2조 제2호에 따른 등유 및 경유만을 사용하는 시설	배출허용기준을 적용하지 아니한다.
나	2)가)(2)(나)①시설과 2)가)(2)(나)②시설 중 열병합발전시설	1)가)의 기준을 적용한다. 다만, 「집단에너지사업법」에 따른 한국지역난방공사의 열병합 발전시설 중 2000년 12월 31일 이전 설치시설은 150(4) ppm 이하, 청주지역의 2005년 1월 1일 이후 설치시설은 50(4) ppm 이하를 적용한다.
다	2)가)(2)(가)①시설과 2)가)(2)(나)① 시설 중 울산화력발전소	4호기, 5호기, 6호기는 150(4) ppm 이하를 적용한다.

라	2)나)(1)(가) 해당 시설 중 삼천포화력발전소	2)가)(2)(가)의 기준을 적용한다. 다만, 1호기, 2호기, 3호기, 4호기는 70(6) ppm 이하를 적용하고 5호기, 6호기는 140(6) ppm 이하를 적용한다.
마	2)나)(2)(가) 해당 시설 중 부산염색공단 열병합발전소, (주)휴비스 전주공장	부산염색공단 열병합발전소는 2013년 12월 31일까지 270(6) ppm 이하, 2014년 1월 1일부터 150(6) ppm 이하를 적용한다.(다만, 기존시설을 신규로 교체시에는 2015년도 이후의 해당 기준을 적용한다.) (주) 휴비스 전주공장의 열병합발전시설은 2017년 12월 31일까지 150(6) ppm 이하를 적용한다.
바	2)나)(2)(가) 해당 시설 중 고려아연	1호기 열병합발전시설은 200(6) ppm 이하를 적용한다.
사	2)다)(2) 해당 시설	국내에서 생산되는 무연탄을 사용하는 시설은 120(6) ppm 이하를 적용하고, 영흥화력발전소 제1호기 및 제2호기는 45(6) ppm 이하, 제3호기부터 제6호기까지는 25(6) ppm 이하를 각각 적용한다.
아	2)나)(1)(가) 해당 시설 중 동해화력발전소	1호기 및 2호기는 150(6) ppm 이하를 적용한다.
자	2)나)(2)(가) 해당 시설 중 대구염색산업단지 열병합발전소	1호기는 2017년 12월 31일까지 250(6) ppm 이하를 적용하고, 2018년 1월 1일부터 80(6) ppm 이하를 적용한다. 2호기 및 3호기는 2015년 12월 31일까지 270(6) ppm 이하, 2017년 12월 31일까지 250(6) ppm 이하, 2018년 1월 1일부터 80(6) ppm 이하를 적용한다.
차	3) 해당 시설	약품정제연료유를 사용하는 시설 중 2007년 1월 31일 이전 설치시설은 270 ppm 이하, 2007년 2월 1일 이후 설치시설은 180 ppm 이하를 적용한다. 다만, 소결로의 연소시설은 표준산소농도 15%를 적용한다.
카	6)다)(1) 해당 시설	2016년 12월 31일까지 380(12) ppm 이하를 적용한다. 다만, 이 경우 6)가)(1) 황 회수시설은 150(4) ppm 이하를 적용한다.
타	2)다)(2) 해당 시설 중 여수화력발전소	1호기, 2호기는 50(6) ppm 이하를 적용한다.

파	3)가)(1) 해당 시설 중 LS-Nikko 동제련	2016년 12월 31일까지 270 ppm 이하를 적용한다.

5. 다음 표에 따른 시설의 질소산화물(NO_2로서)에 대해서는 본문의 배출허용기준에 우선하여 각 시설별로 설정된 예외인정 허용기준을 적용한다.

구분	본문 적용 예외 인정시설	본문 적용 예외인정 허용기준 및 인정기간
가	2)가)(1)(가) 해당 시설 중 제주도의 기존시설	400(15) ppm 이하를 적용한다.
나	2)가)(2)(가)① 해당시설 중 울산화력발전소	4호기, 5호기, 6호기는 150(4) ppm 이하를 적용한다.
다	2)가)(2)(나)① 해당 시설 중 (주)한주	(주)한주의 벙커시유를 사용하는 예비용 발전시설 (보일러 200톤/시) 9호기, 10호기는 250(4) ppm 이하를 적용한다.
라	2)나)(1) 해당 시설 중 영동화력발전소, 서천화력발전소	영동화력발전소 1호기, 2호기는 2017년 6월 30일까지 320(6) ppm 이하를 적용하고, 2017년 7월 1일부터 1호기는 90(6) ppm이하, 2호기는 25(15) ppm 이하를 적용한다. 서천화력발전소 1호기, 2호기는 2017년 6월 30일까지 280(6) ppm 이하를 적용하고, 2017년 7월 1일부터 50(6) ppm 이하를 적용한다.
마	2)나)(1) 해당 시설 중 부산염색공단 열병합발전소, (주)휴비스 전주공장	부산염색공단 열병합발전소는 2013년 12월 31일까지 320(6) ppm 이하, 2014년 1월 1일부터 150(6) ppm 이하를 적용한다.(다만, 기존시설을 신규로 교체시에는 2015년도 이후의 해당 기준을 적용한다.) (주)휴비스 전주공장의 열병합발전시설은 2017년 12월 31일까지 150(6) ppm 이하를 적용한다.
바	2)나)(2) 해당 시설 중 영흥화력발전소	영흥화력발전소 1호기, 2호기는 55(6) ppm 이하를 적용하고 제3호기부터 제6호기까지는 15(6) ppm 이하를 적용한다.
사	2)나)(1) 해당 시설 중 대구염색단지 열병합발전소	1호기는 2017년 12월 31일까지 250(6) ppm 이하를 적용하고, 2018년 1월 1일부터 80(6) ppm 이하를 적용한다. 2호기 및 3호기는 2015년 12월 31일까지 350(6) ppm 이하, 2017년 12월 31일까지 250(6) ppm 이하, 2018년 1월 1일부터 80(6) ppm 이하를 적용한다.

아	3)가) 해당 시설 중 폐수소각처리시설	80(12) ppm 이하를 적용한다.
자	6)가) 해당 시설 중 2007년 1월 31일 이전에 SCR를 설치하여 운영하는 경우	300(13) ppm 이하를 적용한다.
차	2)나)(2) 해당 시설 중 여수화력발전소	1호기, 2호기는 50(6) ppm 이하를 적용한다.

6. 탄화수소(THC로서)의 1)의 "연속식 도장시설"이란 1일 8시간 이상 연속하여 가동하는 시설이며, 2)의 "비연속식 도장시설"이란 연속식 도장시설 외의 시설을 말한다.
7. 탄화수소(THC로서)의 도장시설(건조시설을 포함한다) 중 자동차제작자의 도장시설(건조시설을 포함하며, 유기용제 사용량이 연 15톤 이상인 시설만 해당한다)에 대한 배출허용기준은 다음과 같다.

차종		생산규모	적용기간 및 배출허용기준	
			2004년 12월 31일 이전 설치시설	2005년 1월 1일 이후 설치시설
승용자동차		1) 5,000대/년 미만	70 g/㎡ 이하	50 g/㎡ 이하
		2) 5,000대/년 이상	60 g/㎡ 이하	45 g/㎡ 이하
소형상용 자동차		3) 5,000대/년 미만	110 g/㎡ 이하	65 g/㎡ 이하
		4) 5,000대/년 이상	90 g/㎡ 이하	60 g/㎡ 이하
트럭	운전석	5) 2,500대/년 미만	85 g/㎡ 이하	65 g/㎡ 이하
		6) 2,500대/년 이상	75 g/㎡ 이하	55 g/㎡ 이하
	차 체	7) 2,500대/년 미만	110 g/㎡ 이하	80 g/㎡ 이하
		8) 2,500대/년 이상	90 g/㎡ 이하	70 g/㎡ 이하
버스		9) 2,000대/년 미만	250 g/㎡ 이하	200 g/㎡ 이하
		10) 2,000대/년 이상	225 g/㎡ 이하	150 g/㎡ 이하
차체부품			225 g/㎡ 이하	150 g/㎡ 이하

비고

가) 차종의 분류기준은 다음과 같다.

차종	분류기준
승용자동차	차량 총중량이 3.5톤 미만으로 승차인원이 5명 이하인 자동차
소형상용자동차	차량 총중량이 3.5톤 미만이고 승차인원이 15명 이하인 자동차 또는 적재중량이 1톤 이하인 자동차
트럭운전석	차량 총중량이 3.5톤 이상이고 적재중량이 1톤을 초과하는 화물자동차의 운전석
트럭차체	차량 총중량이 3.5톤 이상이고 적재중량이 1톤을 초과하는 화물자동차의 운전석을 제외한 차체
버 스	차량 총중량이 3.5톤 이상이고 승차인원이 15명을 초과하는 자동차
차체부품	위의 분류기준에 따른 차종의 차체부품

나) 적용기간 및 배출허용기준란의 g/㎡는 자동차 표면 도장부위의 단위면적당 사용되는 유기용제로부터 배출 되는 탄화수소(THC로서)의 양을 말한다.

다) "기존시설"이란 2004년 12월 31일 이전에 설치되었거나 설치 중인 시설을 말하며, "신규시설"이란 기존시설 외의 시설을 말한다.

라) 생산규모에 따른 차종별 배출량의 산정방법 등 필요한 사항은 환경부장관이 정하여 고시한다.

8. 배출시설란에서 "이전 설치시설"이란 해당 연월일 이전에 배출시설을 설치 중인 시설 및 환경영향평가협의를 요청한 시설을 말하며, "이후 설치시설"이란 해당 연월일 이후에 배출시설 설치허가(신고를 포함한다)를 받은 시설 및 환경영향평가 협의를 요청한 시설을 말한다. 다만, 2015년 1월 1일 이후부터 신규로 설치되는 대기오염물질 배출시설은 해당 배출시설 설치허가(신고를 포함한다)를 받은 연월일을 기준으로 한다.

9. 2014년 12월 31일 이전부터 배출시설을 운영하고 있는 자로서 부득이한 사정으로 배출허용기준을 지키기 어렵다고 시·도지사가 인정하는 자에 대하여는 2015년 12월 31일까지는 기간을 정하여 제1호가목에 따른 배출허용기준을 적용할 수 있다.

나. 입자형태의 물질

1) 일반적인 배출허용기준

대기오염물질	배출시설	배출허용기준
먼지 (mg/S㎥)	1) 일반보일러	
	가) 액체연료 사용시설	
	(1) 증발량이 시간당 150톤 이상 또는 열량이 시간당 92,850,000킬로칼로리 이상인 시설	
	(가) 2001년 6월 30일 이전 설치시설	25(4) 이하
	(나) 2001년 7월 1일 이후 설치시설	20(4) 이하
	(다) 2015년 1월 1일 이후 설치시설	10(4) 이하
	(2) 증발량이 시간당 20톤 이상 150톤 미만인 시설 또는 열량이 시간당 12,380,000킬로칼로리 이상 92,850,000킬로칼로리 미만인 시설	
	(가) 2007년 1월 31일 이전 설치시설	30(4) 이하
	(나) 2007년 2월 1일 이후 설치시설	30(4) 이하
	(다) 2015년 1월 1일 이후 설치시설	20(4) 이하
	(3) 증발량이 시간당 5톤 이상 20톤 미만인 시설 또는 열량이 3,095,000킬로칼로리 이상12,380,0000킬로칼로리 미만인 시설	
	(가) 2014년 12월 31일 이전 설치시설	40(4) 이하
	(나) 2015년 1월 1일 이후 설치시설	20(4) 이하
	(4) 증발량이 시간당 5톤 미만 또는 열량이 3,095,000킬로칼로리 미만인 시설	
	(가) 2014년 12월 31일 이전 설치시설	50(4) 이하
	(나) 2015년 1월 1일 이후 설치시설	20(4) 이하
	나) 고체연료 사용시설(액체연료 혼합시설을 포함한다)	
	(1) 증발량이 시간당 20톤 이상 또는 열량이 시간당 12,380,000킬로칼로리 이상인 시설	
	(가) 2014년 12월 31일 이전 설치시설	20(6) 이하
	(나) 2015년 1월 1일 이후 설치시설	10(6) 이하
	(2) 증발량이 시간당 5톤 이상 20톤 미만인 시설 또는 열량이 3,095,000킬로칼로리 이상 12,380,000킬로칼로리 미만인 시설	

	(가) 2014년 12월 31일 이전 설치시설	40(6) 이하
	(나) 2015년 1월 1일 이후 설치시설	20(6) 이하
	(3) 증발량이 시간당 5톤 미만 또는 열량이 시간당 3,095,000킬로칼로리 미만인 시설	
	(가) 2014년 12월 31일 이전 설치시설	50(6) 이하
	(나) 2015년 1월 1일 이후 설치시설	20(6) 이하
	② 2001년 7월 1일 이후 설치시설	20(4) 이하
	③ 2015년 1월 1일 이후 설치시설	10(4) 이하
	(나) 설비용량이 100 MW 미만인 그 밖의 발전시설	
	① 2001년 6월 30일 이전 설치시설	30(4)이하
	② 2001년 7월 1일 이후 설치시설	20(4) 이하
	③ 2015년 1월 1일 이후 설치시설	20(4) 이하
	나) 고체연료 사용시설(액체연료 혼합시설을 포함한다)	
	(1) 설비용량이 100 MW 이상인 시설	
	(가) 2001년 6월 30일 이전 설치시설	25(6) 이하
	(나) 2001년 7월 1일 이후 설치시설	20(6) 이하
	(다) 2015년 1월 1일 이후 설치시설	10(6) 이하
	(2) 설비용량이 100 MW 미만인 시설	
	(가) 2001년 6월30일 이전 설치시설	40(6) 이하
	(나) 2001년 7월 1일 이후 설치시설	30(6) 이하
	(다) 2015년 1월 1일 이후 설치시설	30(6) 이하
	다) 기체연료 사용시설	
	(1) 2001년 6월 30일 이전 설치시설	
	(가) 발전용 내연기관(가스터빈을 포함한다)	15(15) 이하
	(나) 열병합 발전시설 중 카본블랙 제조시설의 폐가스 재이용시설	35(6) 이하
	(다) 그 밖의 발전시설	40(4) 이하
	(2) 2001년 7월 1일 이후 설치시설	
	(가) 발전용 내연기관(가스터빈을 포함한다)	15(15) 이하
	(나) 열병합 발전시설 중 카본블랙 제조시설의 폐가스 재이용시설	35(6) 이하
	(다) 그 밖의 발전시설	40(4) 이하

	(3) 2015년 1월 1일 이후 설치시설	
	(가) 발전용 내연기관(가스터빈을 포함한다)	10(15) 이하
	(나) 열병합 발전시설 중 카본블랙 제조시설의 폐가스 재이용시설	15(6) 이하
	(다) 그 밖의 발전시설	10(4) 이하
	2) 발전시설	
	가) 액체연료 사용시설	
	(1) 발전용 내연기관	
	(가) 2001년 6월 30일 이전 설치시설	30(15) 이하
	(나) 2001년 7월 1일 이후 설치시설	30(15) 이하
	(다) 2015년 1월 1일 이후 설치시설	20(15) 이하
	(2) 그 밖의 발전시설	
	(가) 설비용량이 100 MW 이상인 그 밖의 발전시설	
	① 2001년 6월 30일 이전 설치시설	20(4) 이하
	3) 폐수·폐기물·폐가스 소각처리시설(소각보일러를 포함한다)	
	가) 2014년 12월 31일 이전 설치시설	
	(1) 소각용량이 시간당 2톤(의료폐기물 처리시설은 200킬로그램) 이상인 시설	20(12) 이하
	(2) 소각용량이 시간당 200킬로그램 이상 2톤(의료폐기물 처리시설은 200킬로그램) 미만인 시설	30(12) 이하
	(3) 소각용량이 200킬로그램 미만인 시설	40(12) 이하
	나) 2015년 1월 1일 이후 설치시설	
	(1) 소각용량이 시간당 2톤(의료폐기물 처리시설은 200킬로그램) 이상인 시설	10(12) 이하
	(2) 소각용량이 시간당 200킬로그램 이상 2톤(의료폐기물 처리시설은 200킬로그램) 미만인 시설	20(12) 이하
	(3) 소각용량이 200킬로그램 미만인 시설	20(12) 이하
	4) 1차금속 제조시설·금속가공제품·기계·기기·운송장비·가구 제조시설의 용융·용해시설 또는 열처리시설	

	가) 전기아크로(유도로를 포함한다)	
	(1) 1998년 12월 31일 이전 설치시설	20 이하
	(2) 1999년 1월 1일 이후 설치시설	10 이하
	(3) 2015년 1월 1일 이후 설치시설	10 이하
	나) 용선로, 용광로, 용선 예비처리시설, 전로, 정련로, 제선로, 용융로, 용해로, 도가니로 및 전해로	
	(1) 2007년 1월 31일 이전 설치시설	40 이하
	(2) 2007년 2월 1일 이후 설치시설	20 이하
	(3) 2015년 1월 1일 이후 설치시설	10 이하
	다) 소결로, 배소로, 환형로	
	(1) 2014년 12월 31일 이전 설치시설	
	(가) 소결로	30(15) 이하
	(나) 원료장입, 소결광 후처리시설, 배소로, 환형로	30 이하
	(2) 2015년 1월 1일 이후 설치시설	
	(가) 소결로	10(15) 이하
	(나) 원료장입, 소결광 후처리시설, 배소로, 환형로	20 이하
	라) 가열로, 열처리로, 소둔로, 건조로, 열풍로	
	(1) 2014년 12월 31일 이전 설치시설	30(11) 이하
	(2) 2015년 1월 1일 이후 설치시설	20(11) 이하
	마) 주물사처리시설, 탈사시설 및 탈청시설	
	(1) 2014년 12월 31일 이전 설치시설	50 이하
	(2) 2015년 1월 1일 이후 설치시설	20 이하
	5) 화학비료 및 질소화합물 제조시설 중 소성시설, 건조시설	40(10) 이하

	6) 코크스 제조시설 및 저장시설	
	가) 석탄코크스 제조시설	
	(1) 코크스로	20(7) 이하
	(2) 인출시설, 건식냉각시설, 저장시설	20 이하
	나) 석유코크스 제조시설	
	(1) 연소시설	30(4) 이하
	(2) 인출시설, 건식냉각시설, 저장시설	20 이하
	7) 아스콘(아스팔트 포함) 제조시설 중 가열·건조·선별·혼합시설	40(10) 이하
	8) 석유 정제품 제조시설, 기초유기화합물 제조시설	
	가) 황 회수시설(석탄가스화시설을 포함한다)	30(4) 이하
	나) 가열시설 및 촉매재생시설	30(4) 이하
	다) 중질유 분해시설의 일산화탄소 소각보일러	50(12) 이하
	9) 석탄가스화 연료 제조시설	
	가) 건조시설 및 분쇄시설	40(8) 이하
	나) 연소시설	20(7) 이하
	다) 황 회수시설	30(4) 이하
	라) 황산 제조시설	20(8) 이하
	10) 유리 및 유리제품 제조시설(재생용 원료가공시설을 포함한다)의 용융·용해시설	
	가) 연속식 탱크로 또는 전기로(상부 개폐형 전기로는 제외한다)	50(13) 이하
	나) 그 밖의 배출시설	50 이하
	11) 도자기・요업제품 제조시설 중 용융・용해시설, 소성시설 및 냉각시설	70(13) 이하
	12) 시멘트·석회·플라스터 및 그 제품 제조시설	
	가) 소성시설(예열시설을 포함한다), 용융·용해시설, 건조시설	
	(1) 2001년 6월 30일 이전 설치시설	30(13) 이하
	(2) 2001년 7월 1일 이후 설치시설	30(13) 이하

	나) 냉각시설(직접 배출시설만 해당한다)	40 이하
	다) 슬래그 시멘트 열풍 건조시설	30 이하
	13) 그 밖의 비금속광물제품 제조시설의 석면 및 암면 제품제조 가공시설	
	가) 방사시설, 집면시설 및 탈판시설	30 이하
	나) 그 밖의 배출시설	50 이하
	14) 도장시설(분무・분체・침지도장시설, 도장의 경우 동력을 이용한 연마시설을 포함한다) 및 부속 건조시설	50 이하
	15) 반도체 및 기타 전자부품 제조시설 중 표면가공 및 처리시설(증착시설, 식각시설을 포함한다)	50 이하
	16) 연마・연삭시설, 고체입자상물질 포장・저장・혼합 시설, 탈사시설 및 탈청시설	50 이하
	17) 선별시설 및 분쇄시설	50 이하
	18) 고형연료제품 제조·사용시설 및 관련시설	
	가) 고형연료제품 사용량이 시간당 2톤 이상인 시설	20(12) 이하
	나) 고형연료제품 사용량이 시간당 200킬로그램 이상 2톤 미만인 시설	30(12) 이하
	다) 생활폐기물 고형연료제품(RDF) 제조시설 중 건조・가열시설	50(15) 이하
	라) 바이오매스 및 목재펠릿 제조시설 중 건조・가열시설	50 이하
	마) 바이오매스 및 목재펠릿 사용시설	50(12) 이하
	19) 금속 표면처리시설	40 이하
	20) 화장로시설	
	가) 2009년 12월 31일 이전에 설치한 시설	70(12) 이하
	나) 2010년 1월 1일 이후에 설치한 시설	20(12) 이하
	21) 그 밖의 배출시설	50 이하
카드뮴 화합물 (Cd로서) (mg/S㎥)	1) 폐수·폐기물·폐가스 소각처리시설(소각보일러를 포함한다)	
	가) 소각용량이 시간당 2톤(의료폐기물 처리시설은 200킬로그램) 이상인 시설	0.02(12) 이하
	나) 소각용량이 시간당 200킬로그램 이상 2톤 미만인 시설	0.1(12) 이하

	2) 고형연료제품 사용시설	
	가) 고형연료제품 사용량이 시간당 2톤 이상인 시설	0.02(12) 이하
	나) 고형연료제품 사용량이 시간당 200킬로그램 이상 2톤 미만인 시설	0.1(12) 이하
	3) 시멘트제조시설 중 소성시설	0.02(13) 이하
	4) 그 밖의 배출시설	0.5 이하
납화합물 (Pb로서) (mg/S㎥)	1) 폐수·폐기물·폐가스 소각처리시설(소각보일러를 포함한다)	
	가) 소각용량이 시간당 2톤(의료폐기물 처리시설은 200킬로그램) 이상인 시설	0.2(12) 이하
	나) 소각용량이 시간당 200킬로그램 이상 2톤 미만인 시설	0.5(12) 이하
	다) 소각용량이 시간당 200킬로그램 미만인 시설	1(12) 이하
	2) 시멘트제조시설 중 소성시설	0.2(13) 이하
	3) 1차금속 제조시설, 금속가공제품 제조시설의 용융·제련 및 열처리시설 중 용융·용해로, 용광로 및 정련시설, 도가니로, 전해로	2 이하
	4) 고형연료제품 사용시설	
	가) 고형연료제품 사용량이 시간당 2톤 이상인 시설	0.2(12) 이하
	나) 고형연료제품 사용량이 시간당 200킬로그램 이상 2톤 미만인 시설	0.5(12) 이하
	5) 그 밖의 배출시설	1 이하
크롬화합물 (Cr로서) (mg/S㎥)	1) 폐수·폐기물·폐가스 소각처리시설	0.3(12) 이하
	2) 고형연료 사용시설	0.3(12) 이하
	3) 시멘트제조시설 중 소성시설	0.3(13) 이하
	4) 그 밖의 배출시설	0.5 이하
구리화합물 (Cu로서) (mg/S㎥)	모든 배출시설	5 이하

니켈 및 그 화합물 (mg/S㎥)	모든 배출시설	2 이하
아연화합물 (Zn로서) (mg/S㎥)	모든 배출시설	5 이하
비산먼지 (mg/S㎥)	1) 시멘트 제조시설 2) 그 밖의 배출시설	0.3 이하
매연	모든 배출시설	링겔만비탁표 2도 이하

2) 1)에도 불구하고 단일한 특정대기유해물질을 연간 10톤 이상 배출하는 사업장에 대하여 해당 특정대기유해물질의 배출허용기준을 적용할 때에는 다음 표의 기준을 따른다.

대기오염물질	배출시설	배출허용기준
카드뮴 화합물 (Cd로서) (mg/S㎥)	1) 폐수·폐기물·폐가스 소각처리시설(소각보일러를 포함한다)	
	가) 소각용량이 시간당 2톤(의료폐기물 처리시설은 200킬로그램) 이상인 시설	0.01(12) 이하
	나) 소각용량이 시간당 200킬로그램 이상 2톤 미만인 시설	0.05(12) 이하
	다) 소각용량이 시간당 200킬로그램 미만인 시설	0.1(12) 이하
	2) 고형연료제품 사용시설	
	가) 고형연료제품 사용량이 시간당 2톤 이상인 시설	0.01(12) 이하
	나) 고형연료제품 사용량이 시간당 200킬로그램 이상 2톤 미만인 시설	0.05(12) 이하
	3) 시멘트제조시설 중 소성시설	0.02(13) 이하
	4) 그 밖의 배출시설	0.25 이하
납화합물 (Pb로서) (mg/S㎥)	1) 폐수·폐기물·폐가스 소각처리시설(소각보일러를 포함한다)	
	가) 소각용량이 시간당 2톤(의료폐기물 처리시설은 200킬로그램) 이상인 시설	0.1(12) 이하
	나) 소각용량이 시간당 200킬로그램 이상 2톤 미만인 시설	0.3(12) 이하

	다) 소각용량이 시간당 200킬로그램 미만인 시설	0.5(12) 이하
	2) 시멘트제조시설 중 소성시설	0.1(13) 이하
	3) 1차금속 제조시설, 금속가공제품 제조시설의 용융·제련 및 열처리시설 중 용융·용해로, 용광로 및 정련시설, 도가니로, 전해로	1 이하
	4) 고형연료제품 사용시설	
	가) 고형연료제품 사용량이 시간당 2톤 이상인 시설	0.1(12) 이하
	나) 고형연료제품 사용량이 시간당 200킬로그램 이상 2톤 미만인 시설	0.3(12) 이하
	5) 그 밖의 배출시설	1 이하
크롬화합물 (Cr로서) (mg/S㎥)	1) 폐수·폐기물·폐가스 소각처리시설	0.2(12) 이하
	2) 고형연료 사용시설	0.2(12) 이하
	3) 시멘트제조시설 중 소성시설	0.2(13) 이하
	4) 그 밖의 배출시설	0.3 이하
니켈 및 그 화합물 (mg/S㎥)	모든 배출시설	1 이하

비고

1. 배출허용기준 난의 ( )는 표준산소농도(O_2의 백분율)를 말하며, 다음 각 목의 시설에 대하여는 표준산소농도(O_2의 백분율)를 적용하지 아니한다.
   가. 폐가스소각시설 중 직접연소에 의한 시설과 촉매반응을 이용하는 시설. 다만, 실측산소농도가 12% 미만인 직접연소에 의한 시설은 표준산소농도(O_2의 백분율)를 적용한다.
   나. 먼지의 5) 및 12)(시멘트 제조시설은 고로슬래그 시멘트 제조시설만 해당한다)에 해당하는 시설 중 열풍을 이용하여 직접 건조하는 시설
   다. 공기 대신 순산소를 사용하는 시설
   라. 구리제련시설의 건조로
   마. 그 밖에 공정의 특성상 표준산소농도 적용이 불가능한 시설로서 시·도지사가 인정하는 시설
2. 일반보일러의 경우에는 시설의 고장 등을 대비하여 허가를 받거나 신고하여 예비로 설치된 시설의 시설용량은 포함하지 아니한다.

3. "고형연료제품 사용시설"이란 「자원의 절약과 재활용촉진에 관한 법률」 제25조의2에 따른 해당 시설로서 연료사용량 중 고형연료제품 사용비율이 30퍼센트 이상인 시설을 말한다.
4. 「집단에너지사업법」에 따른 지역난방 열병합발전시설 중 영 제43조제3항에 따라 환경부장관으로부터 청정연료 외의 연료사용을 인정받은 시설(안산지역)의 먼지에 대하여는 20(4) mg/S㎥ 이하의 기준을 적용하고, 청주지역 시설의 먼지에 대하여는 2001년 4월 14일부터 25(4) mg/S㎥ 이하를 적용한다.
5. 먼지의 2)나)에 해당하는 시설 중 영흥화력발전소 제1호기 및 제2호기는 20(6) mg/S㎥ 이하, 제3호기부터 제6호기까지는 5(6) mg/S㎥ 이하를 각각 적용한다.
6. 먼지의 2)나)에 해당하는 시설 중 여수화력발전소 제1호기 및 제2호기는 10(6) mg/S㎥ 이하를 적용한다.
7. 배출시설란에서 "이전 설치시설"이란 해당 연월일 이전에 배출시설을 설치 중인 시설 및 환경영향평가협의를 요청한 시설을 말하며, "이후 설치시설"이란 해당 연월일 이후에 배출시설 설치허가(신고를 포함한다)를 받은 시설 및 환경영향평가협의를 요청한 시설을 말한다. 다만, 2015년 1월 1일 이후부터 신규로 설치되는 대기오염물질 배출시설은 해당 배출시설 설치허가(신고를 포함한다)를 받은 연월일을 기준으로 한다.
8. 2014년 12월 31일 이전부터 배출시설을 운영하고 있는 자로서 부득이한 사정으로 배출허용기준을 지키기 어렵다고 시·도지사가 인정하는 자에 대하여는 2015년 12월 31일까지는 기간을 정하여 제1호나목에 따른 배출허용기준을 적용할 수 있다.

3. 굴뚝 원격감시체계 관제센터로 측정결과를 자동 전송하는 배출시설에 대한 특례

가. 법 제32조제1항에 따라 굴뚝 자동측정기기를 부착하여 영 제19조에 따른 굴뚝 원격감시체계 관제센터(이하 "관제센터"라 한다)로 측정결과를 자동 전송하는 사업장의 배출시설(이하 "자동전송배출시설"이라 한다)에 대한 배출허용기준 초과 여부의 판단은 매 30분 평균치를 기준으로 한다.

나. 자동전송배출시설이 다목의 1)부터 4)까지의 어느 하나에 해당하는 경우로서 영 제23조제1항 및 영 제24조제1항제2호에 따른 초과부과금 부과대상에 해당되는 경우 배출허용기준 초과율별 부과계수 및 위반횟수별 부과계수는 1로 하고, 자동전송배출시설이 다목2)에 해당하는 경우에는 해당 대기오염물질의 측정자료를 사용하지 아니하고 정상적으로 측정된 30분 평균치로 대체하여 초과부과금을 산정한다.

다. 자동전송배출시설이 제134조에 따른 행정처분 대상이 되는 경우는 정상적으로 측정된 30분 평균치가 연속 3회 이상 또는 1주 8회 이상 배출허용기준을 초과하는 경우로 한다. 다만, 다음의 어느 하나에 해당되는 경우에는 행정처분 대상에서 제외한다.

1) 천재지변 등 불가항력적인 사고의 발생으로 가동을 중지하는 경우에는 사고 발생 후 8시간 이내에 관제센터에 그 발생 사실을 통지하고 조치내용을 48시간 이내(토요일 또는 공휴일에 해당하는 날의 0시부터 24시까지의 시간은 제외한다)에 통지한 경우
2) 설비의 불가피한 고장(고장난 설비를 대체할 예비 설비가 있는 경우, 동일한 설비가 반복적으로 고장나는 경우 등 점검으로 사전에 예방이 가능한 경우와 운영 미숙으로 인한 고장 등은 제외한다)으로 배출허용기준을 초과하여 8시간 이내에 정상화 조치(가동중지를 포함한다)를 한 경우로서, 그 발생원인 및 조치내역을 48시간 이내(토요일 또는 공휴일에 해당하는 날의 0시부터 24시까지의 시간은 제외한다)에 시·도지사에게 통지한 경우
3) 표준산소농도가 적용되는 시설이 다음의 가)부터 마)까지의 어느 하나에 해당하는 사유로 배출가스 중의 산소농도가 (21-표준산소농도)÷(21-측정산소농도)로 계산한 값이 3 이상인 경우[라) 및 마)의 경우에는 설비의 이상이나 일부 시설의 재가동·가동중지 등에 대한 자료를 관제센터에 제출하여야 한다]
   가) 가동개시
   나) 재가동
   다) 가동중지
   라) 돌발적인 설비의 이상
   마) 보일러 및 가열시설 등 같은 종류의 연소시설이 하나의 배출구에 연결된 시설로서 일부 시설의 재가동·가동중지
4) 폐수·폐기물·폐가스 소각시설과 석유제품 제조시설 중 중질유 분해시설의 일산화탄소 소각시설에서 측정(전송) 항목이 해당 소각물질 투입 전에 배출허용기준을 초과하는 경우
5) 배출시설 및 방지시설의 가동개시, 가동중지 또는 재가동 8시간(전력수급상 부득이한 발전인 경우에는 2시간) 전까지 관제센터에 그 일정을 통지한 경우로서 다음 표의 배출시설별 배출허용기준 초과인정 시간(기준초과 인정시점부터 기준초과 인정시간까지의 시간)에 해당하는 경우

〈배출시설별 배출허용기준 초과 인정시간〉

배출시설	기준초과 인정시간		기준초과 인정시점	
	가동개시 ·재가동	가동 중지	가동개시 ·재가동 시	가동중지 시
(1) 코크스 또는 관련제품 제조시설	8시간	6시간	버너 점화	원료 투입 중지

(2) 석유제품 제조시설 (가) 가열시설 (나) 촉매 재생시설 (다) 탈황시설 또는 황 회수시설 (라) 중질유 분해시설의 일산화탄소 소각시설	 5시간 5시간 8시간 5시간	 2시간 2시간 6시간 2시간	 버너 점화 버너 점화 버너 점화 원료 투입	 버너 소화 버너 소화 원료 투입 중지 원료 투입 중지
(3) 기초유기화합물 제조시설 (가) 가열시설 (나) 촉매 재생시설 (다) 탈황시설 또는 황 회수시설 (라) 중질유 분해시설의 일산화탄소 소각시설	 5시간 5시간 8시간 5시간	 2시간 2시간 6시간 2시간	 버너 점화 버너 점화 버너 점화 버너 점화	 버너 소화 버너 소화 원료 투입 중지 버너 소화
(4) 기초무기화합물 제조시설 (가) 황산제조시설(황연소, 비철금속제련, 중질유 분해시설) (나) 황산을 제외한 무기산 제조시설 ① 인산 제조시설 ② 불소화합물 제조시설 ③ 염산 제조시설 또는 염화수소 회수시설 (다) 인광석 소성시설 (라) 용융·용해시설 또는 소성시설 (마) 가열시설	5시간 3시간 3시간 4시간 3시간 3시간 5시간	6시간 3시간 3시간 5시간 2시간 2시간 2시간	원료 투입 원료 투입 원료 투입 원료 투입 원료 투입 원료 투입 버너 점화	원료 투입 중지 원료 투입 중지 원료 투입 중지 원료 투입 중지 원료 투입 중지 원료 투입 중지 버너 소화
(5) 무기안료·염료·유연제 제조시설 및 기타 착색제 제조시설 (가) 용융·용해시설 또는 소성시설 (나) 가열시설	 3시간 5시간	 2시간 2시간	 원료 투입 버너 점화	 원료 투입 중지 버너 소화

(6) 화학비료 및 질소화합물 제조시설 (가) 화학비료 제조시설 ① 질소질비료(요소비료를 포함한다) 제조시설 ② 복합비료 제조시설 (나) 질산 제조시설 및 질산 회수·재생시설 (다) 용융·용해시설 또는 소성시설 (라) 가열시설	3시간 3시간 2시간 3시간 5시간	3시간 3시간 3시간 2시간 2시간	원료 투입 원료 투입 원료 투입 원료 투입 버너 점화	원료 투입 중지 원료 투입 중지 원료 투입 중지 원료 투입 중지 버너 소화
(7) 의약품 제조시설 (가) 용융·용해시설 또는 소성시설 (나) 가열시설	3시간 5시간	2시간 2시간	원료 투입 버너 점화	원료 투입 중지 버너 소화
(8) 기타 화학제품 제조시설 (가) 용융·용해시설 또는 소성시설 (나) 가열시설	3시간 5시간	2시간 2시간	원료 투입 버너 점화	원료 투입 중지 버너 소화
(9) 화학섬유 제조시설 (가) 용융·용해시설 또는 소성시설 (나) 가열시설	3시간 5시간	2시간 2시간	원료 투입 버너 점화	원료 투입 중지 버너 소화
(10) 고무 및 고무제품 제조시설 (가) 용융·용해시설 또는 소성시설 (나) 가열시설	3시간 5시간	2시간 2시간	원료 투입 버너 점화	원료 투입 중지 버너 소화
(11) 합성고무, 플라스틱물질 및 플라스틱제품 제조시설 (가) 용융·용해시설 또는 소성시설 (나) 가열시설	3시간 5시간	2시간 2시간	원료 투입 버너 점화	원료 투입 중지 버너 소화
(12) 유리 및 유리제품 제조시설 (가) 유리(유리섬유를 포함한다) 제조 용융·용해시설 (나) 산처리시설	8시간 3시간	3시간 2시간	원료 투입 원료 투입	원료 투입 중지 원료 투입 중지

(13) 도자기・요업제품 제조시설 소성시설 및 용융・용해시설	8시간	3시간	원료 투입	원료 투입 중지
(14) 시멘트・석회・플라스터 및 그 제품 제조시설				
(가) 시멘트제조시설의 소성시설	8시간	2시간	버너 점화	원료 투입 중지
(나) 시멘트제조시설의 냉각시설	8시간	6시간	소성로 버너 점화	소성로 원료 투입 중지
(다) 석회 제조시설의 소성시설	5시간	3시간	원료 투입	원료 투입 중지
(15) 기타 비금속광물제품 제조시설 (아스팔트제품 제조시설은 제외한다)				
(가) 소성시설 및 용융・용해시설	8시간	3시간	원료 투입	원료 투입 중지
(나) 석고제조시설의 소성시설 및 건조시설	2시간	4시간	원료 투입	원료 투입 중지
(16) 아스팔트제품 제조시설 용융・용해시설	8시간	3시간	원료 투입	원료 투입 중지
(17) 제1차 금속 제조시설				
(가) 전기로(아크로만 해당한다)	2시간	2시간	원료 투입	원료 투입 중지
(나) 소결로	6시간	4시간	원료 투입	원료 투입 중지
(다) 가열로	5시간	5시간	원료 투입	원료 투입 중지
(라) 용광로, 용선로, 전로, 용융・용해로 또는 배소로(焙燒爐)	2시간	4시간	원료 투입	원료 투입 중지
(마) 산처리시설	3시간	2시간	원료 투입	원료 투입 중지
(바) 주물사 처리시설	2시간	2시간	원료 투입	원료 투입 중지
(18) 조립금속제품・기계・기기・장비・운송장비・가구 제조시설				
(가) 전기로(아크로만 해당한다)	2시간	2시간	원료 투입	원료 투입 중지
(나) 가열로	5시간	5시간	원료 투입	원료 투입 중지
(다) 전로 또는 용융·용해로	2시간	4시간	원료 투입	원료 투입 중지
(라) 산처리시설	3시간	2시간	원료 투입	원료 투입 중지
(마) 주물사 처리시설	2시간	2시간	원료 투입	원료 투입 중지
(바) 반도체 및 기타 전자부품 제조시설 중 증착시설 및 식각시설	3시간	2시간	원료 투입	원료 투입 중지

(19) 발전시설(수력, 원자력 발전시설은 제외한다)				
(가) 발전용 내연기관	4시간	2시간	버너 점화	연료 투입 중지
(나) 복합화력 형식의 발전시설	5시간	2시간	버너 점화	연료 투입 중지
(다) 그 외의 발전시설	9시간	2시간	버너 점화	연료 투입 중지
(20) 폐수·폐기물·폐가스 소각시설(소각보일러를 포함한다)				
(가) 사업장폐기물 소각시설	5시간	3시간	폐기물 투입	폐기물 투입 중지
(나) 생활폐기물 소각시설	5시간	3시간	폐기물 투입	폐기물 투입 중지
(다) 폐가스 소각시설	2시간	2시간	폐가스 투입	폐가스 투입 중지
(라) 의료폐기물 소각시설	5시간	3시간	폐기물 투입	폐기물 투입 중지
(마) 폐수 소각시설	3시간	3시간	폐수 투입	폐수 투입 중지
(21) 공통시설 중 보일러	5시간	2시간	버너 점화	연료 투입 중지
(22) 고형연료제품 사용시설	5시간	3시간	연료 투입	연료 투입 중지
(23) 입자상 물질 및 가스상 물질 발생시설				
(가) 탈사·탈청시설	2시간	2시간	원료 투입	원료 투입 중지
(나) 증발시설	2시간	2시간	버너 점화	버너 소화
(24) 그 밖의 업종의 가열시설	3시간	2시간	버너 점화	버너 소화
(25) 그 밖에 환경부장관이 필요하다고 인정하는 시설	환경부장관이 인정하는 시간			

비고

1. 가동개시, 가동중지 및 재가동은 다음과 같다.
   가. 가동개시 : 배출시설을 최초로 가동하는 경우와 대보수 등으로 배출시설의 가동을 48시간 이상 중단하였다가 다시 가동하는 경우
   나. 가동중지 및 재가동 : 배출시설의 가동을 4시간(발전시설의 경우에는 2시간) 이상 중단하는 경우를 가동중지라 하며, 가동중지 후 다시 가동하는 경우를 재가동이라 한다.
2. 석유제품 제조시설 및 기초유기화합물 제조시설의 탈황시설 또는 황 회수시설의 기준초과 인정시간은 가동개시·재가동 후 24시간 중 8시간, 가동중지 후 120시간 중 6시간으로 하고, 시멘트·석회·플라스터 및 그 제품 제조시설 중 시멘트 제조시설의 소성시설 및 냉각시설의 기준초과 인정시간은 배출시설의 가동개시·재가동 후 72시간 중 8시간을 말한다.

3. 열 사용시설 중 가동개시의 시점이 원료투입부터인 경우 원료투입 전까지의 예열을 위한 연료연소 시간에 대하여는 기준초과 인정시간을 적용하지 아니한다.
4. 발전시설·보일러시설·가열시설 중 액체 및 기체연료를 사용하는 시설은 가동중지 시 기준초과 인정시점을 "연료투입 중지 2시간 전 또는 버너소화 2시간 전"으로 한다.
5. 소각시설 중 일괄 투입방식의 소각시설은 가동중지 시 기준초과 인정시점을 "연소완료 3시간 전"으로 한다.
6. 굴뚝 자동측정기기를 부착한 시설이 위의 시설분류에 포함되어 있지 아니한 경우 환경부장관이 별도로 정하기 전까지는 공정 등이 유사한 시설의 기준을 적용한다.

3.2 수도권 사업장 대기오염물질 총량관리제도 개요

도시화, 산업화 등으로 수도권의 대기환경은 선진국 주요도시 및 국내 다른 도시에 비하여 매우 열악한 여건이다. 미세먼지, 이산화질소의 농도가 런던, 파리 등 OECD 주요도시에 비해 약 2~4배정도 높으며, 전국 오존주의보 발령횟수의 64~75%, 미세먼지 및 이산화질소의 환경기준 초과횟수 중 75~99%가 수도권에 집중되어 있다.

대기오염으로 인한 사회적 피해가 막대하여 국가 경쟁력 저해 요소로 작용하고 있으며, 대기오염으로 인한 사회적 피해비용이 연간 10조원으로 추정된다(EC(Holland & Watkiss, 2002), KEI).

수도권 지역의 미세먼지로 인한 조기사망자 수는 연간 11,127명으로 추정된다(경기개발연구원, 2003).

수도권의 심각한 대기오염을 선진국 수준으로 개선하기 위하여 2003년 12월에 「수도권 대기환경개선에 관한 특별법」을 제정하고, 2004년 12월에 하위법령의 제정을 완료하였다.

환경관련 기관별 주요업무는 [표 3.2]와 같다.

[표 3.2] 기관별 업무

기관명	주요업무
환경부	· 대기환경 정책수립 · 법령 등 제도 제정 및 개선
수도권대기환경청	· 총량관리 및 배출권 거래제 주관 · 배출량 확정
지자체	· 배출허용총량 할당 · 측정기기 부착명령 · 배출업소 지도점검
한국환경공단	· 총량관리센터 운영 관리 · 배출량 확인 및 검증 · 사업장 기술지원
사업장	· 오염물질 저감배출 · 배출권 거래 · 법, 제도 준수

3.2.1 사업장 대기오염물질 총량관리제도

사업장 대기오염물질 총량관리제도란 오염물질(먼지, 황산화물, 질소산화물)별 목표 대기질(大氣質) 달성을 위한 배출허용총량을 산정한 후 사업장별로 배출량을 할당하여 그 범위에서 오염물질을 배출하도록 하는 제도를 말한다.

이 제도는 배출허용기준을 바탕으로 한 종전의 사후적 관리인 배출농도관리와는 달리 "배출총량"을 기준으로 관리하는 사전 예방적 관리제도로서 현재 수도권에만 적용된다.

수도권지역 중 대기오염이 심한 지역 또는 수도권지역의 대기오염에 크게 영향을 미친다고 인정되는 지역으로서 「수도권 대기환경개선에 관한 특별법」에서 정하고 있는 지역의 1종 사업장은 2007년 7월 1일부터, 2종 사업장은 2009년 7월 1일부터 사업장 총량관리제가 적용된다(「수도권 대기환경개선에 관한 특별법」 제2조, 제14조제1항 전단 및 「수도권 대기환경개선에 관한 특별법 시행령」 제17조).

[표 3.3] 수도권 대기관리권역

지역구분	지역 범위
서울특별시	전 지역
인천광역시	옹진군(옹진군 영흥면은 제외)을 제외한 전 지역
경기도	김포시, 고양시, 의정부시, 남양주시, 구리시, 하남시, 성남시, 의왕시, 군포시, 과천시, 안양시, 광명시, 시흥시, 부천시, 안산시, 수원시, 용인시, 화성시, 오산시, 평택시, 파주시, 동두천시, 양주시, 이천시

3.2.2 사업장 설치 허가 및 신고

사업장 총량관리제도가 적용되는 해당 사업장은 서울특별시장·인천광역시장 또는 경기도지사(이하 "서울특별시장 등"이라 함)로부터 사업장 설치의 허가를 받거나 서울특별시장 등에게 신고해야 한다(「수도권 대기환경개선에 관한 특별법」 제14조, 「수도권 대기환경개선에 관한 특별법 시행령」 제17조 및 별표2).

허가시 고려해야할 사항은 「수도권 대기환경개선에 관한 특별법」 제15조(허가의 제한)에 따라 환경부장관은 제14조제1항에 따른 사업장의 설치 또는 변경의 허가신청을 받은 경우 그 사업장의 설치 또는 변경으로 인하여 지역배출허용 총량의 범위를 초과하게 되면 이를 허가하여서는 아니된다. 다만, 산업통상자원부 장관이 환경부장관에게 설치 또는 변경의 허가를 요청하는 사업장으로서 위원회의 심의결과 그 불가피성이 인정되는 경우에는 허가할 수 있다.

신·증설을 하더라도 당해 사업장의 배출허용총량을 초과하지 않는 경우에는 기존 사업장의 할당량과 동일하게 설정한다.

신·증설로 인해 늘어나는 배출량만큼 다른 사업장으로부터 구매하는 경우에는 매년 배출허용총량의 구매를 통하여 연도별 배출허용총량을 변경해야 한다. 이를 구매하지 못하는 경우에는 총량초과부과금 부과 등의 벌칙을 부과받게 된다.

[표 3.4] 허가 가능 사례-1

구분		오염물질		
		질소산화물	황산화물	먼지
현재 사업장의 배출허용총량(A)		100톤	80톤	50톤
신.증설시 오염물질 배출량(B)		70톤	20톤	5톤
배출허용총량 추가확보량(C)	일부 배출시설 폐쇄	50톤	10톤	3톤
	방지시설 추가 설치	20톤	10톤	2톤
신.증설후 현 사업장의 배출허용총량(D=A-B+C)		100톤	80톤	50톤

[표 3.5] 허가 가능 사례-2

구분	오염물질		
	질소산화물	황산화물	먼지
현재 사업장의 배출허용총량(A)	100톤	80톤	50톤
신.증설시 오염물질 배출량(B)	70톤	20톤	5톤
배출권 거래를 통한 배출허용총량 추가확보량(C)	70톤	20톤	5톤
신.증설후 현 사업장의 배출허용총량(D=A-B+C)	100톤	80톤	50톤

3.2.3 배출허용총량

서울특별시장 등은 총량관리 대상오염물질(먼지, 황산화물, 질소산화물)을 배출하는 사업자에게 배출허용총량의 할당기준에 따라 5년마다 연도별로 구분하여 총량관리대상 오염물질 배출허용총량(이하 "배출허용총량"이라 함)을 할당해야 한다(「수도권 대기환경개선에 관한 특별법」 제16조제1항).

배출허용총량을 할당받은 사업자(이하 "총량관리사업자"라 함)는 해당 연도의 배출허용총량을 초과하여 총량관리대상 오염물질을 배출해서는 안 된다(「수도권 대기환경개선에 관한 특별법」 제16조제3항).

총량관리사업자는 해당 사업장의 총량관리대상 오염물질별 배출농도, 배출가스 유량을 측정할 수 있는 측정기기를 부착·가동하여 배출량을 산정해야 한다(「수도권 대기환경개선에 관한 특별법」 제16조제4항).

총량관리사업자는 할당받은 연도별 배출허용총량의 일부를 총량관리대상 오염물질별로 그 연도 내에 다른 총량관리대상사업자에게 매매 등을 통해 이전할 수 있다(「수도권 대기환경개선에 관한 특별법」 제18조제1항).

총량관리사업자는 이전할 수 있는 배출허용총량을 해당 연도에 사용하지 아니한 경우에는 그 일부를 다음 연도 배출허용총량에 더할 수 있다(「수도권 대기환경개선에 관한 특별법」 제18조제4항).

3.2.4 총량초과 부과금

총량관리사업자는 할당받은 배출허용총량을 초과하여 배출한 경우에는 서울특별시장 등이 부과·징수하는 총량초과부과금을 납부해야 한다(「수도권 대기환경개선에 관한 특별법」 제20조제1항).

총량관리사업자는 황산화물 또는 먼지에 대한 기본부과금 및 초과부과금(「대기환경보전법」 제35조)이 면제되며, 연료의 황함유기준(「대기환경보전법」 제41조)이 적용되지 않는다(「수도권 대기환경개선에 관한 특별법」 제17조제1항 및 「수도권 대기환경개선에 관한 특별법 시행령」 제20조).

4. 대기오염물질 방지기술

4.1 대기오염방지시설
4.2 대기오염방지기술

4.1 대기오염방지시설

4.1.1 대기오염방지시설 구분

방지시설은 대기오염물질 배출시설로부터 나오는 대기오염물질을 없애거나 줄이는 시설로서 환경부령으로 정하고 있으며(법 제2조 및 시행규칙 제6조 [별표 4]), [표 4.1]과 같이 대기오염방지시설을 구분할 수 있으며, 환경부장관이 인정하는 시설은 「대기오염방지시설(연소보조장치)의 성능기준 및 검사방법」(환경부 고시 제2012-200호, 2012. 10. 5. 발령·시행)에 따라 성능검사를 마치고 지방환경청장의 인정을 받아 설치할 수 있다.

[표 4.1] 대기오염방지시설 구분

1. 중력집진시설	10. 직접연소에 의한 시설
2. 관성력집진시설	11. 촉매반응을 이용하는 시설
3. 원심력집진시설	12. 응축에 의한 시설
4. 세정집진시설	13. 산화.환원에 의한 시설
5. 여과집진시설	14. 미생물을 이용한 처리시설
6. 전기집진시설	15. 연소조절에 의한 시설
7. 음파집진시설	16. 위 제1호부터 제15호까지의 시설과 같은 방지효율 또는 그 이상의 방지효율을 가진 시설로서 환경부장관이 인정하는 시설
8. 흡수에 의한 시설	
9. 흡착에 의한 시설	
* 비고 : 방지시설에는 대기오염물질을 포집하기 위한 장치(후드), 오염물질이 통과하는 관로(덕트), 오염물질을 이송하기 위한 송풍기 및 각종 펌프 등 방지시설에 딸린 기계.기구류 (예비용을 포함한다) 등을 포함한다.	
*「대기환경보전법」 시행규칙 [별표 4]	

4.1.2 방지시설 설치·시공

배출시설을 설치한 자는 그 배출시설로부터 나오는 오염물질에 배출허용기준(「대기환경보전법 시행규칙」 제15조 및 별표 8) 이하로 나오게 하기 위해 대기오염방지시설(이하 "방지시설"이라 함)을 설치해야 한다(「대기환경보전법」 제26조제1항 본문).

방지시설의 설치나 변경은 「환경기술개발 및 환경산업 지원법」 제15조제1항에 따라 환경전문공사업을 하려는 자로 특별시장·광역시장·도시사·특별자치도지사에게 등록을 한 자(이하 "환경전문공사업자"라 함)가 설계·시공해야 한다(「대기환경보전법」 제28조 본문).

방지시설의 공정을 변경하지 아니하는 경우로서 다음의 어느 하나에 해당하는 경우에는 환경전문공사업자 외의 자가 방지시설을 설계·시공할 수 있다(「대기환경보전법」 제28조 단서 및 「대기환경보전법 시행규칙」 제30조).

★ 방지시설에 딸린 기계류나 기구류를 신설하거나 대체 또는 개선하는 경우

배출시설의 용량이나 용적의 100분의 30을 넘지 않는 범위에서 증설하거나 대체 또는 개선하는 경우(2회 이상 증설하거나 대체하여 증설하거나 대체 또는 개선한 부분이 최초로 허가받거나 신고한 시설의 용량이나 용적보다 100분의 30을 넘는 경우는 환경전문공사업자가 설계·시공해야 함)

사업자는 자가방지시설의 설계·시공을 「대기환경보전법」 제28조 단서 및 「대기환경보전법 시행규칙」 제31조에 의하여 진행할 수 있다.

사업자는 자가방지시설을 설계·시공하려는 경우에는 다음의 서류를 특별시장·광역시장·도지사 또는 특별자치도지사(이하 "시·도지사"라 함)에게 제출해야 합니다(배출시설의 설치허가·신고 또는 변경허가·신고 시 제출한 서류는 생략 가능)(「대기환경보전법」 제28조 단서 및 「대기환경보전법 시행규칙」 제31조).

- 배출시설의 설치명세서
- 공정도
- 원료(연료 포함) 사용량, 제품생산량 및 대기오염물질 등의 배출량을 예측한 명세서
- 방지시설의 설치명세서와 그 도면(방지시설 설치면제에 해당하는 경우에는 이를 증명할 수 있는 서류)
- 기술능력 현황을 적은 서류

4.1.3 방지시설 설치위반 시 제재

1) 행정처분

방지시설을 설치해야 함에도 불구하고 방지시설을 설치하지 아니하고 배출시설을 가동하거나 방지시설을 임의로 철거한 경우에는 1차 위반 시 조업정지, 2차 위반 시 허가취소 또는 폐쇄명령을 받는다[「대기환경보전법」 제36조제4호, 제84조, 「대기환경보전법 시행규칙」 제134조 및 별표 36 제2호가목3)].

※ 시·도지사가 배출시설의 허가취소 또는 폐쇄명령을 하려면 「행정절차법」에 따른 청문절차를 거쳐야 한다(「대기환경보전법」 제85조제1호).

※ 배출시설의 조업정지가 주민의 생활, 대외적인 신용·고용·물가 등 국민경제, 그 밖에 공익에 현저한 지장을 줄 우려가 있다고 인정되는 경우에는 조업정지처분에 갈음하여 과징금을 부과받을 수 있다. 과징금에 대한 자세한 내용은 이 콘텐츠 〈배출시설 운영 - 과징금 - 과징금〉에서 확인할 수 있다.

※ 위의 처분에 이의가 있는 자는 행정심판을 청구하거나 행정소송을 제기할 수 있다.

※ 행정심판 및 행정소송에 관한 자세한 내용은 정부 웹사이트의 『행정쟁송』에서 확인할 수 있다.(http://oneclick.law.go.kr)

2) 형사처벌

방지시설 설치의무가 있음에도 불구하고 방지시설을 설치하지 아니하고 배출시설을 설치·운영한 자는 7년 이하의 징역이나 1억원 이하의 벌금에 처해진다(「대기환경보전법」 제89조제2호).

4.2 대기오염방지기술

대기오염 방지를 목적으로 방지시설을 설치하고자 할 때에는 방지시설 자체의 설치만 필요한 것이 아니고 먼지나 gas상 물질이 배출되는 지점에 후드를 설치하고 덕트를 직접 연결하여 오염물질 및 오염물질이 함유된 주변공기를 흡인하고 집진장치를 설치하여 오염물질을 제거한 후 송풍기를 통하여 외부로 배출시키는 것을 합쳐서 방지시설이라고 한다.

대기오염물질은 입자상 오염물질과 가스상 오염물질로 대별되는데 입자상 오염물질의 처리는 중력침강식, 원심력, 여과식, 수세식, 전기식 방법으로 제거할 수가 있으며 가스상 오염물질은 약액세정식, 흡수식, 흡착식, 생물학적 처리방식으로 제거할 수가 있다. 최근에는 가스상 오염물질 중 악취성분은 플라즈마 탈취, 이온교환수지 탈취, 오존탈취, 이온탈취, 미생물을 이용한 생물학적 탈취방법이 개발되어 실용화되고 있는 추세이다. 방지시설의 오염물질 종류별 사용방법을 열거하면 [표 4.2]와 같다.

[표 4.2] 방지시설의 오염물질 처리방법

구분	방지시설	처리방법
입자상 물질 처리	중력침강실	가장 간단한 집진장치로 입자 자체의 무게에 의해 가라앉게 만드는 장치
	관성력집진기	유해물질 함유공기를 고속으로 유입시켜 내부에 설치한 장애물로 공기의 흐름을 급격히 바꾸면서 유해물질을 침강시키는 장치
	원심력집진기 (Cyclone)	유해물질 함유공기를 유입시켜 내부에서 회전시키고 그 원심력에 의해서 유해공기를 침강시키는 장치
	여과집진장치 (Bag filter)	유해물질 함유공기를 유입시켜 여과포(Bag filter)를 통과시킴으로써 공기를 정화시키는 장치

	세정식 집진장치 (Scrubber)	액정, 액막, 기포 등에 의해 배기를 세정하여 공기를 정화시키는 장치
	전기집진장치	고압직류원을 이용한 코로나 방전에 의하여 분진을 내전시켜 제진극판에서 분진을 분리포집하는 장치
가스상 물질 처리	흡수탑	배기가스를 흡수액에 접촉시켜 반응을 시키거나 용해시켜 유해가스를 제거하는 장치로써 흡수액에는 물, 알카리, 산, 염류 등의 수용액 사용
	흡착탑	흡착작용을 가진 흡착제를 유해가스가 함유된 공기를 통과시켜 유해가스가 흡착제에 흡착되어 제거되도록 하는 장치

4.2.1 입자상물질 방지기술

1) 중력침강실

- 가장 간단한 집진장치로 입자 자체의 무게에 의해 가라앉게 만드는 장치
- 미세입자 제거용 집진기의 부담을 덜어주는 목적으로 사용
- 함진가스(배출가스)의 속도가 충분히 느려, 입자의 중력에 의한 자연침강력을 이용하여 입자를 분리포집하는 구조로 되어 있다.
- 동력비와 유지관리비가 저렴하다.
- 큰 침강실이 필요하며, 효율이 낮다.
- 중력

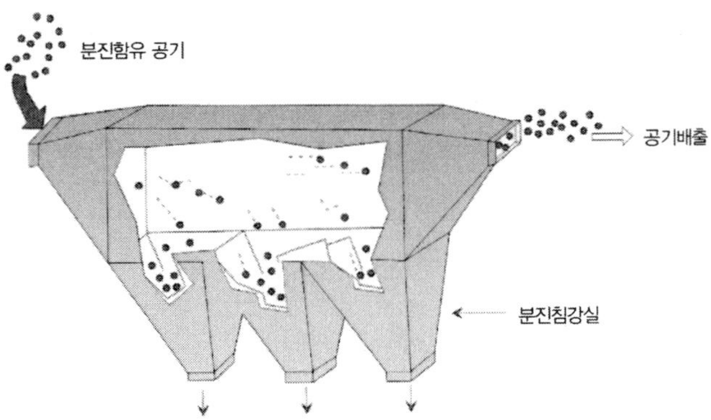

[그림 4.1]
중력집진기

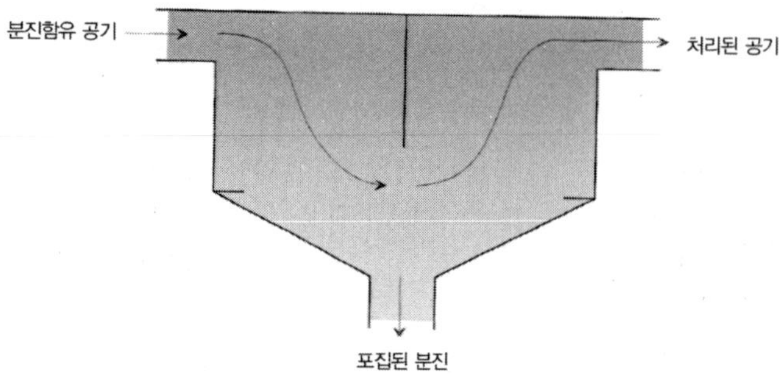

[그림 4.2]
관성력집진기

2) 관성력집진기

- 유해물질 함유공기를 고속으로 유입시켜 내부에 설치한 장애물로 공기의 흐름을 급격히 바꾸면서 유해물질을 침강시키는 장치
- 동력비와 유지관리비가 저렴하다.
- 설치공간이 크며, 효율이 낮다.
- 관성력

3) 원심력집진기(사이클론, Cyclone)

- 원통구조물 내에서 전체가스를 나선모양으로 흐르게 하여 입자를 제거하는 장치
- 원심력에 의하여 입자는 원통의 바깥방향으로 움직여 벽에 충돌하게 되고, 벽면을 따라 집진장치의 바닥(hopper)으로 떨어져 제거된다.
- 적은 설치비용, 고온가스처리가 가능하며, 구조가 간단하여 유지보수가 용이하다.
- 낮은효율(미세입자인 경우)과 압력손실이 크기 때문에 비싼 운전비용이 소요된다.
- 원심력, 관성력, 중력

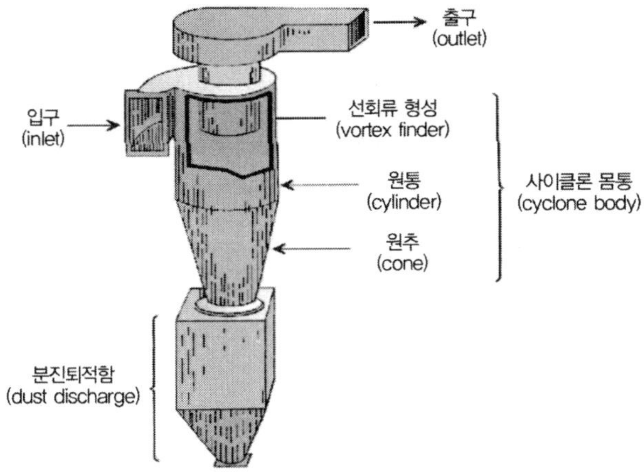

[그림 4.3]
원심력집진기

4) 여과집진장치 (Bag filter)

- 공기에 포함된 먼지입자를 직물여과포(Bag filter)에 걸러 집진하는 장치이다.
- 공기가 직물여과포를 통과하면서 입자는 여과포에 쌓이고 주기적으로 흔들거나 공기를 역류시키므로써 여과포에서 집진입자를 분리한다.
- 주로 1 ㎛이하의 미세먼지포집에 대한 집진효율이 크다.
- 넓은 설치면적이 필요하며, 고온부식, 습도, 화재, 폭발의 위험성이 있다.
- 관성력, 확산력, 중력

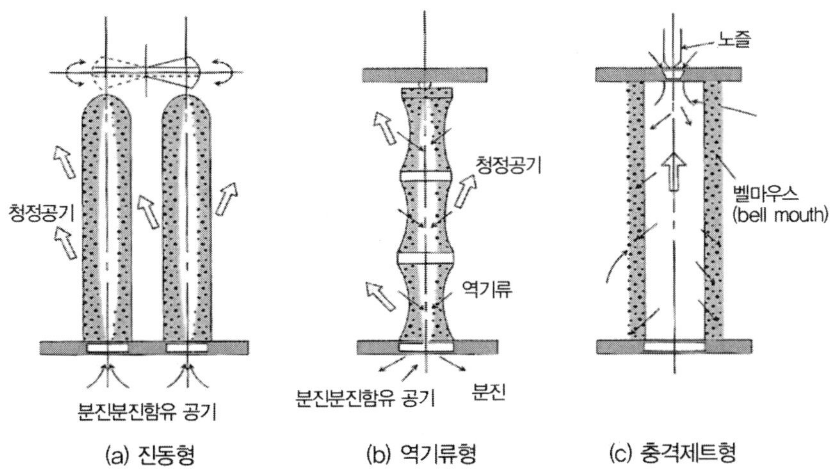

[그림 4.4]
여과집진기

5) 세정식 집진장치(Wet Scrubber)

- 액적, 액막, 기포 등에 의해 배기를 세정하여 공기를 정화시키는 장치
- 충돌과 차단의 원리로 함진가스에 물을 분사하여 먼지입자를 제거하는 장치이다.
- 가스와 비교하여 더 크고 무거운 물방울은 중력에 의해 쉽게 가스와 분리되며, 먼지입자는 세정액으로부터 독립적으로 분리된다. 세정액은 재사용되거나 배출하기 전에 여러방법으로 처리된다.
- 고온, 가연성, 폭발성 먼지 처리가 가능하다.
- 가스, 입자상 오염물질을 동시에 제거할 수 있다.
- 고온냉각/조습기능 겸용이 가능하며, 재비산 현상을 방지할 수 있다.
- 부식성 가스와 먼지를 중화시킬 수 있다.
- 폐수, 슬러지 처리시설의 설치가 필요하다.
- 배가스 냉각은 통풍력을 저하(확산장애)시키고, 습도를 증가(저온 부식)시킨다.
- 관성력, 확산력, 중력

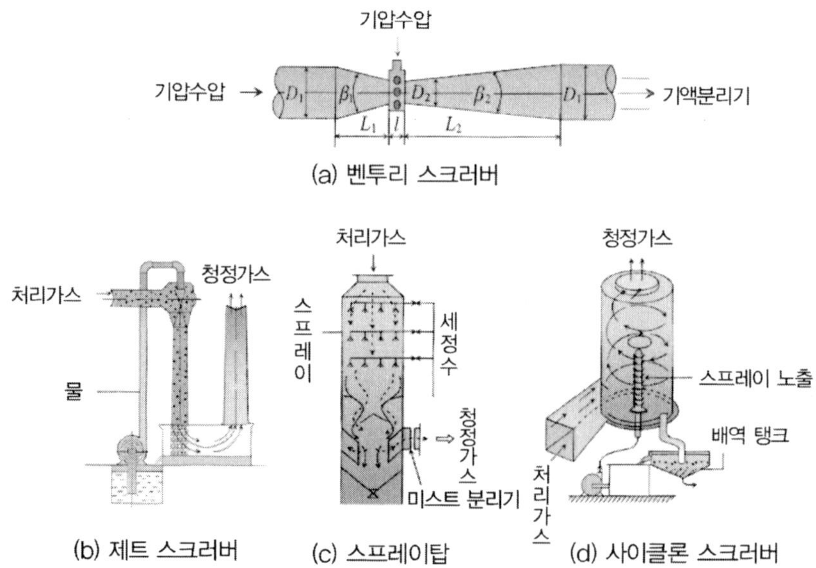

(a) 벤투리 스크러버

(b) 제트 스크러버 (c) 스프레이탑 (d) 사이클론 스크러버

[그림 4.5] 세정집진기

6) 전기집진장치

- 고압직류원을 이용한 코로나 방전에 의하여 분진을 내전시켜 제진극판에서 분진을 분리포집하는 장치
- 높은 전압이 전극사이에 형성된 전기장을 통과하는 입자는 전하를 얻게되며, 하전된 입자는 반대편 대전판으로 끌려가 포집된다. 집진판에 부착된 분진은 Hammering에 의해 주기적으로 집진판에서 탈리된다.
- 미세입자에 대한 집진효율이 크며, 낮은 압력손실로 대량의 가스처리가 가능하다.
- 광범위한 온도범위에서 적용이 가능하다.
- 넓은 설치면적이 필요하며, 설치비용이 크다.
- 가스상 오염물질제어가 곤란하며, 설치 후 운전조건변화에 따라 유연성이 적다.
- 비저항이 큰 먼지는 제거가 곤란하다.
- 전기력, 확산력, 관성력, 중력

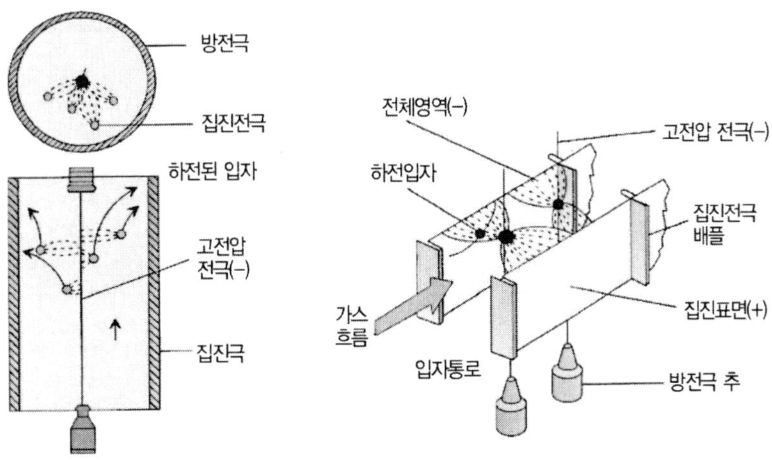

(a) 원통형 (b) 평판형

[그림 4.6] 전기집진기

4.2.2 가스상물질 방지기술

가스상 오염물질의 처리장치는 물과 가스를 접촉시켜 흡수, 활성탄 등의 기공이 많은 물질을 이용하여 가스상 물질을 포집하는 흡착, 고온의 열을 가하여 가스상 물질을 태워버리는 연소, 촉매를 이용하여 가스상 오염물질을 무해한 물질로 변화시키는 산화환원, 미생물을 이용하여 가스상 물질을 분해하는 미생물 처리방법이 있다. 간략히 처리장치의 개요를 설명하면 다음과 같다.

1) 흡수방식

- 배기가스를 흡수액에 접촉시켜 반응을 시키거나 용해시켜 유해가스를 제거하는 장치로써 흡수액에는 NaOH, NaOCl, $CaCO_3$ 등의 물질과 중화시켜서 가스상 물질을 제거한다. 흡수액과의 접촉면을 넓히기 위하여 내부에 충진재를 사용한다.
- 원형의 통에 충진재를 두고, 상부에서 약액을 분사한 후 하부로부터 가스상 오염물질을 통과시키면 충진재에서 오염물질과 약액이 접촉하여 화학반응이 일어나면서 오염물질을 제거한다.
- 설치비가 저렴하고 설치면적이 좁다.
- 일반적으로 많이 사용되고 있으며 성능이 우수하다.
- 폐수가 발생하여 2차처리가 필요하다.
- 담체 및 노즐 막힘이 발생할 수 있다.
- VOCs 등 유기성 화합물은 처리가 곤란하다.
- 고온가스 처리시 전처리 장치가 필요하다.

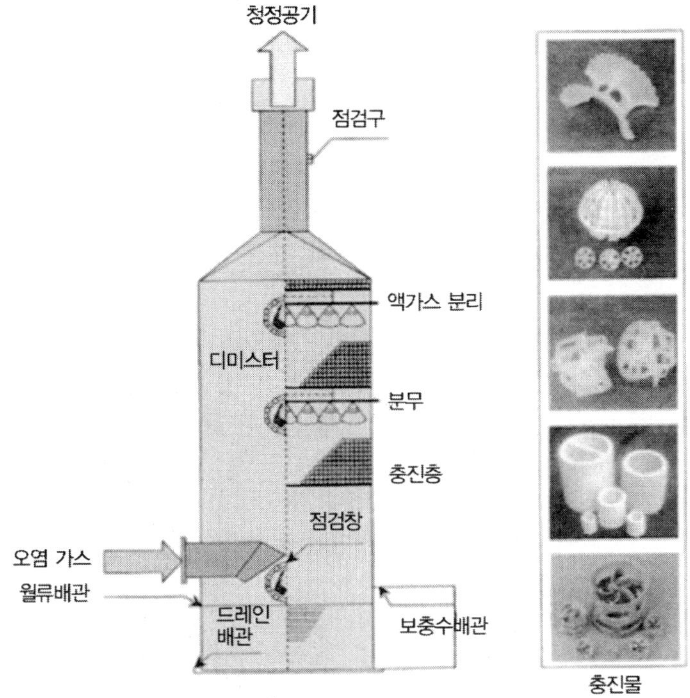

[그림 4.7] 세정탑

2) 흡착방식

- 흡착작용을 가진 흡착제를 유해가스가 함유된 공기를 통과시켜 유해가스가 흡착제에 흡착되어 제거되도록 하는 장치
- 활성탄, 제올라이트 등 입자 자체에 많은 기공이 있고 흡착능력이 강한 흡착제를 사용한다.
- 흡착제는 최대한 흡착 후 기공이 가스상 물질로 포화되면 성능이 저하하므로 교체하여야 하는데, 최근에는 상온에서 흡착한 흡착제가 100℃ 이상 고온이 되면 흡착한 오염물질을 발산하는 성질을 이용하여 가스상 오염물질을 농축하여 처리하는 농축장치가 개발되어 있다.
- 흡착제 가격이 저렴하고 효율이 좋다.
- 설치가 간단하고 운전이 용이하다.

- 흡착제의 잦은 교체로 운영비가 많이 소요된다.
- VOCs 등은 흡착농도가 높으면 폭발할 수 있다.
- 분진이 많은 가스는 흡착제 막힘을 발생할 수 있다.

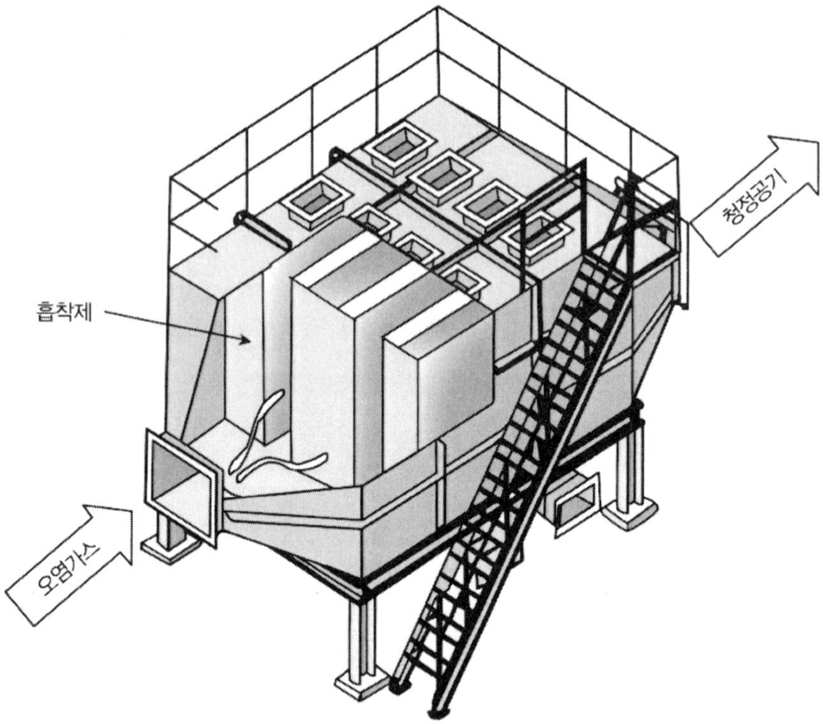

[그림 4.8] 흡착탑

5. 후드 및 닥트

5.1 산업환기설비 기술개요
5.2 전체환기장치
5.3 국소배기장치
5.4 국소배기장치의 배치도, 계통선도
5.5 산업환기설비의 유지관리

5.1 산업환기설비 기술개요

산업환기설비에 관해서는 별도의 지침을 정하고 있으며, 산업안전보건법(이하 "법"이라 한다) 제24조(보건조치) 및 제42조(작업환경측정 등), 산업안전보건기준에 관한 규칙(이하 "안전보건규칙"이라 한다) 제429조(국소배기장치의 성능), 제430조(전체환기장치의 성능 등), 제453조(설비기준 등), 제454조(국소배기장치의 설치·성능), 제471조(설비기준), 제480조(국소배기장치의 설치 등), 제499조(설비기준 등), 제500조(국소배기장치의 성능 등), 제581조(국소배기장치 등), 제607조(국소배기장치의 설치 등), 제609조(국소배기장치의 성능)의 규정에 의하여 설치하는 산업환기설비의 전체환기장치 및 국소배기장치 등에 대하여 적용하고 있다.(한국산업안전보건공단, 산업환기설비에 관한 기술지침, 2014년)

【용어정리】

① "발생원"이라 함은 유해물질이 발생하여 작업환경오염의 원인이 되는 생산설비나 작업장소 등을 말한다.

② "유해물질" 이라 함은 작업환경을 오염시키는 물질로서 가스, 증기 등 기체상물질과 미스트, 흄, 분진 등 입자상 물질을 말한다.

③ "산업환기설비" 라 함은 유해물질을 건강상 유해하지 않은 농도로 유지하고 유해물질에 의한 화재·폭발을 방지하거나 열 또는 수증기를 제거하기 위하여 설치하는 전체환기장치와 국소배기장치 등 일체의 환기설비를 말한다.

④ "전체환기장치" 라 함은 자연적 또는 기계적인 방법에 의하여 작업장내의 열,수증기 및 유해물질을 희석, 환기시키는 장치 또는 설비를 말한다.

⑤ "국소배기장치" 라 함은 발생원에서 발생되는 유해물질을 후드, 덕트, 공기정화장치, 송풍기 및 배기구를 설치하여 배출하거나 처리하는 장치를 말한다.

⑥ "공기정화장치" 라 함은 후드 및 덕트를 통해 반송된 유해물질을 정화시키는 고정식 또는 이동식의 제진, 집진, 흡수, 흡착, 연소, 산화, 환원방식 등의 처리장치를 말한다.

⑦ "후드" 라 함은 유해물질을 포집·제거하기 위해 해당 발생원의 가장 근접한 위치에 다양한 형태로 설치하는 구조물로서 국소배기장치의 개구부를 말한다.

⑧ "제어속도" 이라 함은 후드 전면 또는 후드 개구면에서 유해물질이 함유된 공기를 당해 후드로 흡입시킴으로써 그 지점의 유해물질을 제어할 수 있는 공기속도를 말한다. 다만, 포위식 및 부스식 후드에서는 후드의 개구면에서 흡입되는 기류의 속도를 말하며, 외부식 및 레시버식 후드에서는 후드의 개구면으로부터 가장 먼 거리의 유해물질 발생원 또는 작업위치에서 후드 쪽으로 흡인되는 기류의 속도를 말한다.

⑨ "반송속도" 라 함은 덕트를 통하여 이동하는 유해물질이 덕트 내에서 퇴적이 일어나지 않는 상태로 이동시키기 위하여 필요한 최소 속도를 말한다.

⑩ 기타 사용하는 용어의 정의는 이 기준에서 특별히 규정하는 경우를 제외하고는 산업안전보건법(시행령, 시행규칙), 산업안전기준에 관한 규칙 및 보건규칙에서 정하는 바에 따른다.

5.2 전체환기장치

5.2.1 개요

전체환기는 희석환기(dilution ventilation)이라고도 하며, 유해물질을 오염원에서 완전히 제거하는 것이 아니라 희석하거나 치환시켜 농도를 낮추는 방법으로 열과 바람을 이용한 것으로 열려진 창문이나 틈을 통한 환기법의 "자연환기"와 송풍기와 같은 기계적인 힘을 이용하여 강제적으로 환기시키는 "강제환기"로 구분할 수 있다.

전체환기장치는 열, 수증기 및 독성이 낮은 가스·증기가 발생되고, 발생원이 이동성이며, 분산되어 있는 상태에서 다음과 같은 경우에 적용할 수 있다.

- 유해물질의 유해성이 낮거나 근로자와 발생원이 멀리 떨어져 노출량이 적어 건강상 장해의 우려가 낮으며, 작업의 특성상 국소배기장치의 설치가 경제적·기술적으로 매우 곤란하다고 인정될 경우
- 원격조작에 의하여 운전되는 생산공정의 작업장과 운전실을 분리 설치한 경우

- 작업장에 근접하여 설치되는 기숙사, 사무실, 휴게실, 식당, 세면·목욕실이나 탈의실 등의 경우
- 발생원에 근로자의 접근은 없으나 화재 · 폭발방지 등을 위한 조치가 필요할 경우
- 화학물질을 저장하는 창고나 옥내장소에 근로자가 상시 출입하는 경우

5.2.2 설치시 유의사항

전체환기장치를 설치할 때에는 다음에서 정하는 바에 따라야 한다.

- 송풍기만을 설치하여 열, 수증기 및 오염물질을 희석환기하고자 하는 경우에는 희석공기의 원활한 환기를 위하여 배기구를 설치하여야 한다.
- 송풍기만을 설치하여 열, 수증기 및 유해물질을 희석환기하고자 하는 경우에는 발생원 가까운 곳에 송풍기를 설치하고, 근로자의 후위에 적절한 형태 및 크기의 급기구나 급기시설을 설치하여야 하며, 송풍기의 작동 시에는 급기구를 개방하거나 급기시설을 가동하여야 한다.
- 외부공기의 유입을 위하여 설치하는 송풍기나 급기구에는 필요시 외부로부터 열, 수증기 및 유해물질의 유입을 막기 위한 필터나 흡착설비 등을 설치하여야 한다.
- 작업장 외부로 배출된 공기가 당해 작업장 또는 인접한 다른 작업장으로 재유입되지 않도록 필요한 조치를 하여야 한다.

5.2.3 필요환기량 산정

유해물질이 발생원으로부터 작업장내에서 확산되어 이동하는 경우, 유해물질의 농도가 노출기준미만으로 유지되도록 [표 5.1]을 참조하여 적정한 필요환기량을 산정하여야 한다.

[표 5.1] 필요환기량 산정방법

<table>
<tr><th>구분</th><th>필요환기량 계산식</th><th>비고</th></tr>
<tr><td>희석</td><td>$Q=\frac{24.1\times S\times G\times K\times 10^6}{M\times TLV}$</td><td rowspan="4">$Q$: 필요환기량(㎥/h)
S : 유해물질의 비중
G : 유해물질의 시간당 사용량(L/h)
K : 안전계수(혼합계수)로써
K=1 : 작업장내 공기혼합이 원활한 경우
K=2 : 작업장내 공기혼합이 보통인 경우
K=3 : 작업장내 공기혼합이 불완전한 경우
M : 유해물질의 분자량(g)
TLV : 유해물질의 노출기준(ppm)
LEL : 폭발하한치(%)
B : 온도에 따른 상수
(121℃이하 : 1, 121℃초과 : 0.7)
W : 수증기 부하량(kg/h)
ΔG : 작업장내 공기와 급기의 절대습도차 (kg/kg)
H_s : 발열량(kcal/h)
C_p : 공기의 비열(kcal/kg·℃)
Δt : 외부공기와 작업장내 온도차(℃)
S_f : 안전계수
(연속공정 : 4, 회분식 공정 : 10~20)</td></tr>
<tr><td>화재·
폭발방지</td><td>$Q=\frac{24.1\times S\times G\times S_f\times 100}{M\times LEL\times B}$</td></tr>
<tr><td>수증기
제거</td><td>$Q=\frac{W}{1.2\times \Delta G}$</td></tr>
<tr><td>열배출</td><td>$Q=\frac{H_s}{C_p\times \Delta t}$</td></tr>
</table>

5.3 국소배기장치

5.3.1 개요

국소배기는 오염물질이 발생원에서 작업장으로 확산되기 전에 포집·제거하는 환기 방법으로 시스템은 후드-덕트-공기정화장치(방지시설)-송풍기-굴뚝의 순으로 설치하는 것을 원칙으로 한다. 다만, 송풍기의 케이싱이나 임펠러가 유해물질에 의하여 부식, 마모, 폭발 등이 발생하지 아니한다고 인정되는 경우에는 송풍기의 설치위치를 공기정화장치의 전단에 둘 수 있다.

국소배기장치는 유지보수가 용이한 구조로 하여야 한다.

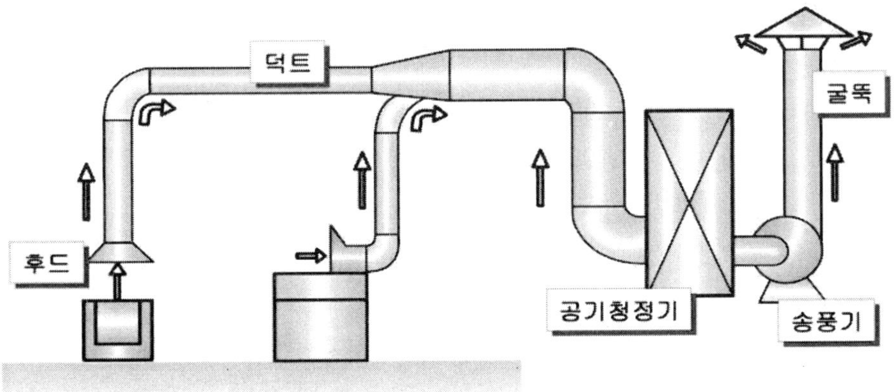

국소배기의 장점은 오염물질을 발생원에서 배출시키기 때문에 적은 배기량으로도 작업자의 호흡영역 오염물질 농도를 저감시킬 수 있다.

국소배기의 단점은 후드-덕트 등으로 인하여 작업을 방해할 수 있기 때문에 제품 불량 발생이 우려되며, 이동작업에 적용하기 힘들다.

5.3.2 후드

후드(Hood)라는 것은 대기오염물질 배출시설에서 배출되는 오염물질의 근처의 공간으로 비산되는 것을 방지하기 위해 비산범위내의 오염공기를 배출원에서 직접 포집하기 위한 국소배기장치의 입구부를 말한다.

후드는 발생되는 오염물질을 국소배기시스템으로 유입시키기 때문에 국소배기시스템의 성능을 좌우하며, 최소의 유량으로 효율적인 오염물질 제어가 가능하다. 설계시의 고려사항은 모양, 위치, 배기량, 작업의 편리성 및 작업자의 호흡영역 보호 등이 있다.

1) 후드의 형식

후드는 유해물질을 충분히 제어할 수 있는 구조와 크기로 하여야 하며, 후드의 형식 및 종류는 [표 5.2]와 같다.

후드는 발생원을 가능한 한 포위하는 형태인 포위식 형식의 구조로 하고, 발생원을 포위할 수 없을 때는 발생원과 가장 가까운 위치에 외부식 후드를 설치하여야 한다. 다만, 유해물질이 일정한 방향성을 가지고 발생될 때는 레시버식 후드를 설치하여야 한다.

상부면이 개방된 개방조에서 유해물질이 발생하는 경우에 설치하는 후드의 제어거리에 따른 형식과 설치위치는 다음 [표 5.3]을 참조하여야 한다.

슬로트후드의 외형단면적이 연결덕트의 단면적보다 현저히 큰 경우에는 후드와 덕트 사이에 충만실(Plenum chamber)을 설치하여야 하며, 이때 충만실의 깊이는 연결덕트 지름의 0.75배 이상으로 하거나 충만실의 기류속도를 슬로트 개구면 속도의 0.5배 이내로 하여야 한다.

후드의 흡입방향은 가급적 비산 또는 확산된 유해물질이 작업자의 호흡영역을 통과하지 않도록 하여야 한다.

후드 뒷면에서 주덕트 접속부까지의 분지덕트 길이는 가능한 한 지 덕트 3배 이상이 되도록 하여야 한다. 다만, 분지덕트가 장방형덕트인 경우에는 원형덕트의 상당지름을 이용하여야 한다.

후드의 형태와 크기 등 구조는 후드에서의 유입손실이 최소화되도록 하여야 한다.

[표 5.2] 후드의 형식 및 종류

형식	종류	비고
포위식 (Enclosing type)	유해물질의 발생원을 전부 또는 부분적으로 포위하는 후드	포위형(Enclosing type) 장갑부착상자형(Glove box hood) 드래프트 챔버형(Draft chamber hood) 건축부스형 등
외부식 (Exterior type)	유해물질의 발생원을 포위하지 않고 발생원 가까운 위치에 설치하는 후드	슬로트형(Slot hood) 그리드형(Grid hood) 푸쉬-풀형(Push-pull hood) 등
리시버식 (Receiver type)	유해물질이 발생원에서 상승기류, 관성기류 등 일정방향의 흐름을 가지고 발생할 때 설치하는 후드	그라인더카바형(Grinder cover hood) 캐노피형(Canop hood)

[표 5.3] 개방조에 설치하는 후드의 구조와 설치위치

제어거리(m)	후드의 구조 및 설치위치	비고
0.5미만	측면에 1개의 슬로트후드 설치	제어거리 : 후드의 개구면에서 가장 먼 거리에 있는 개방조의 가장자리까지의 거리
0.5~0.9	양측면에 각 1개의 슬로트후드 설치	
0.9~1.2	양측면에 각 1개 또는 가운데에 중앙선을 따라 1개의 슬로트후드를 설치하거나 푸쉬-풀형 후드 설치	
1.2이상	푸쉬-풀형 후드 설치	

【포위식 후드】

오염원을 가능한 최대로 포위하여 오염물질이 후드 밖으로 누출되는 것을 막고, 필요한 공기량을 최소한으로 줄일 수 있는 후드.

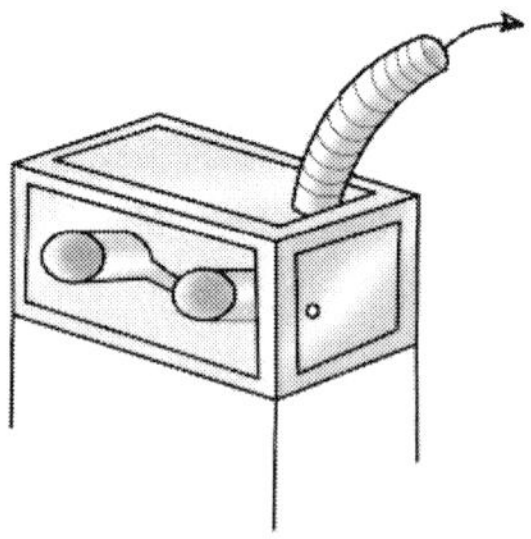

(a) 6면 포위

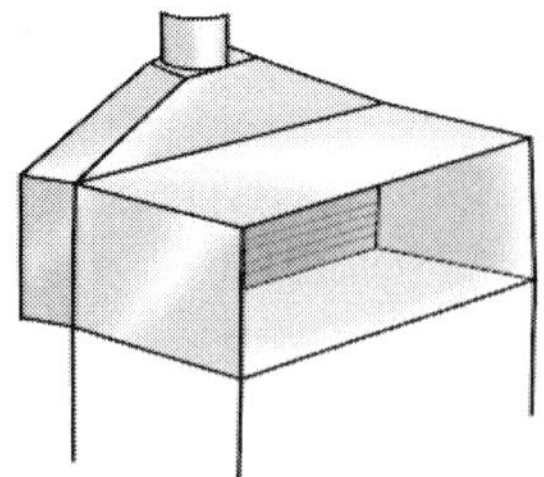

(b) 6면 포위

(c) 4면 포위

【외부식 후드】

- 리시버식 후드 : 공정 특성을 그대로 이용하여 오염물질을 수동적으로 제어하는 후드.

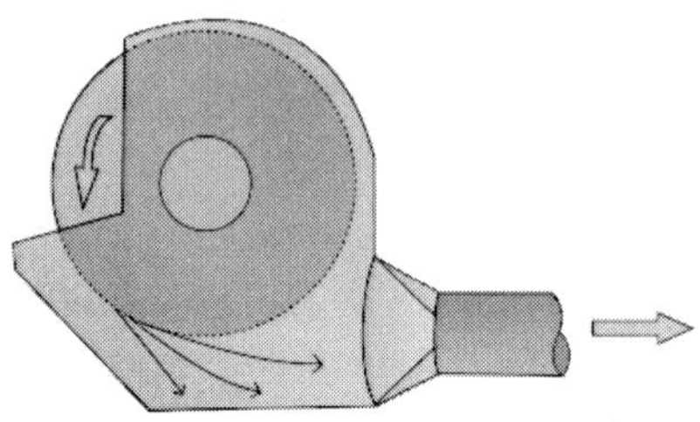

(a) 일정방향으로 비산하는 경우

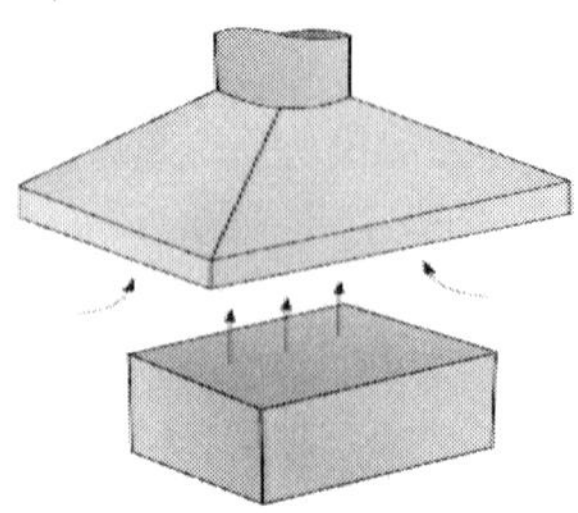

(b) 열상승 기류가 있는 경우

- 포집식 후드 : 국소배기장치의 송풍기 힘에 의해 능동적으로 오염물질을 후드로 끌어들이는 형태의 후드.

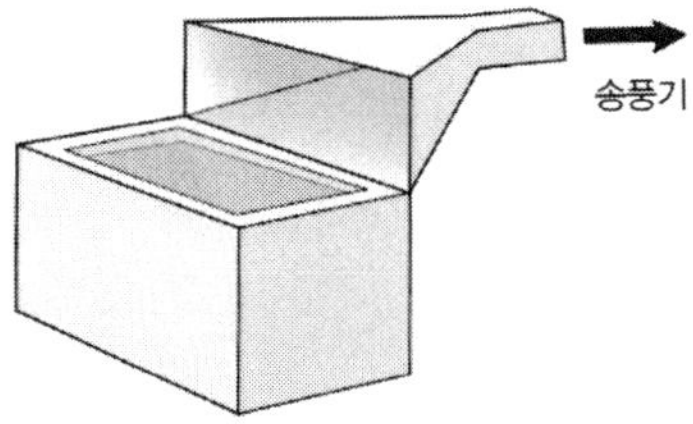

(a) 측방형 후드

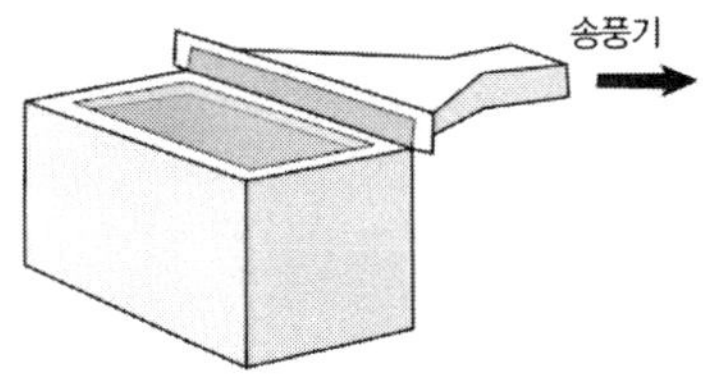

(b) 슬로트 후드

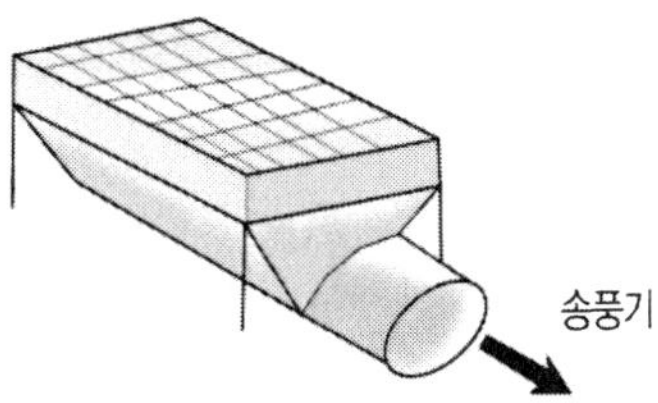

(c) 하방향 후드

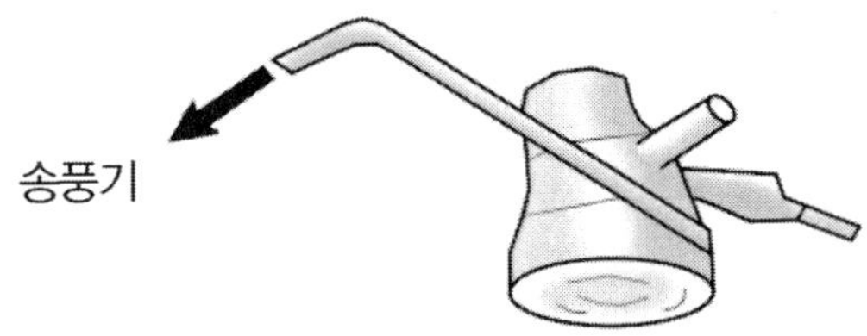

(d) 저유량-고유속 후드

2) 제어속도

제어속도(Control velocity 또는 Capture velocity)란 오염물질을 후드쪽으로 흡인하기 위하여 필요한 속도를 말한다. 발생하는 오염물질을 후드로 끌어들이는데 요구되는 제어속도는 오염원에서 뿐만 아니라 오염원에서 후드 반대쪽으로 비산하는 오염물질의 초기속도가 "0"이 되는 지점까지 도달해야 제대로 오염물질을 처리할 수 있다.

유해물질별 후드의 형식과 제어속도은 작업장내의 유해물질 농도가 노출기준 미만이 되도록 하기 위해 [표 5.4]에서 정하는 기준 이상의 제어속도이 되어야 한다.

제어속도을 조절하기 위하여 각 후드마다 댐퍼를 설치하여야 한다. 다만, 압력평형방법에 의해 설치된 국소배기장치에는 가능한 한 사용하지 않는 것이 원칙이다.

3) 송풍량 계산

각 후드에서의 송풍량은 [표 5.4]에서 정하는 제어속도 이상을 유지하여야 하며 그 계산방법은 [표 5.5]와 같다.

송풍량 계산시 정상조건은 21℃, 1기압을 기준으로 하여야 한다.

4) 후드의 재질선정

후드는 내마모성 또는 내부식성 등의 재료 또는 도포한 재질을 사용하고, 변형 등이 발생하지 않는 충분한 강도를 지닌 재질로 하여야 한다.

후드의 입구측에 강한 기류음이 발생하는 경우 흡음재를 부착하여야 한다.

5) 방해기류 영향 억제

후드의 흡인기류에 대한 방해기류가 있다고 판단될 때에는 작업에 영향을 주지 않는 범위 내에서 기류조정판을 설치하는 등 필요한 조치를 하여야 한다.

6) 신선한 공기 공급

국소배기장치를 설치할 때에는 배기량과 같은 양의 신선한 공기가 작업장 내부로 공급될 수 있도록 공기유입부 또는 급기시설을 설치하여야 한다.

신선한 공기의 공급방향은 유해물질이 없는 가장 깨끗한 지역에서 유해물질이 발생하는 지역으로 향하도록 하여야 하며, 가능한 한 근로자의 뒤쪽에 급기구가 설치되어 신선한 공기가 근로자를 거쳐서 후드방향으로 흐르도록 하여야 한다.

신선한 공기의 기류속도는 근로자 위치에서 가능한 한 0.5 m/sec를 초과하지 않도록 하고, 작업공정이나 후드의 근처에서 후드의 성능에 지장을 초래하는 방해기류를 일으키지 않도록 하여야 한다.

[표 5.4] 유해물질별 후드형식과 제어속도

1. 분진

가. 국소배기장치(연삭기, 드럼샌더(drum sander) 등의 회전체를 가지는 기계에 관련되어 분진작업을 하는 장소에 설치하는 것은 제외한다)의 제어속도

분진작업장소	제어속도(m/s)			
	포위식	외부식		
		측방 흡인	하방 흡인	상방 흡인
암석 등 탄소원료 또는 알루미늄박을 체로 거르는 장소	0.7	-	-	-
주물모래를 재생하는 장소	0.7	-	-	-
주형을 부수고 모래를 터는 장소	0.7	1.3	1.3	-
그 밖의 분진작업장소	0.7	1.0	1.0	1.2

나. 국소배기장치 중 연삭기, 드럼샌더 등의 회전체를 가지는 기계에 관련되어 분진작업을 하는 장소에 설치된 국소배기장치의 후드의 설치 방법에 따른 제어속도

후드의 설치방법	제어속도(m/s)
회전체를 가지는 기계 전체를 포위하는 방법	0.5
회전체의 회전으로 발생하는 분진의 흩날림방향을 후드의 개구면으로 덮는 방법	5.0
회전체만을 포위하는 방법	5.0
비고 : 제어속도-회전체를 정지한 상태에서 후드의 개구면에서의 최소속도를 말한다.	

2. 관리대상 유해물질

물질상태	후드형식		제어속도(m/s)
가스	포위식 포위형		0.4
	외부식	측방흡인	0.5
		하방흡인	0.5
		상방흡인	1.0
입자	포위식 포위형		0.7
	외부식	측방흡인	1.0
		하방흡인	1.0
		상방흡인	1.2

3. 허가대상 유해물질, 금지유해물질 및 방사성물질

물질상태	제어속도(m/s)
가스	0.5
입자	1.0

비고

1. "가스상태"란 관리대상 유해물질이 후드로 빨아들여질 때의 상태가 가스 또는 증기인 경우를 말한다.
2. "입자상태"란 관리대상 유해물질이 후드로 빨아들여질 때의 상태가 흄, 분진 또는 미스트인 경우를 말한다.
3. "제어속도"이란 국소배기장치의 모든 후드를 개방한 경우의 제어속도으로서 다음 각 목에 따른 위치에서의 속도을 말한다.
   가. 포위식 후드에서는 후드 개구면에서의 속도
   나. 외부식 후드에서는 해당후드에 의하여 분진(혹은 관리대상 유해물질)을 빨아들이려는 범위내에서 해당 후드 개구면으로부터 가장 먼 거리의 작업위치에서의 속도
4. 허가대상/금지 유해물질 및 방사성물질의 제어속도은 후드의 형식에 따라 다음에서 정한 위치에서의 속도을 말한다.
   가. 포위식 또는 부스식 후드에서는 후드의 개구면에서의 속도
   나. 외부식 또는 리시버식 후드에서는 유해물질의 가스, 증기 또는 분진이 빨려들어가는 범위에서 해당 개구면으로부터 가장 먼 작업위치에서의 속도

※ 단, 금지유해물질은 부스식 후드의 제어속도로 모든 부스식 후드 개구면을 완전 개방했을 때의 속도을 말한다.

[표 5.5] 후드의 형태별 송풍량 계산식

후드형태	명칭	종횡비 (W/L)	송풍량(㎥/min)
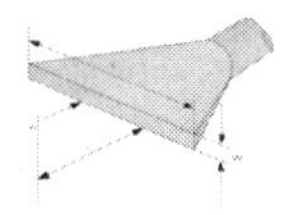	외부식 슬로트형	0.2 이하	$Q=3.7\times LVX$
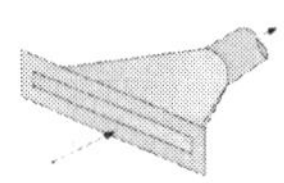	외부식 플랜지부착슬로트형	0.2 이하	$Q=2.6\times LVX$
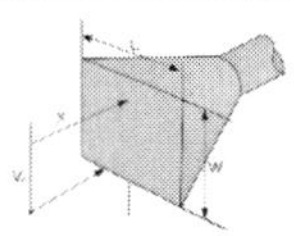	외부식 편평형	0.2 이상 또는 원형	$Q=V(10X^2+A)$
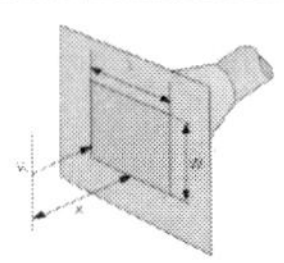	외부식 플랜지형	0.2 이상 또는 원형	$Q=0.75\times V(10X^2+A)$
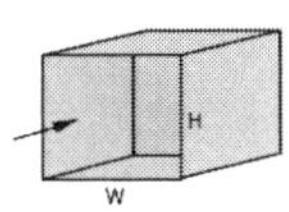	포위식 박스형	작업에 맞게	$Q=VA=VWH$
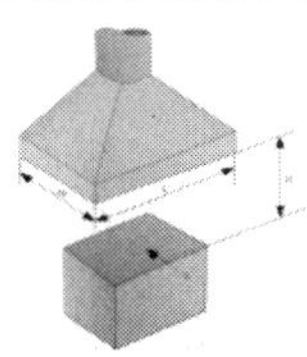	리시버식 캐노피형	작업에 맞게	$Q=1.4\times PVD$ P : 작업대 주변길이(m) D : 작업대와 후드간의 길이(m)
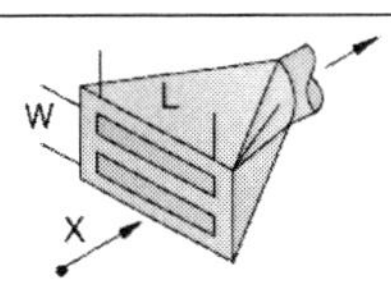	외부식 다중슬로트형	0.2 이상	$Q=V(10X^2+A)$
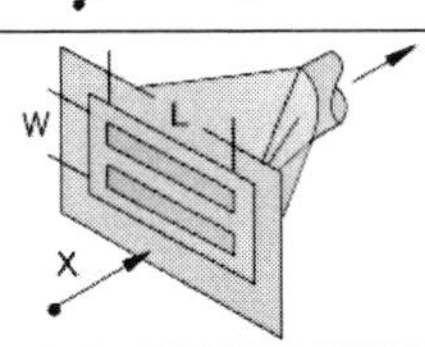	외부식 플랜지부착다중슬로트형	0.2 이상	$Q=0.75\times V(10X^2+A)$

주) Q: 송풍량(m^3/min), L: 슬로트길이(m), W: 슬로트폭(m)
V: 제어풍속(m/s), A : 후드단면적(m^2), X: 제어거리(m), H: 높이(m)

5.3.3 덕트

덕트(Duct)는 후드를 통해 유입된 오염물질이 국소배기시스템내에서 이동하는 길로서, 후드-공기정화장치-송풍기를 연결하는 관으로 이 관을 통해서 공기가 흐르고 배출된다. 분진퇴적을 방지하면서 압력손실을 최소화할 수 있도록 설계되어야 하며, 설계시 고려사항으로 최소반송속도유지, 가능한 원형덕트 사용, 합류관 연결시 압력손실 최소화, 댐퍼 등 부대시설 최소화 및 플랙시블 덕트 사용 자제 등이다.

1) 재질의 선정

덕트는 내마모성, 내부식성 등의 재료 또는 도포한 재질을 사용하고, 변형 등이 발생하지 않는 충분한 강도를 지닌 재질로 하여야 한다.

덕트는 [그림 5.1]과 같이 가능한 한 원형관을 사용하고, 다음의 사항에 적합하도록 하여야 한다.

- ○ 덕트의 굴곡과 접속은 공기흐름의 저항이 최소화될 수 있도록 할 것
- ○ 덕트 내부는 가능한 한 매끄러워야 하며, 마찰손실을 최소화 할 것
- ○ 마모성, 부식성 유해물질을 반송하는 덕트는 충분한 강도를 지닐 것

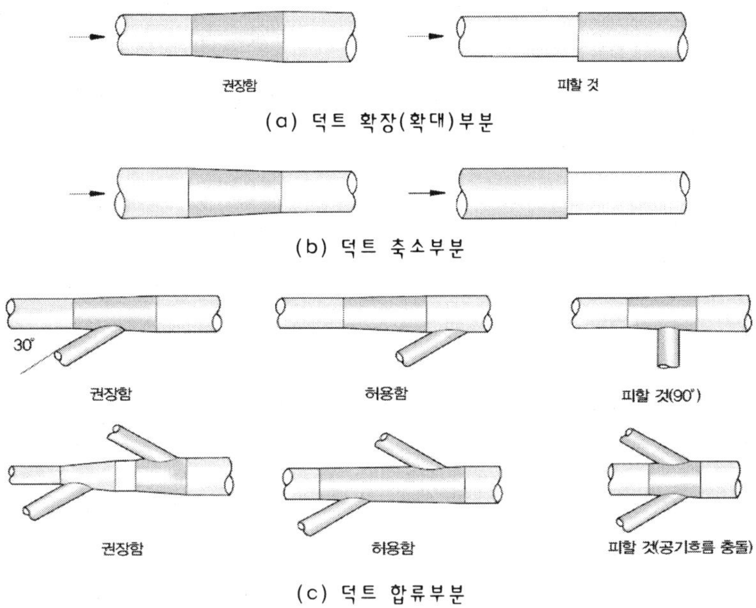

[그림 5.1] 덕트의 연결형태

2) 덕트의 접속

덕트의 접속은 다음의 사항에 적합하도록 설치하여야 한다.

- ○ 접속부의 내면은 돌기물이 없도록 할 것
- ○ 곡관(Elbow)은 5개 이상의 새우등 곡관으로 연결하거나, 곡관의 중심선 곡률반경이 덕트 지름의 2.5배 내외가 되도록 할 것
- ○ 주덕트와 분지덕트의 접속은 30° 이내가 되도록 할 것
- ○ 확대 또는 축소되는 덕트의 관은 경사각을 15° 이하로 하거나, 확대 또는 축소 전·후의 덕트 지름 차이가 5배 이상 되도록 할 것
- ○ 접속부는 덕트 소용돌이(Vortex)기류가 발생하지 않는 구조로 할 것
- ○ 분지덕트가 2개 이상인 경우 주덕트와의 접속은 각각 적절한 방향과 간격을 두고 접속하여 저항이 최소화되는 구조로 한다. 2개 이상의 분지덕트를 확대관 또는 축소관의 동일한 부위에 접속하지 않도록 할 것

덕트내부에는 분진, 흄, 미스트 등이 퇴적할 수 있으므로 청소가 가능한 부위에 청소구를 설치하여야 한다.

미스트나 수증기 등 응축이 일어날 수 있는 유해물질이 통과하는 덕트에는 응축된 미스트나 응축수 등을 제거하기 위한 드레인밸브(Drain valve)를 설치 하여야 한다.

덕트에는 덕트내 반송속도를 측정할 수 있는 측정구를 적절한 위치에 설치하여야 하며, 측정구의 위치는 균일한 기류상태에서 측정하기 위해서, 엘보, 후드, 분지덕트 접속부 등 기류변동이 있는 지점으로부터 최소한 덕트 지름의 7.5배 이상 떨어진 하류 측에 설치하여야 한다.

덕트의 진동이 심한 경우, 진동전달을 감소시키기 위하여 지지대 등을 설치하여야 한다.

플렌지를 이용한 덕트 연결 시에는 가스킷을 사용하여 공기의 누설을 방지하고, 볼트체결부에는 방진고무를 삽입하여야 한다.

덕트 길이가 1 m 이상인 경우, 견고한 구조로 지지대 등을 설치하여 휨 등에 의한 구조변화나 파손 등이 발생하지 않도록 하여야 한다.

작업장 천정 등의 설치공간 부족으로 덕트형태가 변형될 때에는 그에 따르는 압력손실이 크지 않도록 설치하여야 한다.

주름관 덕트(Flexible duct)는 가능한 한 사용하지 않는 것이 원칙이나, 필요에 의하여 사용한 경우에는 접힘이나 꼬임에 의해 과도한 압력손실이 발생하지 않도록 최소한의 길이로 설치하여야 한다.

3) 반송속도

덕트내에 각종 유해물질이 쌓이지 않게 하기위해 필요한 기류(풍속)를 반송속도(Transport velocity)라고 한다.

덕트에서의 반송속도는 국소배기장치의 성능향상 및 덕트내 퇴적을 방지하기 위하여 유해물질의 발생형태에 따라 [표 5.6]에서 정하는 기준에 따라야 한다.

[표 5.6] 오염물질의 일반적인 반송속도

유해물질 발생형태	유해물질 종류	반송속도 (m/s)
가스, 미스트(Mist)	모든 증기, 가스 및 연기	5.0~10.0
흄(Fume)	아연흄, 산화알미늄 흄, 용접흄 등	10.0~12.5
미세하고 가벼운 분진	미세한 면분진, 미세한 목분진, 종이분진 등	12.5~15.0
건조한 분진이나 분말	고무분진, 면분진, 가죽분진, 동물털 분진 등	15.0~20.0
일반 산업분진	그라인더 분진, 일반적인 금속분말분진, 모직물 분진, 실리카분진, 주물분진, 석면분진 등	17.5~20.0
무거운 분진	젖은 톱밥분진, 입자가 혼입된 금속분진, 샌드 블라스트분진, 주철보링분진, 납분진 등	20.0~22.5
무겁고 습한 분진	습한 시멘트분진, 작은 칩이 혼입된 납분진, 석면 덩어리 등	22.5이상

4) 압력평형의 유지

덕트내의 공기흐름은 압력손실이 가능한 한 최소가 되도록 설계되어야 한다.

설계 시에는 후드, 충만실, 직선덕트, 확대 또는 축소관, 곡관, 공기정화장치 및 배기구 등의 압력손실과 합류관의 접속각도 등에 의한 압력손실이 포함되도록 하여야 한다.

주덕트와 분지덕트의 연결점에서 각각의 압력손실의 차가 5% 이내가 되도록 압력평형이 유지되도록 하여야 한다.

5) 추가 설치시 조치

기설치된 국소배기장치에 후드를 추가로 설치하고자 하는 경우에는 추가로 인한 국소배기장치의 전반적인 성능을 검토하여 모든 후드에서 제어속도를 만족할 수 있을 때에만 후드를 추가하여 설치할 수 있다.

성능을 검토하는 경우에는 배기풍량, 후드의 제어속도, 압력손실, 덕트의 반송속도 및 압력평형, 송풍기의 동력과 회전속도, 전기정격용량 등을 고려하여야 한다.

6) 화재폭발

화재·폭발의 우려가 있는 유해물질을 이송하는 덕트의 경우, 작업장 내부로 화재·폭발의 전파방지를 위한 방화댐퍼를 설치하는 등 기타 안전상 필요한 조치를 하여야 한다.

국소배기장치 가동중지 시 덕트를 통하여 외부공기가 유입되어 작업장으로 역류될 우려가 있는 경우에는 덕트에 기류의 역류 방지를 위한 역류방지댐퍼를 설치하여야 한다.

5.3.4 공기정화장치(방지시설)

국소배기장치에 의해 작업장으로부터 외부로 배출되는 오염물질은 대기오염을 유발하므로 외부로 배출하기 전에 오염물질을 정화하는 방지시설이다.

공기정화장치는 입자상물질, 가스상물질 처리에 따라 구분할 수 있다.

- 입자상물질 : 중력침강실, 관성력집진기, 사이클론, 세정집진기, 여과집진기, 전기집진기
- 가스상물질 : 흡수탑, 흡착탑

1) 구조

공기정화장치는 다음에 적합한 구조로 하여야 한다.

- ○ 마모, 부식과 온도에 충분히 견딜 수 있는 재질로 선정할 것
- ○ 공기정화장치에서 정화되어 배출되는 배기 중 유해물질의 농도는 다른 법령에서 정하는 바에 따른다.

- 압력손실이 가능한 한 작은 구조로 설계할 것
- 화재·폭발의 우려가 있는 유해물질을 정화하는 경우에는 방산구를 설치하는 등 필요한 조치를 하여야 하며, 이 경우 방산구를 통해 배출된 유해물질에 의한 근로자의 노출이나 2차 재해의 우려가 없도록 할 것

규정에 의해 설치한 공기정화장치는 접근과 청소 및 정기적인 유지보수가 용이한 구조이어야 한다.

2) 공기정화장치의 선정

공기정화장치는 유해물질의 종류, 발생량, 입자의 크기, 형태, 밀도, 온도 등을 고려하여 선정하여야 한다.

규정에 의한 공기정화장치는 [표 5.7]의 구분에 따른 공기정화방식 또는 이와 동등이상 성능을 가진 공기정화장치를 설치하여야 한다.

[표 5.7] 유해물질의 발생형태별 공기정화방식

<table>
<tr><th colspan="3">유해물질발생형태</th><th colspan="2">공기정화방식</th></tr>
<tr><td rowspan="3">분진</td><td rowspan="3">분진지름
(μm)</td><td>50미만</td><td>여과방식, 전기집진방식</td><td rowspan="3">* 분진지름 : 중량법으로 측정한 입경분포에서 최대빈도를 나타내는 입자지름</td></tr>
<tr><td>5~20</td><td>습식정화방식, 여과방식, 전기집진방식</td></tr>
<tr><td>20이상</td><td>습식정화방식, 여과방식, 관성방식, 원심력방식 등</td></tr>
<tr><td colspan="3">흄(Fume)</td><td colspan="2">여과방식, 습식정화방식, 전기집진방식 등</td></tr>
<tr><td colspan="3">미스트(mist), 증기, 가스</td><td colspan="2">습식정화방식, 흡수방식, 흡착방식, 촉매산화방식, 전기집진방식 등</td></tr>
</table>

3) 성능유지

공기정화장치를 거친 유해가스의 농도는 환경부의 환경관련법령에서 정하는 배출허용기준을 만족하도록 하여야 한다. 다만, 배기구를 옥내에 설치하고자 하는 경우에는 공기정화장치를 거친 유해가스에 포함된 유해물질로 인하여 작업장의 작업환경농도가 노동부장관이 정하는 유해물질의 노출기준을 초과하지 않도록 하여야 한다.

작업장 내부에 설치하는 공기정화장치는 작업장 내부로 유입 및 확산을 방지하기 위하여 덮개를 설치하고, 배기구를 옥외의 안전한 위치에 설치하여야 한다.

5.3.5 송풍기

국소배기장치의 저항을 극복하고, 필요한 양의 공기를 이송시키는 역할을 하며, 팬 또는 블로어 등으로 불린다.

1) 송풍기의 종류

송풍기는 공기 흐름 방향에 따라 [표 5.8]과 같이 '축류 송풍기'와 '원심력 송풍기'로 나누어 구분한다.

- ☐ 축류 송풍기 : 축(Axial)방향으로 흘러들어 온 공기가 축방향으로 흘러나갈 때 임펠러의 양력을 이용하는 경우
- ☐ 원심력 송풍기 : 축방향으로 흘러들어 온 공기가 반지름(Radial)방향으로 흘러나갈 때 생기는 원심력을 이용하는 방식

[표 5.8] 송풍기의 종류

분류	축류송풍기	원심력송풍기
공기흐름	축(Axial)방향	축(Axial)방향에 대한 수직
운동력	압력	원심력
종류	프로펠라형(Propeller) 튜브형(Tube axial) 베인형(Vane axial)	전향날개형(Forward curved) 후향날개형(Backward curved) 방사날개형(Radial)
외형		

2) 송풍기의 형식 및 구조

송풍기는 국소배기장치 설계 시에 계산된 압력과 배기량을 만족시킬 수 있는 크기로 규격을 선정하여야 한다.

설치되는 국소배기 시설에 많은 압력이 소요될 경우 압력에 강한 후향날개형 송풍기를 사용하고, 많은 유량이 필요한 경우 전향날개형 송풍기를, 분진이 많이 발생되는 작업이나 용접작업에는 날개에 분진이 퇴적되지 않는 평판형 송풍기를 사용하여야 한다.

송풍기의 날개나 구성물은 내마모성, 내산성, 내부식성 재질을 사용하여 임펠러와 케이싱의 마모, 부식이나, 분진의 퇴적에 의한 성능저하 또는 소음·진동이 발생하지 않도록 하여야 한다.

화재 및 폭발의 우려가 있는 유해물질을 이송하는 송풍기는 방폭구조로 하여야 한다.

전동기는 부하에 다소간 변동이 있어도 안정된 성능을 유지하고 가능한 한 소음·진동이 발생하지 않는 것을 사용하여야 하며, 과부하시의 과전류보호장치, 벨트구동부분의 방호장치 등 기타 기계·기구 및 전기로 인한 위험예방에 필요한 안전상의 조치를 하여야 한다.

① 축류 송풍기(Axial flow fan)

★ 프로펠라형(Propeller fan)

적은 비용으로 많은 공기를 이송할 수 있다. 그러나 압력손실이 많이 걸리면 송풍량이 급격히 감소한다.

사용 예) 화장실, 사무실, 흡연실, PC방

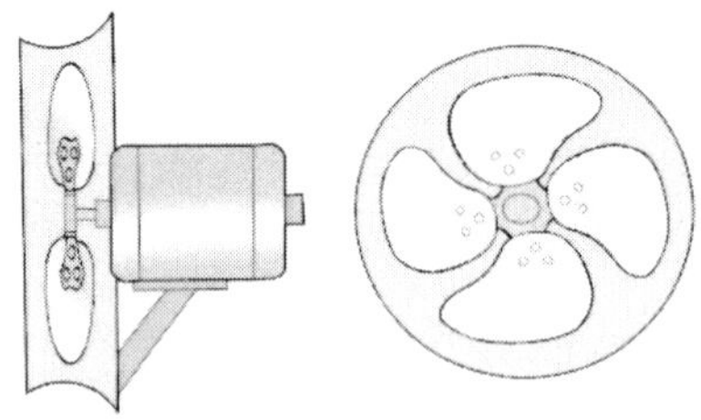

★ 축관형(Tubeaxial fan, 송풍관이 붙은 축류 송풍기)

프로펠러 송풍기를 덕트(송풍관)에 삽입할 수 있도록 개조한 것으로 회전날개와 케이싱의 간격을 좁게 하여 효율이 상승된다.

사용 예) 건조로, 공기조화용 열관리

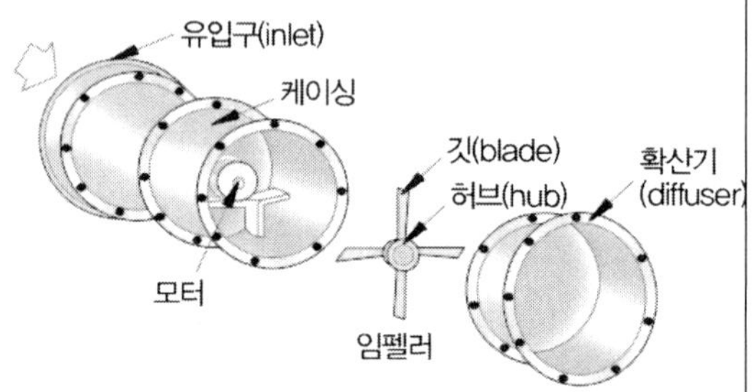

★ 날개축형(Vaneaxial fan, 안내깃이 붙은 축류 송풍기)

송풍관 내에 고정된 안내날개(Guide vane, Air-directing vane : 속도압을 감소시켜 정압을 회복시키기 위해 설치)가 달려있다. 송풍기에 의해 소용돌이 친 기류(선회류)가 안내 날개에 의해 소용돌이(난류형성)가 억제되어 속도압이 정압으로 회복되므로 효율이 높아지고 높은 압력손실(250 mmH_2O)에 견딜 수 있다.

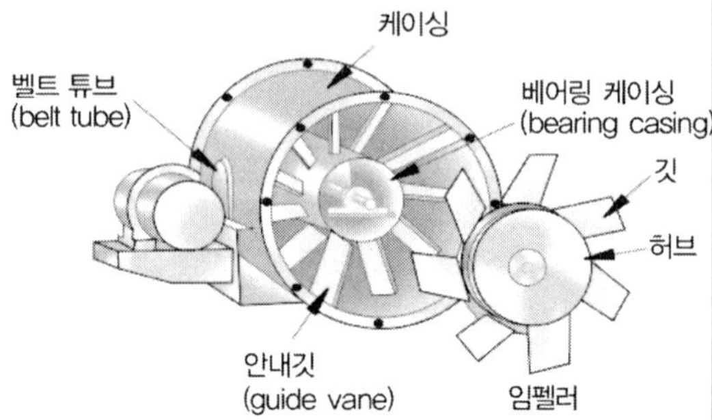

② 원심력 송풍기(Centrifugal flow fan)

★ **전향곡형(Forward curved blade fan)**
=다익형, 시로코팬

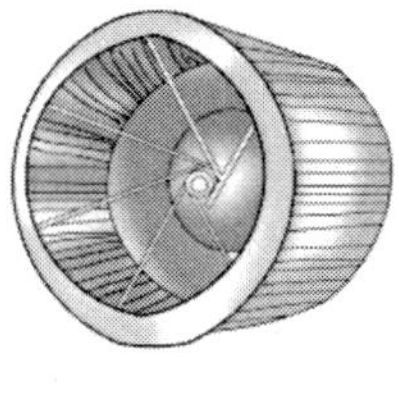

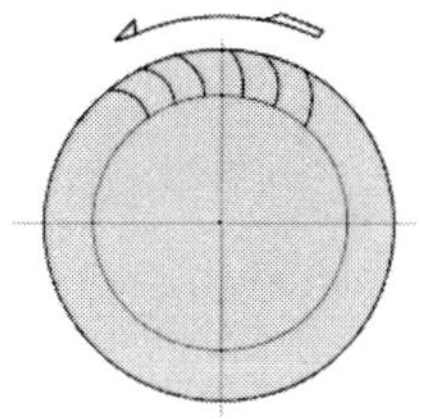

송풍기의 임펠러(회전날개)가 다람쥐 쳇바퀴 모양이며, 회전날개가 회전방향과 동일한 방향으로 설계되어 있다.

- 장점 : 다른 송풍기에 비해 동일 송풍량을 얻기 위해 임펠러의 회전속도가 낮기 때문에 소음문제가 거의 발생하지 않고 강도가 중요하지 않으므로 저가에 제작이 가능하다.
- 단점 : 높은 압력손실에서 송풍량이 급격히 떨어진다.

★ **후향곡형(Backward curved blade)**
=터보송풍기

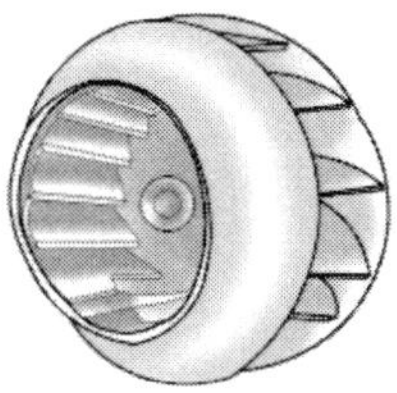

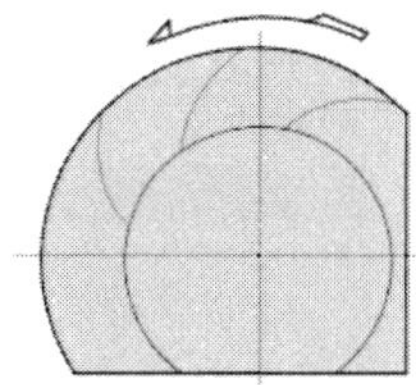

회전날개가 회전방향과 반대편으로 경사지게 설계되어 있으며 방사형과 전향에 비해 효율이 높다. 따라서 시설저항 및 운전상태가 변하여도 과부하가 걸리지 않는다.

- 장점 : 송풍량이 증가해도 동력이 증가하지 않는다. 따라서 압력변동이 있는 경우 적합하다.
- 단점 : 구조가 크며 날개가 구부러져 있으므로 분진퇴적이 쉽다.

★ **방사형(Plate fan, Radial blade)**
=평판형

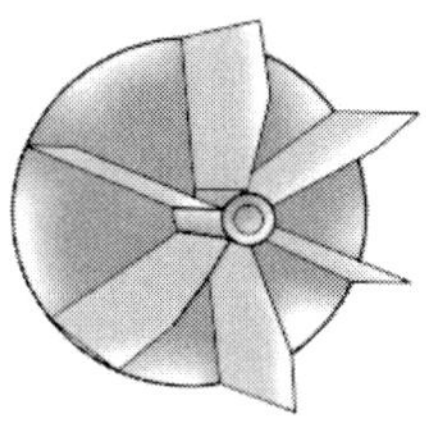

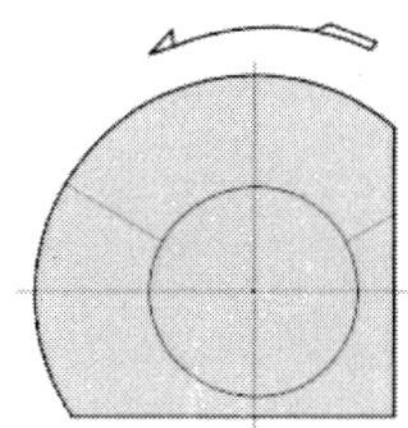

날개가 평판이고 길이가 길며, 강도가 높은 재질로 설계되어 있다. 구조가 간단하고, 강도가 강하여 고농도 분진함유 공기나 부식성이 강한 공기를 이송시키는데 사용 한다.

- 장점 : 마모성이 강한 분진에 사용가능하다.
- 단점 : 견고한 재질이므로 가격이 비싸고 효율이 낮다.

★ 익형(Airfoil)

후향곡형의 일종으로 날개가 중심축에서 두껍고, 가장자리에 얇은 형태로 되어 있다.

- 장점 : 원심형 송풍기 중에서 가장 효율이 좋고, 소음이 적으며 고속회전이 가능하다.
- 단점 : 입자상 물질이 퇴적하기 쉬우며 부식에 약하다.

3) 소요 축동력 산정

송풍기의 소요 축동력은 송풍량, 후드 및 덕트의 압력손실, 전동기의 효율, 안전계수 등을 고려하여 작업장내에서 발생하는 유해물질을 효율적으로 제거할 수 있는 성능으로 산정하여야 한다.

○ 송풍기 송풍량

· 송풍량은 송풍기를 통과하는 표준상태로 환산하지 않은 실제 풍량을 의미

· 단위는 보통 CMM(Cubic meter per minute)을 사용

○ 송풍기 정압

· 후드에서 필요한 유량만큼 유입시켜 굴뚝으로 내보내기 위해 필요한 힘

· 동일 유량을 배기시키더라도 시스템 상황에 따라 송풍기 정압은 달라짐

송풍기의 정압은 빨대를 이용해 음료수 한 모금을 마시기 위해 필요한 힘으로 비유할 수 있다. 같은 힘을 가진 사람이 1 m 거리의 콜라를 100만큼 마시게 된다면, 10 m 떨어진 사람은 50정도밖에 마실 수 없다. 거리가 멀어질수록 그만큼 송풍기 용량 또한 커져야 한다.

① 압력손실

유체가 어떤 지점에서 다른 한 지점으로 이동할 때에 공기가 가지고 있는 에너지가 덕트 내벽면의 마찰 또는 내벽면의 상태와 관의 모양에 의해 손실되는 현상을 압력손실이라고 한다. 압력손실을 정확하게 예측하지 못하였을 경우 집진기에서 멀리 떨어져 있는 후드는 오염물질을 잡아내지 못하는 현상이 발생 할 수 있다.

유체가 이동할 때 발생하는 압력손실을 식으로 표시하면 베르누이의 방정식(에너지보존법칙)과 같으며, 마찰손실과 충격손실로 구분할 수 있다.

- 마찰손실

유체가 관내를 이동할 때 관의 내벽에 의해 또는 유체끼리의 마찰에 의해 발생하는 손실을 의미한다. 이러한 마찰손실을 설계시 구하는 방법은 등거리법과 동압법 두가지 있다. 등거리법의 경우 과거 산업환기시스템 설계에 많이 이용되었으나, 현재는 동압법에 밀려 거의 사용되지 않고 있다. 동압법은 주어진 덕트 1 m 당 발생하는 마찰계수를 구하여 덕트의 동압으로 압력손실을 구하는 방법이다.

$$\Delta P_f = f\frac{L}{D}V_P = \left(\frac{f}{D}\right)L\,V_P = H_f L\,V_P$$

$$H_f = \frac{f}{D} = a\frac{V^b}{Q^c}$$

ΔP_f : 마찰에 의한 압력손실

f : 마찰계수

L : 관의 길이

D : 관의 직경

Q : 유량(㎥/s)

V : 유속(m/s)

V_P : 동압

a, b, c : 재료특성 값

덕트의 재료에 따라 a, b, c 은 달라지는데, 몇몇 재료의 특성은 다음과 같다.

덕 트 재 료	a	b	c
Aluminum, black iron, stainless steel	0.0162	0.465	0.602
Galvanized sheet duct	0.0155	0.533	0.612
Flexible duct, fabric wires covered	0.0186	0.604	0.639

- 충격손실

공기의 흐름방향이 바뀔 때, 관경이 수축 팽창될 때, 관이 합류될 때에 발생되는 압력손실을 충격손실이라 한다. 수많은 실험에 의해 아래의 공식이 산출되었으며, 아래의 공식처럼 충격손실은 관내의 동압에 비례하며 비례상수는 관의 형상에 따라 달라진다.

$$\Delta P_i = K\,V_P$$

ΔP_i : 충격에 의한 압력손실

K : 비례상수

V_P : 동압

② 손실계수

[표 5.9]와 [표 5.10]은 유입될 때의 유입손실계수, 원형엘보우의 압력손실계수를 나타낸다.

[표 5.9] 분지덕트의 유입손실

참 고 사 항	합류각도(q°)	분지덕트 동압의 분율
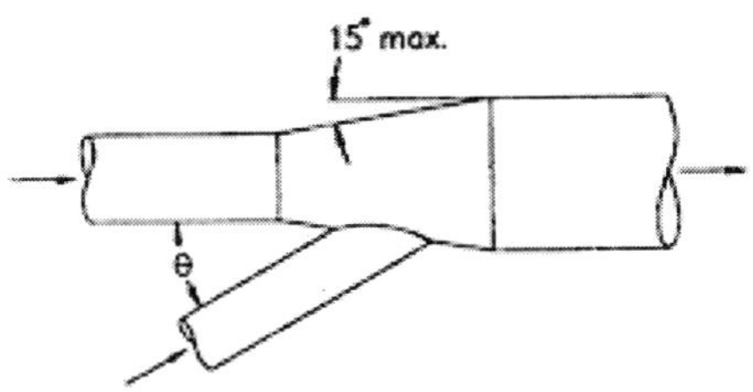 주의 : 1) 분지덕트의 유입손실은 분지덕트안에서 발생된다고 가정. 2) 분지덕트 입구확대에 따른 유입손실의 감소는 계산에 고려치 않았음.	10 15 20 25 30 35 40 45 50 60 90	0.06 0.09 0.12 0.15 0.18 0.21 0.25 0.28 0.32 0.44 1.00

[표 5.10] 원형 엘보우의 압력손실

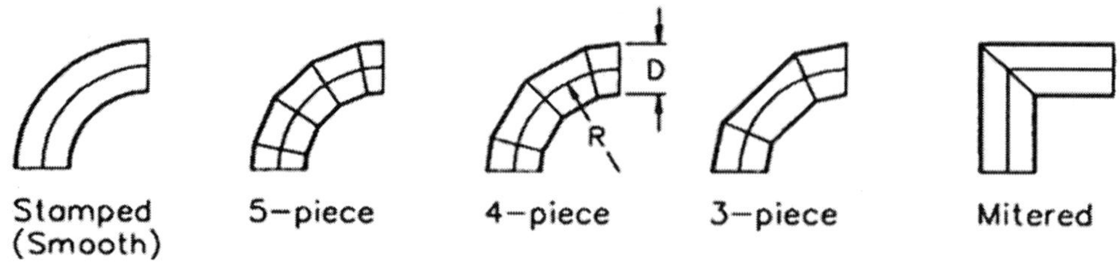

	곡률반경 (R/D)					
덕 트 모 양	0.5	0.75	1.00	1.50	2.00	2.50
이음새 없는 곡관	0.71	0.33	0.22	0.15	0.13	0.12
5조각으로 접합된 곡관	3/4	0.46	0.33	0.24	0.19	0.17
4조각으로 접합된 곡관	3/4	0.50	0.37	0.27	0.24	0.23

③ 송풍기 마력계산

압력손실, 풍량 등을 통하여 집진기에 들어가는 송풍기의 마력(HP)을 계산해보자.

- 후드를 선택하고, 풍량을 산정한다.
- 풍량에 따른 제어속도로서 덕트의 직경을 구한다.
- 덕트 직경을 구했으면, 그에 따른 압력손실을 구할 수 있다.
- 선정한 풍량 및 압력손실로부터 송풍기의 대략적인 마력수를 구하실 수 있다.

송풍기의 마력은 다음 식으로 구할 수 있다.

$$HP = \frac{Q \times \Delta Pt}{4{,}500 \times \eta} \times \alpha$$

Q : 전체 풍량

ΔPt : 전체 압력손실

η : 송풍기효율(60~70%)

α 여유율(20%)

계산사례를 설명해보자.

배출가스의 풍량은 60 CMM(m^3/min)이고, 전체 압력손실은 200 mmAq인 집진 시설이 있으며, 이때의 송풍기효율은 70%, 여유율은 20%로 가정했을 경우에 전체 마력수는 다음과 같이 계산되어 진다.

$$HP = \frac{60\frac{m^3}{min} \times 200\ mmAq}{4,500 \times 0.7} \times 1.2$$

송풍기의 마력수는 약 4.57HP로 나타났으며, 따라서 약 5HP으로 선정하면 된다. 송풍기의 효율은 팬의 형태에 따라 조금씩 다르니 사용할 때 확인을 한다.

4) 설치위치

① 송풍기는 가능한 한 옥외에 설치하도록 하여야 한다.

② 송풍기 전·후에 진동전달을 방지하기 위하여 캔버스(Canvas)를 설치하는 경우 캔버스의 파손 등이 발생하지 않도록 조치하여야 한다.

③ 송풍기의 전기제어반을 옥외에 설치하는 경우에는 옥내작업장의 작업영역 내에 국소배기장치를 가동할 수 있는 스위치를 별도로 부착하여야 한다.

④ 옥내작업장에 설치하는 송풍기는 발생하는 소음 및 진동에 대한 밀폐시설, 흡음시설, 방진시설 설치 등 소음·진동 예방조치를 하여야 한다.

⑤ 송풍기에서 발생한 강한 기류음이 덕트를 거쳐 작업장 내부 또는 외부로 전파되는 경우, 소음감소를 위하여 소음감소장치를 설치하는 등 필요한 조치를 하여야 한다.

⑥ 송풍기의 설치시 기초대는 견고하게 하고 평형상태를 유지하도록 하되, 바닥으로의 진동의 전달을 방지하기 위하여 방진스프링이나 방진고무를 설치하여야 한다.

⑦ 송풍기는 구조물 지지대, 난간 등과 접속하지 않아야 한다.

⑧ 강우, 응축수 등에 의하여 송풍기의 케이싱과 임펠러의 부식을 방지하기 위하여 송풍기 내부에 고인 물을 제거할 수 있도록 배수 밸브(Drain valve)를 설치하여야 한다.

⑨ 송풍기의 흡입부분 또는 토출부분에 댐퍼를 사용한 경우에는 반드시 댐퍼고정장치를 설치하여 작업자가 송풍기의 송풍량을 임의로 조절할 수 없는 구조로 하여야 한다.

5.3.6 배기구(굴뚝)의 설치

옥외에 설치하는 배기구의 높이는 지붕으로부터 1.5 m 이상이거나 공장건물 높이의 0.3~1.0배 정도의 높이가 되도록 하여 배출된 유해 물질이 당해 작업장으로 재 유입되거나 인근의 다른 작업장으로 확산되어 영향을 미치지 않는 구조로 하여야 한다.

배기구는 내부식성, 내마모성이 있는 재질로 하되, 빗물의 유입을 방지하기 위하여 비덮개를 설치하고, 배기구의 하단에 배수밸브를 설치하여야 한다.

5.4 국소배기장치의 배치도, 계통선도

후드, 송풍관 등의 형식, 크기, 설치위치가 결정되면 설계서에 필요한 국소배기장치의 배치도와 송풍관 계통선도를 만든다. 이 그림들은 필요송풍량과 압력손실을 정확히 계산하고 꼭 알맞은 능력의 송풍기를 선정하기 위한 기초자료가 되는 것으로, 이른바 후드와 송풍관의 제작도와는 전혀 다르다.

장치의 세부설계나 시공을 전문업체에게 맡길 경우에는 업체로부터 제출된 도면을 사용해도 물론 지장이 없으나 필요송풍량과 압력손실의 계산에 필요한 길이, 데이터가 전부 들어있지 않으면 곤란하다. 반대로 제작에 필요한 숫자는 이 그림 안에는 들어있지 않는 것이 혼란을 방지한다.

국소배기장치의 배치도와 계통선도는 국소배기장치 적요서의 일부로서 적요서에 기재되어 있는 송풍량과 압력손실, 사용하는 송풍기의 사양 등 산출근거를 설명하기 위한 도면이다.

배치도 쪽은 후드, 송풍관, 공기청정장치, 송풍기, 배기 송풍관, 배기구와 함께 입기구나 입기송풍관, 급기 송풍기 등을 설치하는 경우에는 그것도 포함해서 국소배기장치 전체의 형태, 길이, 배치를 알 수 있는 도면으로서 평면도와 측면도를 적당한 축척으로 그린다.

계통선도는 후드에서 배기구까지 포함한 송풍관 계의 연결방식을 알기 쉽게 선으로 표시한 그림으로 압력손실을 계산할 때 기본 데이터가 된다. 배치도는 CAD를 사용하여 정확히 그려야 하지만, 계통선도의 제작방법은 각 부분의 연결을 알 수 있으면 정확한 축척은 필요 없으므로 보기 쉽게 교정해서 그린다.

예를 들어 말하면, 배치도는 국토지리원 발행의 5만분의 1 지형도이고 계통선도는 지하철의 벽에 붙어있는 지하철선로와 같은 것이다.

[그림 5.11]은 국소배기장치 실체도의 예이다. 실체도라는 것은 눈으로 본 그대로를 그림으로 그린 것으로 이와 같이 간단한 장치인 경우에는 실체도에 길이 등을 기입해서 배치도로 할 수도 있다. 실체도는 특별한 제도지식이 없어도 그릴 수가 있지만 장치가 복잡하게 되면 손이 많이 간다.

[그림 5.12]는 CAD로 작성한 정식 배치도이다. 제도지식이 있는 사람은 실체도보다 이쪽이 그리기 쉽다. 복잡한 장치인 경우에는 실체도보다 투영도를 그리는 것이 편할 것이다. 계통선도를 그리는 방법에는 특별히 결정된 방법이 있는 것이 아니다.

[그림 5.13]은 계통선도와 같이 그리는 방법으로 보면 알기 쉬운 장점이 있으나 그리는 데 시간이 꽤 걸린다.

[그림 5.14]는 단순한 그림으로 이 방법은 간단하게 그릴 수 있다. 계통선도는 나중에 압력손실의 계산시에 편리함을 위해서 송풍관 계의 각 부분의 형태, 길이, 연결방법을 보기 쉽게 정리한 것으로 간단하게 그리는 것이 좋다. 계통선도는 곡관을 그 각도로 구부려서 그리기도 하고 수평송풍관을 횡선으로, 수직송풍관을 종선으로 그릴 필요도 없으므로 가능한 한 직선에 가깝게 [그림 5.15]와 같이 그려도 지장이 없다. 선도가 그어졌으면 후드의 테이크 오프(take off), 곡관, 합류, 확대, 축소관(taper관), 취합 등 송풍관의 단면적이나 형태가 변화하는 부분을 구획하여 번호를 붙인다. 번호는 계통의 밖을 0번으로 해서 송풍기로부터 가장 먼 후드의 테이크 오프를 1번, 거기에서 주송풍관(main duct)을 따라서 송풍기, 배기구 순으로 순서대로 매기고 배기구의 밖으로 나왔을 때부터 다시 0번으로 한다. 주송풍관 계통의 번호를 붙이는 것이 끝나면 마찬가지로 해서 가지송풍관의 계통에 번호를 붙인다.

번호와 번호 사이에는 그 부분의 명칭, 직경, 길이, 곡관의 곡률, 합류각도 등 나중에 그 부분의 압손계수를 구하기에 필요한 데이터를 함께 써넣어 둔다. 이러한 방법은 나중에 압력손실의 계산을 할 때에 혼란이나 잘못을 방지하기 위한 것이다.

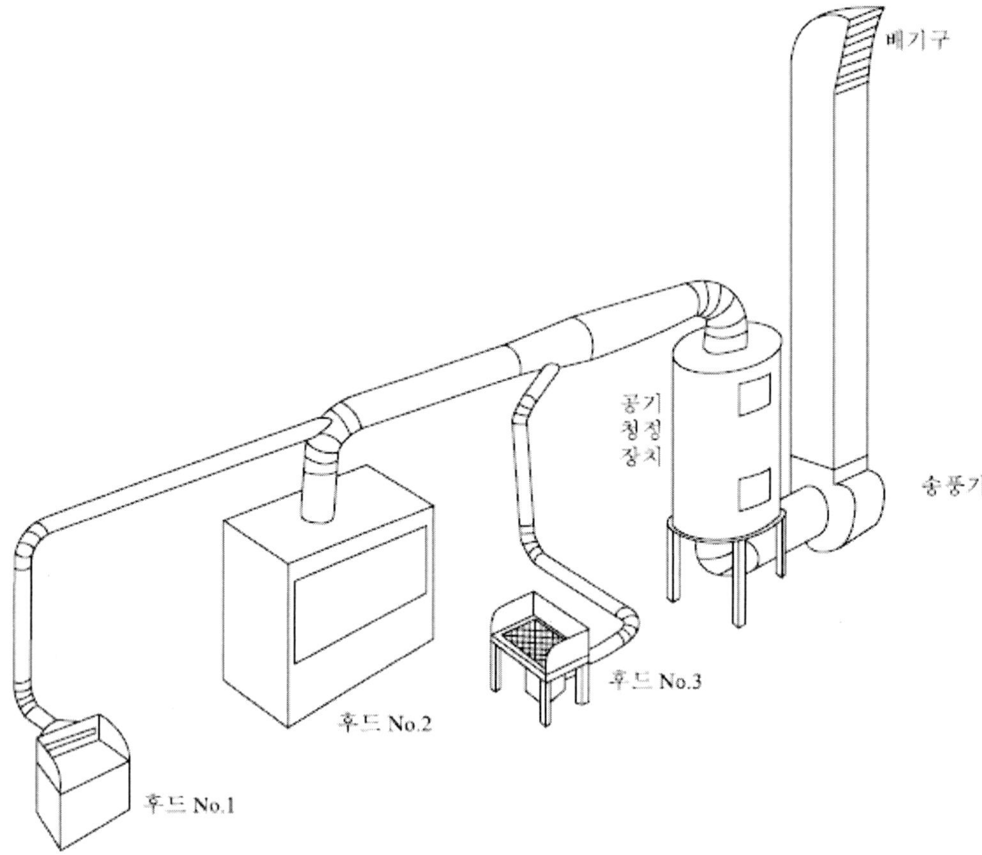

[그림 5.11] 국소배기장치의 실체도

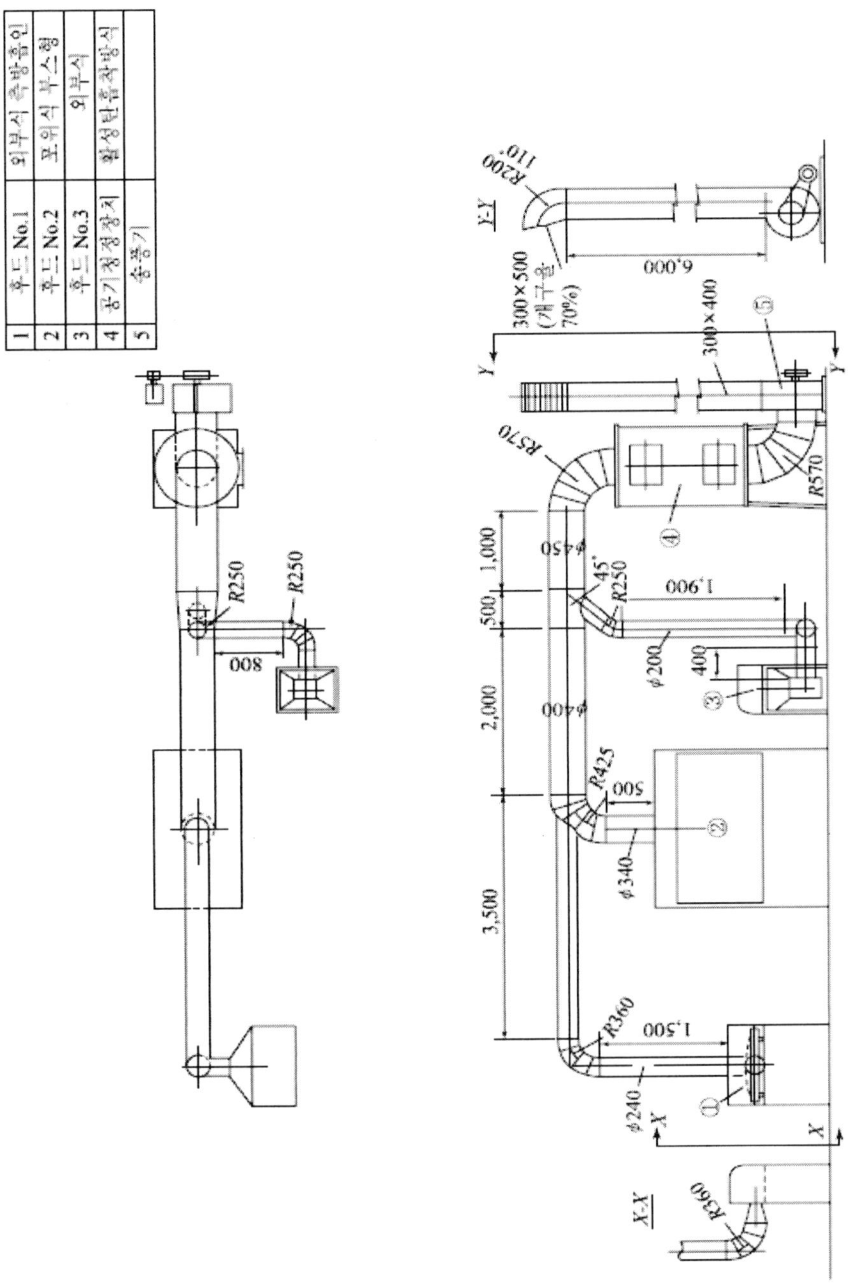

[그림 5.12] 국소배기장치의 배치도

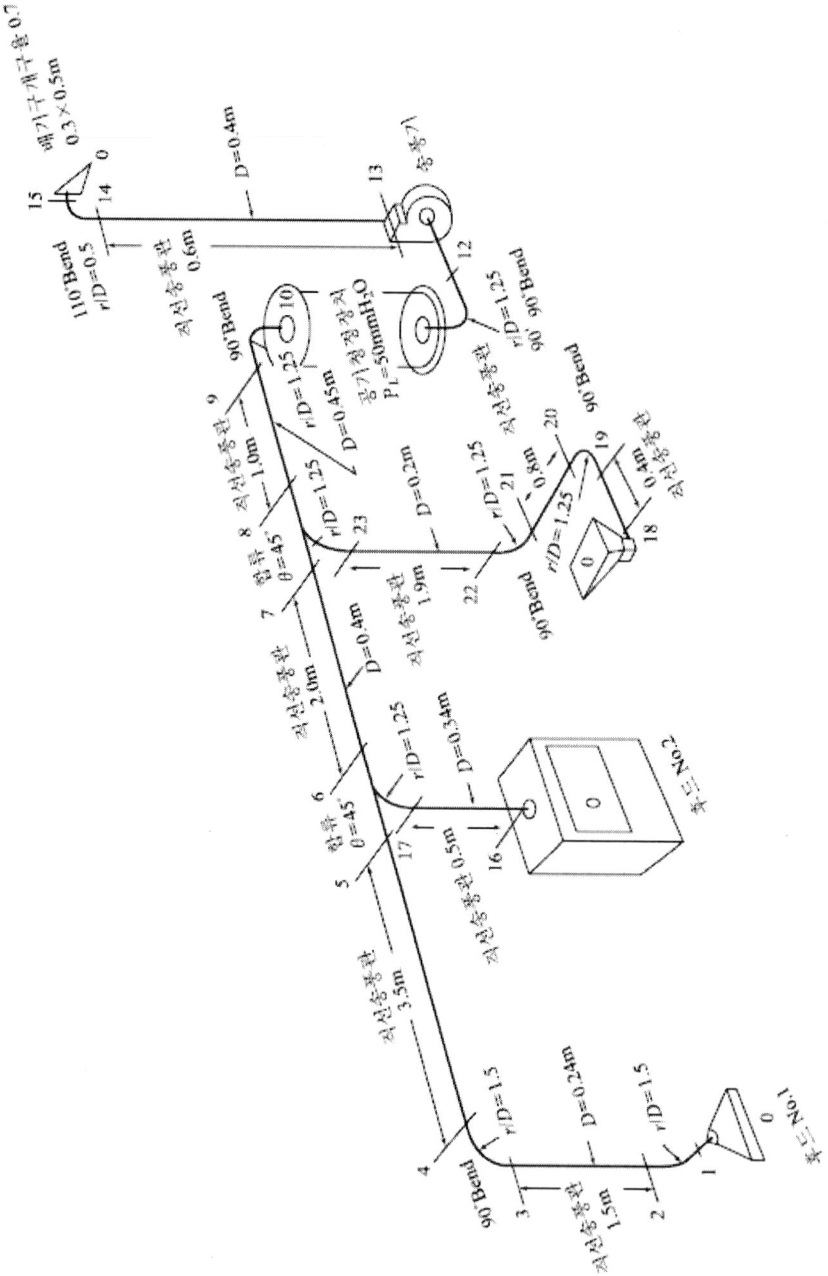

[그림 5.13] 국소배기장치의 계통선도(1)

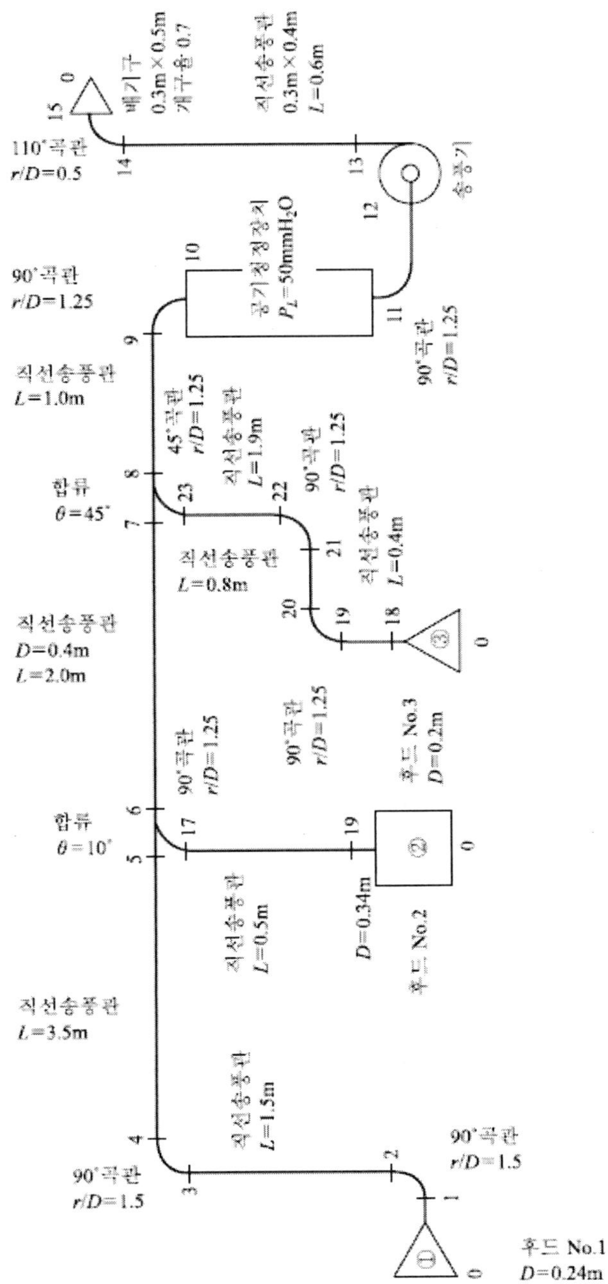

[그림 5.14] 국소배기장치의 계통선도(2)

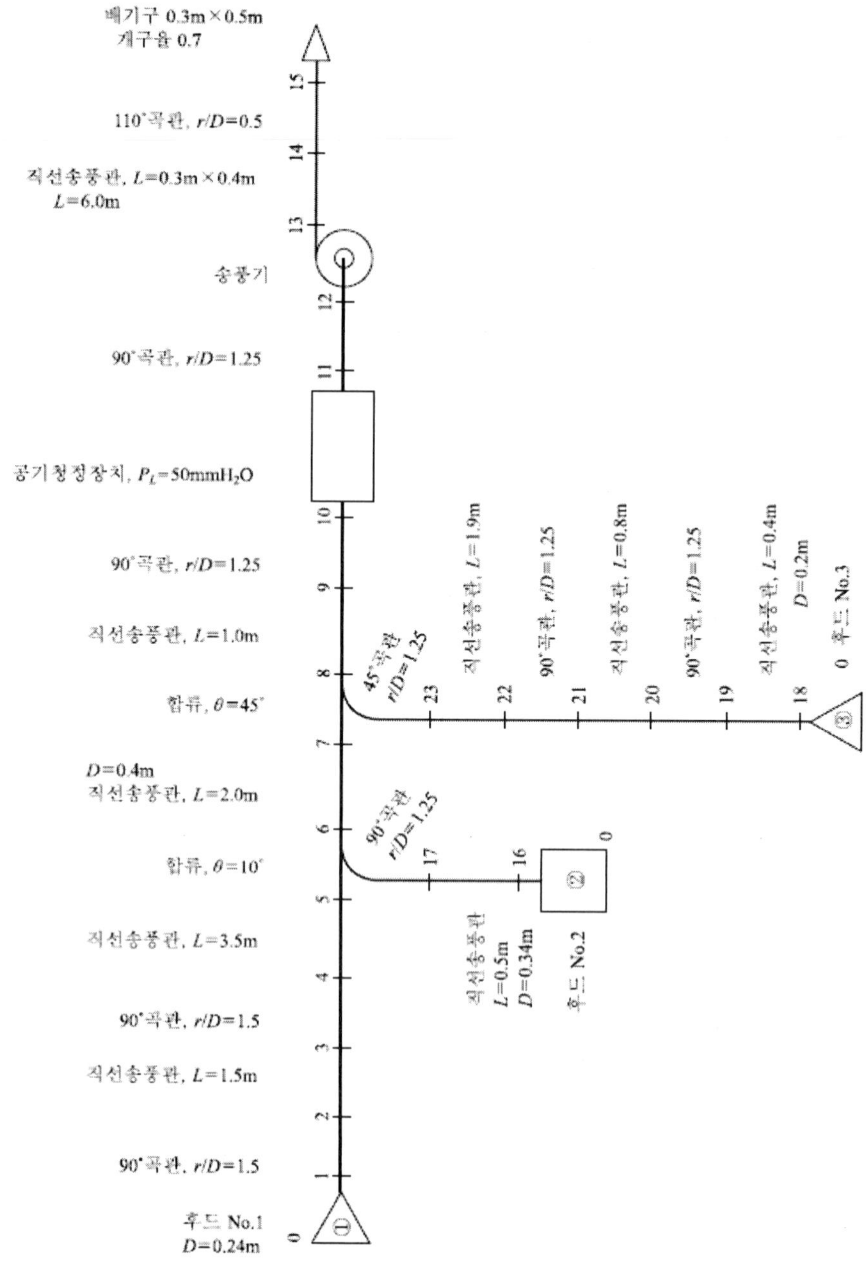

[그림 5.15] 국소배기장치의 계통선도(3)

5.5 산업환기설비의 유지관리

5.5.1 신규설치 국소배기장치 사용 전 검사

국소배기장치 등을 설치한 경우에는 다음에서 정하는 바에 따라 준공검사를 하여야 한다.

- 후드에서의 제어속도 적합여부 검사
- 덕트의 반송속도 적합여부 검사
- 덕트에서의 공기 누출여부 검사
- 해당 작업장내 유해물질의 농도측정 검사(필요시)
- 소음·진동 및 기타 국소배기장치의 성능 등에 필요한 검사
- 송풍기 정압 및 배기 유량을 측정하여 정격 정압 및 배기유량과 비교하는 송풍기 효율 검사

5.5.2 개조 및 수리 후 사용 전 점검

국소배기장치를 설치한 후 또는 국소배기장치를 분해하여 개조하거나 수리한 후 처음으로 사용할 때에는 사용전에 다음에서 정하는 바에 따라 점검하여야 한다.

- 덕트, 송풍기 내부의 유해물질 퇴적상태 점검
- 덕트의 접속부 이완유무 점검
- 흡기 및 배기능력 점검
- 공기정화장치 내부의 유해물질 퇴적상태 점검
- 공기정화장치 내부 충전물 등의 파손여부 점검
- 소음·진동 및 기타 국소배기장치의 성능을 유지하기 위하여 필요한 사항 점검
- 송풍기의 회전 방향 점검
- 송풍기 정압 및 배기 유량 점검

규정에 의한 점검결과 이상을 발견한 때에는 즉시 청소·보수 기타 필요한 조치를 하여야 한다.

5.5.3 국소배기장치 등의 가동

국소배기장치는 근로자의 건강, 화재 및 폭발, 가스 등의 유해·위험성에 대하여 기능적으로 안전하게 가동되어야 한다.

국소배기장치는 작업중 계속 가동하여야 하며, 작업시작전과 종료 후 일정시간 가동하여야 한다. 다만, 작업이 미실시 되는 시간이라도 유해물질에 의한 작업환경이 지속적으로 오염될 우려가 있는 경우에는 국소배기장치를 계속 가동하여야 한다.

공기정화장치의 가동은 제조 및 시공자의 지침서에 따라 조작하고, 가동중 공기정화장치의 성능저하시에는 즉시 청소·보수·교체 기타 필요한 조치를 하여야 한다.

송풍기와 전동기의 베어링 등 구동부에는 주기적으로 윤활유를 주유하고, 벨트가 파손되거나 느슨해진 경우에는 벨트 전부를 새것으로 교체하여야 한다.

5.5.4 유지관리

국소배기장치를 정상적으로 작동시키고 성능을 유지하기 위하여, 법 제 36조에서 정하는 바에 의하여 연 1회 이상 고용노동부장관이 정한 방법에 따라 안전검사를 실시하여야 한다.

규정에 의한 안전검사 결과 이상이 있는 경우, 반드시 수리나 부대품 교체 등을 하여 성능이 항상 유지될 수 있도록 하여야 한다.

6. 대기배출시설 인허가

6.1 사업장 구분

6.2 대기배출시설 설치허가(신고)

6.1 사업장 구분

환경오염물질 배출시설에 대한 인허가에 있어서 "종"의 산정은 사업장에서 배출하는 오염물질의 발생량을 파악하여 사업장의 규모를 예측하는 방법이다.

종산정 대상시설은 예비용시설을 제외한 대기배출시설에 해당되는 모든 시설이며, 먼지, 황산화물, 질소산화물이 배출되지 않는 시설은 종 산정에는 포함되나 오염물질 발생량을 "0"으로 처리하게 된다.

6.1.1 종별 구분 기준

종 별	오염물질 발생량 구분
1종사업장	대기오염물질발생량의 합계가 연간 80톤 이상인 사업장
2종사업장	대기오염물질발생량의 합계가 연간 20톤 이상 80톤 미만인 사업장
3종사업장	대기오염물질발생량의 합계가 연간 10톤 이상 20톤 미만인 사업장
4종사업장	대기오염물질발생량의 합계가 연간 2톤 이상 10톤 미만인 사업장
5종사업장	대기오염물질발생량의 합계가 연간 2톤 미만인 사업장
비고 : "대기오염물질발생량"이란 방지시설을 통과하기 전의 먼지, 황산화물 및 질소산화물의 발생량을 환경부령으로 정하는 방법에 따라 산정한 양을 말한다.	

6.1.2 종 산정방법

대기오염물질 연간 발생량은 당해 배출시설에서 시설용량 또는 최대 연료사용량 기준으로 발생 가능한 대기오염물질(SOx, NOx, 먼지)을 기준으로 한다.

대기오염물질 연간 발생량은 배출시설별로 대기오염물질 발생량을 산정한 후 예비용 시설을 제외한 사업장내의 모든 배출시설에 대한 대기오염물질 발생량의 합으로 한다.

대기오염물질 발생량 산정방법은 시행규칙 제42조 및 제43조에 의하여 산정할 수 있다.

1) 연료별·시설별로 정해진 배출계수를 적용한 산정방법

대기환경보전법」 시행규칙 [별표 10] 및 국립환경연구원 고시 제2012-10호의 배출계수를 적용하여 종을 산정한다.

· 연료를 연소하는 과정에서만 대기오염물질이 배출되는 시설
(시행규칙 별표10 및 고시 별표3)
: 보일러, 산업용간접가열시설의 연소시설, 발전소, 소각시설의 보조연료 등

· 제품제조공정에서 직접가열을 하는 시설(고시 별표1)
: 직접가열(코크스로, 용융·용해로 등), 직접건조시설, 소성시설, 소각시설 등

· 제품제조 공정 중에 오염물질이 발생하는 시설(고시 별표2)
: 분쇄시설, 연마시설, 탈사시설, 혼합시설, 반응시설, 도장시설, 저장시설, 포장시설, 선별시설 등

※ 시간당 대기오염물질 발생량 산정방법(kg/시간)
= 대기오염물질 배출계수 × 시간당 단위량
· 대기오염물질 배출계수 단위 : kg/톤, kg/kℓ, kg/10^3 m^3 등
· 시간당 단위량의 단위 : 톤/시간, kℓ/시간, 10^3 m^3/시간 등

※ 연간 대기오염물질 발생량 산정방법(톤/년)
= 시간당 대기오염물질 발생량 × 일일가동시간 × 연간가동일수
· 시간당 대기오염물질 발생량 단위 : kg/시간
· 일일가동시간 단위 : 시간/일
· 연간가동일수 : 일/년

제42조(대기오염물질 발생량 산정방법)

① 법 제25조에 따른 대기오염물질 발생량은 예비용 시설을 제외한 사업장의 모든 배출시설별 대기오염물질 발생량을 더하여 산정하되, 배출시설별 대기오염물질 발생량의 산정방법은 다음과 같다. 〈개정 2013.2.1.〉

배출시설의 시간당 대기오염물질 발생량 × 일일조업시간 × 연간가동일수

② 시·도지사는 사업장에 대한 지도점검 결과 사업장의 대기오염물질 발생량이 변경되어 해당사업장의 구분(영 [별표 1]에 따른 제1종부터 제5종까지의 사업장 구분을 말한다)을 변경하여야 하는 경우에는 사업자에게 그 사실을 통보하여야 한다.

③ 제2항에 따라 통보를 받은 사업자는 통보일부터 7일 이내에 제27조에 따른 변경신고를 하여야 한다.

제43조(배출시설의 시간당 대기오염물질 발생량)

제42조 제1항에 따른 배출시설의 시간당 대기오염물질 발생량은 [별표 10]에서 정한 방법으로 산정한다.

2) 배출계수가 없는 경우의 산정방법

배출계수가 없는 경우에는 실측에 의한 방법, 외국의 배출계수 활용, 이론적인 방법 등으로 산정한다.

※ 적용순서는 앞단의 계수 적용이 불가능할 경우 순차적으로 적용
(산정방법을 선택하여 적용하는 것이 아님)

○ 실측에 의한 오염물질 발생량 산정

· 방지시설 전단에서 측정하는 것을 기본으로 한다.

· 방지시설 전단에서 측정할 수 없는 경우 후단의 측정결과를 역산하여 산정

· 방지시설의 처리효율의 적용

대기배출시설설치허가(신고)시 제출한 서류에 제시된 방지시설의 효율을 우선적으로 적용하고, 고시「별표4」에서 정하는 효율은 평균적인 의미의 방지시설 효율값으로 배출시설의 허가서류가 해당관청이나, 사업장에 없는 경우 등 예외적인 경우에만 적용한다.

○ 국립환경연구원장이 인정하는 계수를 이용한 산정

· 적용대상 : 배출계수 또는 실측에 의한 값을 적용할 수 없는 경우

· 인정계수 : EPA계수(최근 자료 참조)

· 산정방법 : 상기 배출계수를 이용하여 산정하는 방법과 같다.

○ 이론적인 산정

· 적용대상 : 신규시설로 배출계수 및 국립환경과학원장이 인정하는 계수가 없는 경우

· 방지시설 설치의무를 면제받은 사업장

· 산정방법

- 배출시설설치허가시 첨부하는 오염물질의 배출량을 예측한 내역서 또는 방지시설 설계시 산정하는 최대배출가스유량 및 농도로 산출(방지시설 전단의 농도여야 함)
- 관할 행정관청에서 인정할 수 있는 객관적인 자료를 제출하여야 한다.

[표 6.1] 대기오염물질 발생량 산정방법

배출 시설의 시간당 대기오염물질 발생량 산정방법(제43조 관련)

대기환경보전법 시행규칙 [별표 10]

1. 대기오염물질 배출계수에 의한 방법
 - 배출시설의 시간당 대기오염물질 발생량 산정방법은 다음과 같다.
   배출시설의 시간당 대기오염물질 발생량 = 가목 또는 나목에 따른 대기오염물질 배출계수 × 해당 시설의 시간당 최대 연료사용량

   가. 연료별 대기오염물질배출계수는 다음과 같다.

<대기오염물질 배출계수>

연료명	먼지			황산화물			질소산화물		
	난방	산업	발전	난방	산업	발전	난방	산업	발전
등유 (황함량 0.001%)	0.05		0.05	17.0S			2.16	2.16	2.16
등유 (황함량 0.1%)	0.24		0.24, 0.07[1)]	17.0S			2.40	2.40	2.40, 14.7[1)]
경유 (황함량 0.1, 0.05%)	0.24		0.24, 1.67[2)]	17.0S			2.40	2.40	2.40, 53.4[2)]
B-A유	0.84		0.84	5.28			5.99	5.99	5.99
B-B유	1.20		1.20	14.3S			2.47	2.47	2.47
B-C유 (황함량 0.3~4.0%)	1.1S+0.39		1.1S+0.39	14.3S			6.64	6.64	6.64
무연탄	5.0A		5.0A	19.5S			5.83	5.83	9.00
유연탄	5.0A		5.0A	19.0S			4.55	5.55	7.50
LNG	0.03		0.03	0.01			3.70	3.70	6.04, 42.9[2)]
LPG	0.07		0.07	0.01			2.18	2.28	2.28

비고
1. A(회분함량) : 무연탄(40%), 유연탄(10%)의 회분함량 값은 각각 40, 10임
2. S(황함량) : 등유(0.1%), B-A유(1.5%), B-B유(1.2%), 무연탄(0.7%), 유연탄(0.5%)의 황함량 값은 각각 0.1, 1.5, 1.2, 0.7, 0.5임
3. 배출계수단위 : 유류(g/ℓ), 석탄(g/kg) LNG(g/㎥), LPG(g/kg)
4. 환산계수 : LNG(1 kg=1.238 ㎥), LPG(1 kg=1.97 ℓ=0.529 ㎥)
5. 주 1) : 가스터빈 주 2) : 내연기관

나. 가목 외의 연료 또는 에너지를 사용하는 경우와 공정 등의 대기오염물질 배출계수는 국립환경과학원장이 정하여 고시한다.

2. 실측에 의한 방법

가. 제1호의 방법으로 배출시설의 시간당 대기오염물질 발생량을 산정할 수 없는 경우에는 다음의 산정방법에 따라 산정한다.

배출시설의 시간당 대기오염물질 발생량
= 방지시설 유입 전의 배출농도 × 가스유량

나. 가목에 따른 방지시설 유입 전의 배출농도 및 가스유량은 「환경분야 시험 · 검사 등에 관한 법률」 제6조제1항에 따라 환경부장관이 정하여 고시한 환경오염공정시험기준에 따라 측정한다.

[표 6.2] 종별 환경기술인 자격기준

사업장별 환경기술인의 자격기준(제39조제2항 관련)

구분	환경기술인의 자격기준
1종사업장 (대기오염물질발생량의 합계가 연간 80톤 이상인 사업장)	대기환경기사 이상의 기술자격 소지자 1명 이상
2종사업장 (대기오염물질발생량의 합계가 연간 20톤 이상 80톤 미만인 사업장)	대기환경산업기사 이상의 기술자격 소지자 1명 이상
3종사업장 (대기오염물질발생량의 합계가 연간 10톤 이상 20톤 미만인 사업장)	대기환경산업기사 이상의 기술자격 소지자, 환경기능사 또는 3년 이상 대기분야 환경관련 업무에 종사한 자 1명 이상
4종사업장 (대기오염물질발생량의 합계가 연간 2톤 이상 10톤 미만인 사업장)	배출시설 설치허가를 받거나 배출시설 설치신고가 수리된 자 또는 배출시설 설치허가를 받거나 수리된 자가 해당 사업장의 배출시설 및 방지시설 업무에 종사하는 피고용인 중에서 임명하는 자 1명 이상
5종사업장 (1종사업장부터 4종사업장까지에 속하지 아니하는 사업장)	

비 고

1. 4종사업장과 5종사업장 중 특정대기유해물질이 포함된 오염물질을 배출하는 경우에는 3종사업장에 해당하는 기술인을 두어야 한다.
2. 1종사업장과 2종사업장 중 1개월 동안 실제 작업한 날만을 계산하여 1일 평균 17시간 이상 작업하는 경우에는 해당 사업장의 기술인을 각각 2명 이상 두어야 한다. 이 경우, 1명을 제외한 나머지 인원은 3종사업장에 해당하는 기술인 또는 환경기능사로 대체할 수 있다.
3. 공동방지시설에서 각 사업장의 대기오염물질 발생량의 합계가 4종사업장과 5종사업장의 규모에 해당하는 경우에는 3종사업장에 해당하는 기술인을 두어야 한다.
4. 전체 배출시설에 대하여 방지시설 설치 면제를 받은 사업장과 배출시설에서 배출되는 오염물질 등을 공동방지시설에서 처리하는 사업장은 5종사업장에 해당하는 기술인을 둘 수 있다.
5. 대기환경기술인이 「수질 및 수생태계 보전에 관한 법률」에 따른 수질환경기술인의 자격을 갖춘 경우에는 수질환경기술인을 겸임할 수 있으며, 대기환경기술인이 「소음·진동관리법」에 따른 소음·진동환경기술인 자격을 갖춘 경우에는 소음·진동환경기술인을 겸임할 수 있다.
6. 법 제2조제11호에 따른 배출시설 중 일반보일러만 설치한 사업장과 대기 오염물질 중 먼지만 발생하는 사업장은 5종사업장에 해당하는 기술인을 둘 수 있다.
7. "대기오염물질발생량"이란 방지시설을 통과하기 전의 먼지, 황산화물 및 질소산화물의 발생량을 환경부령으로 정하는 방법에 따라 산정한 양을 말한다.

6.1.3 방지시설 효율 및 오염물질 발생량 산정

1) 방지시설의 설계효율의 적용

대기배출시설설치허가(신고)시 제출한 서류에 제시된 방지시설의 효율을 우선적으로 적용하며, 고시 [표 6.3]은 평균적인 의미의 방지시설 효율값으로 배출시설의 허가서류가 해당관청이나, 사업장에 없는 경우 등 예외적인 경우에만 적용한다.

[표 6.3] 대기오염 방지시설의 오염물질 제거 효율

방지시설명	대기오염물질 제거효율(%)		
	먼지	황산화물	질소산화물
1. 중력 및 관성력 집진시설	50	-	-
2. 원심력 집진시설	60	-	-
3. 세정집진시설	70	30	10
4. 여과집진시설	90	-	-
5. 전기집진시설	90	-	-
6. 흡수에 의한 시설 중 배연탈황시설	-	80	-
7. 흡수·흡착을 이용한 배가스 처리시설	-	50	-
8. Low-NOx 버너 및 배가스 재순환시설(FGR)	-	-	20
9. 선택적 비촉매 환원시설(SNCR)	-	-	60
10. 선택적 촉매 환원시설(SCR)	-	-	70
11. 환경부장관이 인정하는 연소보조장치	40	-	-

○ 복수로 설치된 시설의 총방지시설 처리효율산정

$$\eta_t = \eta_1 + \eta_2 (1 - \frac{\eta_1}{100}) + \eta_3 \left\{ 1 - \frac{\eta_1 + \eta_2\left(1 - \frac{\eta_1}{100}\right)}{100} \right\} + \cdot\cdot\cdot\cdot$$

2) 오염물질발생량 산정

가) 시간당 대기오염물질 발생량 산정

○ 먼지

= 배출농도(mg/Sm³) x 시간당유량(Sm³/hr) x 10^{-6}(kg/시간)

○ 황산화물

= 배출농도(ppm) x 시간당유량(Sm³/hr) x 10^{-6} x 64/22.4(kg/시간)

○ 질소산화물

= 배출농도(ppm) x 시간당유량(Sm³/hr) x 10^{-6} x 46/22.4(kg/시간)

나) 연간 대기오염물질 발생량 산정

= 시간당 대기오염물질 발생량(kg/시간) × 일일가동시간(시간/일) × 연간가동일수(일/년) × 10^{-3} (톤/년)

※ 오염물질농도 및 배출가스량 적용(고시 제6조 제2호)

○ 배출가스농도 적용

- 실측시 최근 2년 이내 최근 2회 이상 실측한 평균 농도 값으로 적용
- 최근 2년 이내에 국가 및 지방자치단체의 측정결과가 있는 경우는 이 측정값을 우선으로 적용

○ 배출가스유량

- 대기배출시설이 최대로 가동될 경우의 배출가스량

다) 일일가동시간 및 연간가동일수 적용(규칙 제41조)

24시간과 365일을 기준으로 산정하는 것을 원칙으로 하나 시·도지사가 인정하는 경우는 다음기준에 의하여 산정한다.

○ 기존시설

- 전년도의 일일평균시간을 일일조업시간으로 한다.
- 전년도의 연간가동일수를 당해연도의 연간가동일수로 한다.

○ 신규시설

- 배출시설 및 방지시설 설치명세서에 기재된 일일조업예정시간 또는 연간가동일을 각각 일일조업시간 또는 연간가동일수로 한다.

라) 기타사항

여러 개의 배출시설이 일련 또는 연속된 공정으로 이루어져서 최종배출구로만 배출되는 시설은 최종배출시설의 발생량만을 적용한다.

하나의 배출구에 여러 배출시설이 연결된 시설로 배출계수가 있는 시설과 배출계수를 적용할 수 없는 시설이 같이 있는 경우는 모든 시설에 대하여 실측에 의한 방법으로 한다.

배출계수 중 1개 또는 2개의 대기오염물질계수만 제시되어 있는 경우는 제시된 계수만 적용하여 종을 산정한다.

대기배출시설의 방지시설로 설치한 폐가스소각시설은 동 시설이 대기배출시설에 해당되더라도 소각시설 전단의 오염물질발생량으로 산정한다. 다만, 후단의 실측의 농도를 적용하는 경우는 실측된 농도를 가지고 전단의 오염발생량을 산정한다.

오염물질발생량산정량은 소수점 셋째자리 이하는 절사한다.

6.1.4 오염물질 발생량 산정예시

1) 연료별 대기오염물질 배출계수를 이용하는 경우

◇ 시간당 오염물질 발생량

= 연료별 대기오염물질 배출계수 × 당해시설의 최대연료 사용량(시설용량)

① 시설 개요

o 배출시설 : 보일러(산업용)

o 최대 연료 사용량 : 76 ℓ/시간

o 연료 : 황함량이 0.3%인 B-C유를 사용

o 일일 가동시간 및 연간 가동 일수 : 24시간, 365일

② 보일러(산업용) 배출계수(g/ℓ, 대기환경보전법시행규칙 제40조 별표 9)

먼지: 1.1S + 0.39, 황산화물: 14.3S, 질소산화물: 6.64

□ 연간 대기오염물질 발생량 산정

○ 먼지 : $((1.1 \times 0.3) + 0.39)\ g/\ell \times 76\ \ell/\text{시간} \times 24\ \text{시간}/\text{일} \times 365\ \text{일}/\text{년} \times \frac{\text{톤}}{10^6 g}$

= 0.47 톤/년

○ 황산화물 : $(14.3 \times 0.3)\ g/\ell \times 76\ \ell/\text{시간} \times 24\ \text{시간}/\text{일} \times 365\ \text{일}/\text{년} \times \frac{\text{톤}}{10^6 g}$

= 2.85 톤/년

○ 질소산화물 : $6.64\ g/\ell \times 76\ \ell/\text{시간} \times 24\ \text{시간}/\text{일} \times 365\ \text{일}/\text{년} \times \frac{\text{톤}}{10^6 g}$

= 4.42 톤/년

○ 총오염발생량 = 0.47 톤/년 + 2.85 톤/년 + 4.42 톤/년 = 7.74 톤/년(4종)

2) 공정배출계수를 이용하는 경우

◇ 시간당 대기오염물질 발생량 (kg/시간)

=고시의 해당 대기오염물질 배출계수(kg/톤,kg/kl, kg$10^3 m^3$) × 시간당 단위량 생산량(톤/시간, kl/시간, $10^3 m^3$/시간)

① 시설 개요

o 배출시설 : 01. 금속의 용융·제련 또는 열처리시설의 소결로

o 원료 또는 제품 : 소결광

o 시간당 단위량(소결광 생산량) : 10 톤/시간

o 일일 가동시간 및 연간 가동 일수 : 24시간, 365일

② 배출계수(kg/소결광생산량, 국립환경연구원 고시 제 2003-34호 별표1)

먼지 : 0.362, 황산화물 : 0.823, 질소산화물 : 0.473

□ 연간 대기오염물질 발생량 산정

○ 먼지: $0.362\ kg/톤 \times 10\ 톤/시간 \times 24\ 시간/일 \times 365\ 일/년 \times \frac{톤}{10^3 kg}$

= 31.71 톤/년

○ 황산화물 : $0.823\ kg/톤 \times 10\ 톤/시간 \times 24\ 시간/일 \times 365\ 일/년 \times \frac{톤}{10^3 kg}$

= 72.09 톤/년

○ 질소산화물 : $0.473\ kg/톤 \times 10\ 톤/시간 \times 24\ 시간/일 \times 365\ 일/년 \times \frac{톤}{10^3 kg}$

= 41.43 톤/년

○ 총오염발생량 = 31.71 톤/년 + 72.09 톤/년 + 41.43 톤/년 = 145.23 톤/년(1종)

3) 실측에 의한 경우

【방지시설 전단의 실측 농도값을 사용하는 방법】

◇ 시간당 오염물질 발생량 (kg/시간)
= 방지시설 유입 전 배출농도(실측값) × 최대 가스유량(시설용량)

① 시설 개요

o 오염물질 농도

- 먼지 : 200 mg/Sm³,
- 황산화물 : 200 ppm(= 200 × 64/22.4 = 571.4 mg/Sm³)
- 질소산화물 : 200 ppm(= 200 × 46/22.4 = 410.7 mg/Sm³)
- 배출가스 유량(최대) : 10,000 ㎥
- 일일 가동시간 및 연간 가동 일수 : 24시간, 365일

□ 연간 대기오염물질 발생량 산정

○ 먼지 : $200\ mg/Sm^3 \times 10{,}000\ m^3/시간 \times 24시간/일 \times 365일/년 \times \frac{톤}{10^9\ mg}$

= 17.52 톤/년

○ 황산화물 :

$$571.4\ mg/Sm^3 \times 10{,}000\ m^3/\text{시간} \times 24\ \text{시간}/\text{일} \times 365\text{일}/\text{년} \times \frac{\text{톤}}{10^9\ mg}$$

= 50.05 톤/년

○ 질소산화물 :

$$410.7\ mg/Sm^3 \times 10{,}000\ m^3/\text{시간} \times 24\ \text{시간}/\text{일} \times 365\ \text{일}/\text{년} \times \frac{\text{톤}}{10^9\ mg}$$

= 35.97 톤/년

○ 총오염발생량 = 17.52 톤/년 + 50.05 톤/년 + 35.97 톤/년
= 103.54 톤/년(1종)

【방지시설 후단의 실측 농도 값을 역산하여 사용하는 방법】

◇ 시간당 대기오염물질 발생량 (kg/시간)
= 〔A/{1- (B/100)}〕 × C
A = 방지시설 통과 후 배출농도(실측값)
B = 방지시설 설계효율(또는 고시 별표4에 의한 효율)
C = 최대 배출가스 유량(시설용량)

① 시설 개요
o 오염물질 농도
- 먼지: 20 mg/Sm³,
- 황산화물: 20 ppm(= 20 × 64/22.4 = 57.1 mg/Sm³)
- 질소산화물: 20 ppm(= 20 × 46/22.4 = 41.1 mg/Sm³)

o 방지시설 효율

방지시설명	오염물질 제거효율(설계효율, %)		
	먼지	황산화물	질소산화물
여과집진시설	90	-	-
원심력집진시설	70	-	-
세정집진시설	70	40	20

- 배출가스 유량(최대) : 1,000 ㎥
- 일일 가동시간 및 연간 가동 일수 : 24시간, 365일

□ 직렬로 여러 개의 방지시설이 있는 경우의 오염발생량 계산

○ 먼지

- 방지시설 총효율 =

$$90+70\times(1-\frac{90}{100})+70\times 1-\frac{90+70\times(1-\frac{90}{100})}{100}=99.1\%$$

- 먼지 발생량

$$=20\ mg/\,Sm^3\times\frac{1}{1-0.991}\times 1{,}000\ m^3/\text{시간}\times 24\text{시간}/\text{일}\times 365\ \text{일}/\text{년}\times\frac{\text{톤}}{10^9\ mg}$$

= 19.46 톤/년

○ 황산화물

- 방지시설 총효율 : 40%
- 황산화물 발생량

$$=57.1\ mg/\,Sm^3\times\frac{1}{1-0.4}\times 1{,}000\ m^3/\text{시간}\times 24\text{시간}/\text{일}\times 365\ \text{일}/\text{년}\times\frac{\text{톤}}{10^9\ mg}$$

=0.83 톤/년

○ 질소산화물

- 방지시설 총효율 : 20%
- 질소산화물 발생량

$$= 41.1\ mg/Sm^3 \times \frac{1}{1-0.2} \times 1{,}000\ m^3/\text{시간} \times 24\ \text{시간}/\text{일} \times 365\ \text{일}/\text{년} \times \frac{\text{톤}}{10^9\ mg}$$

= 0.45 톤/년

○ 총오염발생량 = 19.46 톤/년 + 0.83 톤/년 + 0.45 톤/년 = 20.74 톤/년(2종)

★ **실측에 있어서 전단의 측정이 불가능한 경우**

- 대기오염공정시험방법에 적합한 측정구를 설치할 수 없는 경우
  예) 배출시설과 방지시설이 직접 연결된 경우
- 대기오염공정시험방법에 의한 시료채취가 곤란한 경우
  예) 먼지의 경우 등속흡인이 되어야 하나 등속흡인이 곤란한 경우
- 그 동안 전단의 측정구가 없어 측정값이 없는 경우

6.2 대기배출시설 설치허가(신고)

대기오염물질을 배출하는 시설을 설치하기 전에 동 시설에서 발생되는 오염물질의 종류와 성상, 오염물질 처리대책의 적정성 여부 등을 검토하여 대기에 배출되는 오염물질을 효율적으로 관리하기 위하여 실시하고 있으며, 법정 처리기간은 약 10일이다.

대기배출시설 설치허가(신고)와 관련되어 있는 규정은 「대기환경보전법」 제23조, 시행령 제11조, 시행규칙 제25조이며, 산업집적활성화 및 공장설립에 관한 법률 제33조, 반월·시화국가산업단지 및 기타 지방산업단지 관리기본계획, 반월·시화산단 배출시설 설치허가(신고) 제한지침 등 지역에 따라 조례 혹은 지침 등 관련 타법률이 연관되어 있다.

대기배출시설 설치허가(신고)의 업무는 대물허가(신고), 사전허가(신고), 시·군 타법률 저촉여부 확인 등이다.

- 대물허가(신고) : 무생물체를 담보로 법률에서 정해진 어떤 규격이나 요건에 적합하면 누구든지 허가를 신청할 수 있다.
- 사전허가(신고) : 배출시설의 설치허가는 반드시 사전에 이루어져야 하는데, 법령에서 이를 위하여 "설치하고자 하는 자"로 규정하고 있다.
- 대기배출시설 설치허가일 경우에는 관련 시·군의 다른 법률 저촉여부를 반드시 확인해야 한다.

대기배출시설 설치허가(신고)의 대상시설은 「대기환경보전법」 시행규칙 [별표3]에 의하며, 설치허가 및 신고에 대한 대상시설은 다음과 같다.

- 허가대상시설
  - 특정대기유해물질이 발생되는 배출시설
  - 특별대책지역에 설치하는 배출시설(특정대기유해물질을 배출하지 아니하는 5종사업장 제외)
- 신고대상시설
  - 허가대상시설 외의 배출시설
  - 환경친화기업지정 사업장

★ 대기배출시설 설치허가(신고)

대기환경보전법 제23조, 시행령 제11조, 시행규칙 제25조에 근거하여 배출시설 설치허가 및 신고를 다음과 같이 진행한다.

① 현장방문

② 배출시설 현황

: 원료물질의 MSDS확보, 시설규모, 사용량, 조업시간(조업일수), 단위 공정도, 최종 제품 생산량 등

③ 현장방문

④ 배출시설 현황

: 원료물질의 MSDS확보, 시설규모, 사용량, 조업시간(조업일수), 단위 공정도, 최종 제품 생산량 등

⑤ 방지시설 현황

: 방지시설 용량 및 오염물질의 처리효율, 후드모양/크기, 가스량 산정, 도면, 배치도, 설계사양 등

⑥ 종산정

: 오염물질 배출량에 따른 사업장구분(1종~5종)

⑦ 설치허가(신고) 서류작성 및 접수

: 시행규칙 제 25조의 별지 제2호서식, 별지 제3호서식

★ 대기환경보전법 제23조(배출시설의 설치 허가 및 신고)

① 배출시설을 설치하려는 자는 대통령령으로 정하는 바에 따라 시·도지사의 허가를 받거나 시·도지사에게 신고하여야 한다. 〈개정 2012.5.23〉

② 제1항에 따라 허가를 받은 자가 허가받은 사항 중 대통령령으로 정하는 중요한 사항을 변경하려면 변경허가를 받아야 하고, 그 밖의 사항을 변경하려면 변경신고를 하여야 한다.

③ 제1항에 따라 신고를 한 자가 신고한 사항을 변경하려면 환경부령으로 정하는 바에 따라 변경신고를 하여야 한다.

④ 제1항부터 제3항까지의 규정에 따라 허가·변경허가를 받거나 신고·변경신고를 하려는 자가 제26조제1항 단서, 제28조 단서, 제41조제3항 단서, 제42조 단서에 해당하는 경우와 제29조에 따른 공동 방지시설을 설치하거나 변경하려는 경우에는 환경부령으로 정하는 서류를 제출하여야 한다.

⑤ 제1항과 제2항에 따른 허가 또는 변경허가의 기준은 다음 각 호와 같다.

1. 배출시설에서 배출되는 오염물질을 제16조나 제29조제3항에 따른 배출허용 기준 이하로 처리할 수 있을 것
2. 다른 법률에 따른 배출시설 설치제한에 관한 규정을 위반하지 아니할 것

⑥ 시·도지사는 배출시설로부터 나오는 특정대기유해물질이나 특별대책지역의 배출시설로부터 나오는 대기오염물질로 인하여 환경기준의 유지가 곤란하거나 주민의 건강·재산, 동식물의 생육에 심각한 위해를 끼칠 우려가 있다고 인정되면 대통령령으로 정하는 바에 따라 특정대기유해물질을 배출하는 배출시설의 설치 또는 특별대책지역에서의 배출시설 설치를 제한할 수 있다. 〈개정 2012.5.23〉

★ 대기환경보전법 시행령 제11조(배출시설의 설치허가 및 신고 등)

① 법 제23조제1항에 따라 설치허가를 받아야 하는 배출시설은 다음 각 호와 같다. 〈개정 2012.7.20〉

1. 특정대기유해물질이 발생되는 배출시설
2. 「환경정책기본법」 제38조에 따라 지정·고시된 특별대책지역(이하 "특별대책지역"이라 한다)에 설치하는 배출시설. 다만, 특정대기유해물질을 배출하지 아니하는 배출시설로서 별표 1에 따른 5종사업장에 설치하는 배출시설은 제외한다.

② 법 제23조제1항에 따라 제1항 각 호 외의 배출시설을 설치하려는 자는 배출시설 설치신고를 하여야 한다.

③ 법 제23조제1항에 따라 배출시설 설치허가를 받거나 신고를 하려는 자는 배출시설 설치허가신청서 또는 배출시설 설치신고서에 다음 각 호의 서류를 첨부하여 시·도지사에게 제출하여야 한다. 〈개정 2013.1.31.〉

1. 원료(연료를 포함한다)의 사용량 및 제품 생산량과 오염물질 등의 배출량을 예측한 명세서(배출시설 설치허가를 신청하는 경우에만 첨부한다)
2. 배출시설 및 방지시설의 설치명세서

3. 방지시설의 일반도(一般圖)
4. 방지시설의 연간 유지관리 계획서
5. 사용 연료의 성분 분석과 황산화물 배출농도 및 배출량 등을 예측한 명세서(법 제41조제3항 단서에 해당하는 배출시설의 경우에만 해당한다)
6. 배출시설설치허가증(변경허가를 신청하는 경우에만 해당한다)

④ 법 제23조제2항에서 "대통령령으로 정하는 중요한 사항"이란 다음 각 호와 같다.

1. 다음 각 목의 구분에 따른 배출시설 규모의 증설. 이 경우 배출시설 규모의 합계나 누계는 배출구별로 산정한다.
   가. 설치허가(변경허가를 포함한다. 이하 같다) 또는 법 제23조제2항에 따른 변경신고 : 허가 또는 신고한 배출시설 규모의 합계나 누계의 100분의 50 이상 증설
   나. 특정대기유해물질 배출시설 : 허가 또는 신고한 배출시설 규모의 합계나 누계의 100분의 30 이상 증설
2. 설치허가를 받은 배출시설의 용도 추가

⑤ 법 제23조제2항에 따른 변경신고를 하여야 하는 경우와 변경신고의 절차 등에 관한 사항은 환경부령으로 정한다.

⑥ 시·도지사는 배출시설 설치허가를 하거나 배출시설 설치신고를 수리한 경우에는 배출시설 설치허가증 또는 배출시설 설치신고증명서를 신청인에게 내주어야 한다. 다만, 배출시설의 설치변경을 허가한 경우에는 이미 발급된 허가증의 변경사항란에 변경허가사항을 적는다. 〈개정 2013.1.31〉

★ **대기환경보전법 시행규칙 제25조(배출시설 설치허가신청서 등)**

영 제11조제3항에 따른 배출시설 설치허가신청서 및 배출시설 설치신고서는 **별지 제2호서식**과 같고, 영 제11조제6항에 따른 배출시설 설치허가증 및 배출시설 설치신고증명서는 **별지 제3호서식**과 같다. 〈개정 2013.5.24〉

[표 6.4] 대기배출시설 허가신청서/신고서

■ 대기환경보전법 시행규칙 [별지 제2호서식] <개정 2013.5.24>

대기배출시설 [ ]허가신청서 [ ]신고서

(앞쪽)

접수번호	접수일	처리일	처리기간 10일

신청인		
	상호(사업장 명칭)	사업자등록번호
	성명(대표자)	생년월일
	전화번호	휴대전화번호
	주소	
	사업장소재지	전화번호

신청내용(신고내용)									
	업 종				주생산품명				
	설치예정일				가동개시예정일				
	대기오염물질 배출시설 및 방지시설								
	생산공정	배출시설	휘발성유기화합물 배출시설 중복 여부	용 량	수 량	방지시설명	용 량	수 량	
			"별			첨"			
	배출시설의 조업(예정) 시간			대기오염물질 발생량(먼지, SO_2, NO_2)				대기오염물질 배출량	

생산공정	배출시설	일일조업(예정) 시간(연간 가동일)	종류	연료 및 원료 사용량	배출계수	발생량	종류	배출량	처리방법
		"별				첨"			

「대기환경보전법」 제23조제1항, 같은 법 시행규칙 제25조 및 제59조제1항에 따라 배출시설의 ([ ]설치허가를 신청, [ ] 설치를 신고) 합니다.

년 월 일

신청인 (서명 또는 인)

특별시장 · 광역시장 · 도지사 · 특별자치시장 · 특별자치도지사 · 시장 귀하

첨부서류		
첨부서류	1. 원료(연료를 포함합니다)의 사용량 및 제품의 생산량과 대기오염물질 등의 배출량을 예측한 명세서(허가를 신청하는 경우에만 제출합니다) 1부 2. 배출시설 및 방지시설 설치내역서 1부 3. 방지시설의 일반도 1부 4. 방지시설의 연간 유지관리계획서 1부 5. 방지시설 설치면제 관련서류(방지시설 설치면제자만 제출합니다) 1부 6. 자가방지시설 설계시공 관련서류(자가방지시설 설계시공자만 제출합니다) 1부 7. 공동 방지시설 설치 관련서류(공동방지시설을 설치하려는 자만 제출합니다) 1부 8. 저황유 외 연료 사용 관련서류(저황유 외 연료를 사용하려는 경우에만 제출합니다) 1부 9. 고체연료 사용승인신청 관련서류(고체연료 사용승인을 얻으려는 경우에만 제출합니다) 1부 10. 휘발성유기화합물을 배출하는 시설 및 배출억제 · 방지시설 설치의 명세서(휘발성유기화합물 배출시설에 해당되는 경우에만 제출합니다) 각 1부 11. 대기오염물질 발생량 산정에 관한 자료 1부 12. 수질 및 소음 · 진동의 배출시설 설치허가 또는 신고 시의 첨부서류(수질 및 소음 · 진동의 배출시설에 해당하는 시설을 신설하는 경우에만 제출합니다) 13. 수질 및 소음 · 진동의 변경허가신청 또는 변경신고 시의 첨부서류(처리용량 또는 주요설비의 변경으로 수질 및 소음 · 진동의 변경허가 및 변경신고를 받아야 될 경우에만 제출합니다)	수수료 : 10,000원 (정보통신망을 이용하여 전자화폐 · 전자결재 등의 방법으로 수수료를 낼때에는 9,000원)

210㎜×297㎜[백상지 80g/㎡]

(뒤쪽)

작성요령

1. 대표자 기재란에는 법인의 경우에는 성명 대신 직함을 기재하여도 됩니다.
2. 원료(연료를 포함한다)의 사용량 및 제품의 생산량과 대기오염물질 등의 배출량을 예측한 명세서는 원료 및 부원료의 최대사용량(최대시설용량), 제품명 및 생산량, 예상 대기오염물질 등의 종류 및 배출량을 배출시설 및 사업장별로 작성하여야 하며, 이 경우 대기오염물질 등의 종류 및 배출량을 산출한 방법을 표시하여야 합니다.
3. 배출시설 및 방지시설 설치명세서는 사업장배치도 및 공정흐름도에 배출시설 및 방지시설의 시설별 명칭・용량・수량 등을 기재하고, 원료 등의 투입점과 대기오염물질 배출점을 표시하여야 합니다.
4. 방지시설의 일반도는 방지시설의 종류, 외형적 크기, 처리용량 및 설비용량 등을 알아볼 수 있도록 배출구별로 작성하되, 방지시설업자가 작성한 경우에는 방지시설업체명을 정확히 기재하여야 합니다.
5. 방지시설의 연간 유지관리계획서는 사업장 전체에 설치된 방지시설에 대하여 설치, 운전, 보수비용 등을 단위 방지시설별로 구분하여 명확하게 제시하여야 합니다.
6. 휘발성유기화합물 배출시설과 중복된 대기배출시설은 ⑩ 휘발성유기화합물 배출시설 중복 여부란에 "○"로 표시합니다.

처리절차

신청서(신고서) 작성	→	접 수	→	검 토	→	결재	→	통보
신청인		특별시장・광역시장・도지사・특별자치시・특별자치도・시 (민원실)		특별시장・광역시장・도지사・특별자치시・특별자치도・시 (대기배출시설 담당 부서)		특별시장・광역시장・도지사・특별자치시・특별자치도・시 (대기배출시설 담당 부서)		

[표 6.5] 대기배출시설 설치 허가증/신고증명서

■ 대기환경보전법 시행규칙 [별지 제3호서식] <개정 2013.5.24>

(앞쪽)

허가(신고)번호 제 호

대기배출시설설치([ ]허가증, [ ]신고증명서)

<table>
<tr><td>상 호
(사업장명칭)</td><td colspan="3"></td><td colspan="2">종 별</td><td colspan="3">종</td></tr>
<tr><td>성 명
(대표자)</td><td colspan="3"></td><td colspan="2">사업자등록
번 호</td><td colspan="3"></td></tr>
<tr><td>사 업 장
소 재 지</td><td colspan="3"></td><td colspan="2">전 화 번 호</td><td colspan="3"></td></tr>
<tr><td>업
종</td><td colspan="3"></td><td colspan="2">일일조업시간</td><td colspan="3"></td></tr>
<tr><td>연료사용량</td><td colspan="8">/년</td></tr>
<tr><td rowspan="10">허가(신고)
사 항</td><td colspan="8">오염물질 등을 배출하는 시설물 및 방지시설</td></tr>
<tr><td>생산공정</td><td>배출시설</td><td>연료 및
원료사용량</td><td>용량</td><td>수량</td><td>방지시설명</td><td>용량</td><td>수량</td></tr>
<tr><td></td><td></td><td>【별</td><td></td><td></td><td>첨】</td><td></td><td></td></tr>
<tr><td colspan="8">오염물질 발생량</td></tr>
<tr><td colspan="2">오염물질 종류
(먼지, SO_2, NO_2)</td><td colspan="2">연료 및 원료
사용량</td><td colspan="2">배출계수</td><td colspan="2">발생량</td></tr>
<tr><td colspan="2"></td><td colspan="2">【별</td><td colspan="2">첨】</td><td colspan="2"></td></tr>
<tr><td colspan="8">허가조건</td></tr>
<tr><td colspan="8"></td></tr>
</table>

「대기환경보전법」 제23조제1항 및 같은 법 시행규칙 제25조에 따라 배출시설의 ([ ]설치를 허가, [ ]설치신고를 증명) 합니다.

년 월 일

특별시장 · 광역시장 · 도지사 · 특별자치시장 · 특별자치도지사 · 시장 직인

210㎜×297㎜[백상지(150g/㎡)]

(뒤쪽)

<변경 사항>

일 자	내 용	확 인 (서명 또는 인)

<처분 사항>

일 자	내 용	확 인 (서명 또는 인)

<참고 사항>

일 자	내 용	확 인 (서명 또는 인)

7. 환경인허가(대기) 사례분석

7.1 환경인허가 기초사항

7.2 대기배출시설 설치 인·허가 작성

7.3 대기배출시설 설치 인·허가 작성 사례분석

7.1 환경인허가 기초사항

환경오염물질 배출시설에 관한 설치허가, 변경허가, 설치신고, 변경신고 등 환경에 미치는 영향을 고려한 전반적인 환경 인·허가 업무는 관련법을 근거로 검토해야 할 서류가 매우 광범위하다. 따라서, 현장담당자들이 이를 해결하기위해서 방대한 지식과 더불어 행정관할 관청을 수시로 다녀야 하기 때문에 일반적으로 환경인허가를 대행하는 컨설팅업체에 전반적인 행정업무를 맡기게 된다. 다음 [표 7.1]는 환경인허가를 업무대행하는 컨설팅회사의 업무처리 과정을 나타낸 것이다.

[표 7.1] 환경인허가 컨설팅 과정

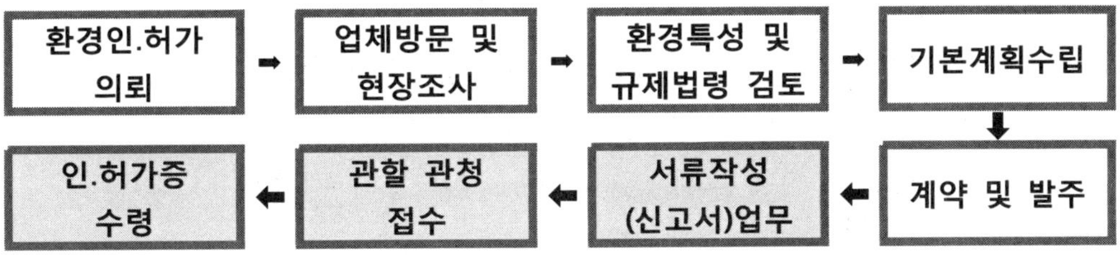

환경컨설팅 업체는 환경인허가 업무를 대행하면서 수반되는 여러 가지 서류작성을 수행하게 되며, 그에 따른 각종 생성문서가 발생하게 된다. [그림 7.1]은 환경인허가업무대행을 하고 있는 환경컨설팅 업체의 내부 업무 흐름도를 나타낸 것이다.

환경인허가를 진행하면서 필요한 각종 서류는 다음과 같다.

- ○ 원료(연료 포함)의 사용량 및 제품의 생산량과 대기오염물질 등의 배출량을 예측한 명세서(허가를 신청하는 경우에만 제출)
- ○ 배출시설 및 방지시설 설치내역서
- ○ 방지시설의 일반도
- ○ 방지시설의 연간 유지관리계획서
- ○ 방지시설 설치면제 관련서류(방지시설 설치면제자만 제출)
- ○ 자가방지시설 설계시공 관련서류(자가방지시설 설계시공자만 제출)

- ○ 공동 방지시설 설치 관련서류(공동방지시설을 설치하려는 자만 제출)
- ○ 저황유 외 연료 사용 관련서류(저황유 외 연료를 사용하려는 경우에만 제출)
- ○ 고체연료 사용승인신청 관련서류(고체연료 사용승인을 얻으려는 경우에만 제출)
- ○ 휘발성유기화합물을 배출하는 시설 및 배출억제 · 방지시설 설치의 명세서(휘발성유기화합물 배출시설에 해당되는 경우에만 제출)
- ○ 대기오염물질 발생량 산정에 관한 자료

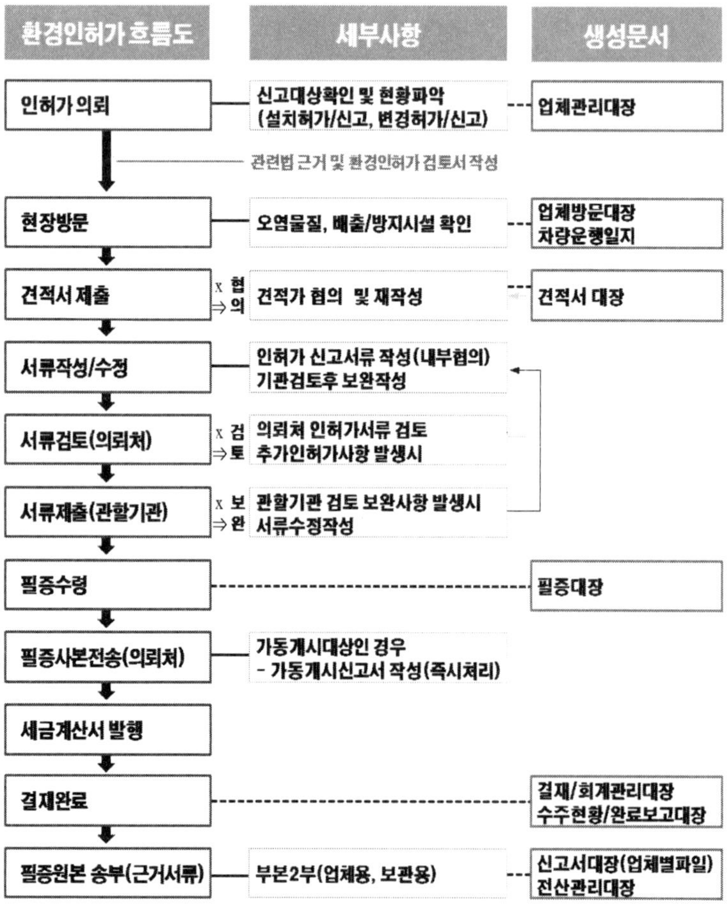

[그림 7.1] 환경인허가 컨설팅 업체 업무흐름도.

7.2 대기배출시설 설치 인·허가 작성

1) 생산공정 파악 공정도 작성

: 대기환경보전법 시행규칙 "[별표3] 대기오염물질 배출시설" 의 배출시설 적용기준 및 배출시설의 분류에 허가(신고) 대상여부 확인한다.

2) 허가신청서, 신고서, 변경허가신청서, 변경신고서 등 신청서식의 적정성

: 대기배출시설의 설치 허가 및 신고

(대기환경보전법 제2장 사업장 등의 대기오염물질 배출규제)

: 대기배출시설의 변경 허가 및 신고

(대기환경보전법 시행규칙 제2장 사업장 등의 대기오염물질 배출규제)

3) 배출시설의 원료사용량 파악

4) 업종(배출시설)의 오염물질 적정 선정여부

: 배출시설 사용원료 성분(MSDS등으로 확인)중 배출 가능한 대기오염물질 선정

: 배출시설에서의 반응 등으로 인한 생성 오염물질 확인

5) 배출시설의 배출가스 포집기구 형식에 따른 가스량 산정

: 포집 HOOD 형식(오염물질 포집에 적절한 후드 설치)에 따른 포착속도 또는 제어속도를 결정하여 가스배출량 산정

6) 업종(배출시설) 오염물질 배출농도 산정방법

: 국립환경연구원 고시 배출계수

: 실측계수

: EPA(Environmental Protection Agency) 배출계수

: 이론배출계수(동종업체, 동시설의 오염농도 또는 경험치 등)

7) 배출시설 혼합농도 산정

8) 방지시설 적정 선정여부

: 대기오염물질 발생 물질의 물리화학적 특성이 고려된 방지시설 선정
(대기환경보전법 시행규칙 [별표4]대기오염방지시설)

: 대기오염물질 배출허용기준이내 배출
(대기환경보전법 시행규칙 [별표8])

9) 방지시설의 연간 유지관리계획서 작성

10) 가동개시 신고

: 대기환경보전법 제30조 배출시설 등의 가동개시

: 대기환경보전법 시행령 제15조 변경신고에 따른 가동개시신고의 대상규모 등

상기 인·허가 작성 1)~10)의 과정은 지자체 및 산업단지 등의 제한규정에 적합하여 공장설립 입주가 완료되어 관할 지차체에 대기배출시설 설치허가(신고) 신청할 때의 사항을 나타낸 것이다.

7.3 대기배출시설 설치 인·허가 작성 사례분석

다음은 경기도 시흥안산스마트허브내에 입주해 있는 염색업종의 방지시설 변경에 대한 환경인허가 사례분석을 살펴보고자 한다.

- ○ 염색업종 공정을 분석한다.
- ○ 생산공정에 사용되는 화학물질의 종류 및 사용량 등을 분석한다.
- ○ 오염물질 발생량을 산정한다.
- ○ 종산정을 분석한다.
- ○ 방지시설에 대한 설계내역을 작성한다.
- ○ 설치하고자 하는 방지시설 도면을 첨부한다.

※ 본 내용은 특정 사업장의 내용을 토대로 작성된 것이며, 개별 사업장의 사용원료, 공정에 따라서 분석기법은 다양함.

■ 대기환경보전법 시행규칙 [별지 제4호서식] <개정 2013.5.24>

대기배출시설 [ ] 변경허가 [√] 변경신고 신청서

(앞쪽)

접수번호	접수일	처리일	처리기간 변경허가는 7일, 변경신고는 5일 (사업장 명칭변경, 대표자 변경, 시설의 전부 폐쇄는 즉시)

허가(신고)번호 제 공단 호

신청인	상호(사업장 명칭) [redacted]	
	성명(대표자) [redacted]	생년월일 [redacted]
	전화번호 [redacted]	휴대전화번호 [redacted]
	주소 [redacted]	
	사업장 소재지 [redacted] (전화번호) [redacted]	

설치 예정일	가동 개시 예정일

변경사유

변경 내용		기존사항				변경사항			
	시설변경	시설명	연료 및 원료 사용량	용량	수량	시설명	연료 및 원료 사용량	용량	수량
				"별		첨"			
	대기오염물질 발생량	대기오염물질 종류	연료 및 원료 사용량	배출계수	발생량	대기오염물질 종류	연료 및 원료 사용량	배출계수	발생량
				"별		첨:			
	그 밖의 변경								

「대기환경보전법」 제23조제2항 또는 제3항과 같은 법 시행규칙 제26조 및 제27조에 따라 배출시설의 (변경허가 신청, **변경신고**)를 합니다.

2014년 06월 일

신청인 [redacted] (서명 또는 인)

경기도지사 귀하

210mm×297mm[백상지 80g/㎡]

(뒤쪽)

작성요령

1. 대표자 기재란에는 법인의 경우에는 성명 대신 직함을 기재하여도 됩니다.
2. 원료(연료를 포함한다)의 사용량 및 제품의 생산량과 대기오염물질 등의 배출량을 예측한 명세서는 원료 및 부원료의 최대사용량(최대시설용량), 제품명 및 생산량, 예상 대기오염물질 등의 종류 및 배출량을 배출시설 및 사업장별로 작성하여야 하며, 이 경우 대기오염물질 등의 종류 및 배출량을 산출한 방법을 표시하여야 합니다.
3. 배출시설 및 방지시설 설치명세서는 사업장배치도 및 공정흐름도에 배출시설 및 방지시설의 시설별 명칭·용량·수량 등을 기재하고, 원료 등의 투입점과 대기오염물질 배출점을 표시하여야 합니다.
4. 방지시설의 일반도는 방지시설의 종류, 외형적 크기, 처리용량 및 설비용량 등을 알아볼 수 있도록 배출구별로 작성하되, 방지시설업자가 작성한 경우에는 방지시설업체명을 정확히 기재하여야 합니다.
5. 방지시설의 연간 유지관리계획서는 사업장 전체에 설치된 방지시설에 대하여 설치, 운전, 보수비용 등을 단위 방지시설별로 구분하여 명확하게 제시하여야 합니다.
6. 휘발성유기화합물 배출시설과 중복된 대기배출시설은 ⑩ 휘발성유기화합물 배출시설 중복 여부란에 "○"로 표시합니다.

처리절차

신청서(신고서) 작성	→	접 수	→	검 토	→	결재	→	통보
신청인		특별시장·광역시장·도지사·특별자치시·특별자치도·시 (민원실)		특별시장·광역시장·도지사·특별자치시·특별자치도·시 (대기배출시설 담당부서)		특별시장·광역시장·도지사·특별자치시·특별자치도·시 (대기배출시설 담당부서)		

※ 별첨 : 변경내역

변경전						변경내용						변경후합계						
배출시설명	용량(㎥)	수량	방지시설명	용량(㎥/min)	수량	배출시설명	용량(㎥)	수량	방지시설명	용량(㎥/min)	수량	배출시설명	용량(㎥)	수량	방지시설명	용량(㎥/min)	수량	비고
1) 신고대상(염색공정)-섬유제품 제조시설									**• 이하 방지시설 폐쇄**			**1) 신고대상(염색공정)-섬유제품 제조시설**						
다림질시설	160	1	[방1] 흡수에 의한 시설	320	1				[방1] 흡수에 의한 시설	320	1	다림질시설	160	1	[방3] 흡수에 의한 시설 (멀티스크러버) (수평형스크러버, 오일필터)	320	(중)1	
2) 허가대상(날염공정)-섬유제품 제조시설									**• 이하 방지시설 증설**									
건조시설(증열시설)	6.48	1	[방2] 흡수에 의한 시설	200	1				흡수에 의한 시설 (멀티스크러버) (수평형스크러버, 오일필터)	320	1							
건조시설	3.84	1										**2) 허가대상(날염공정)-섬유제품 제조시설**						
혼합시설	0.55	1										건조시설(증열시설)	6.48	1	[방2] 흡수에 의한 시설	200	1	
												건조시설	3.84	1				
												혼합시설	0.55	1				

1. 사업장개요

1-1. 신고개요

당사는 경기도 [redacted]에 위치한 직물 및 편조원단 염색가공 및 날염가공 제조업체(분류번호:13402,13403)로서 염색공정 다림질시설에서 배출되는 유증기가 함유되어 있는 백연을 효율적으로 제거하기 위하여 대기방지시설인 기존의 흡수에 의한 시설(320 ㎥/min×1)을 폐쇄하고 신규 방지시설인 흡수에 의한 시설로 전단부 "수평형스크러버(Cross Flow Scrubber)", 후단부 "오일필터(Oil Filter)"를 결합한 연속처리시설로서 작업환경에 미치는 영향을 최소화함과 동시에 주위환경에 미치는 영향을 최대한 줄여 더불어 함께 살아가는 쾌적한 작업환경 및 환경보전을 위한 정부방침에 부응하고자 합니다.

이에 근거서류를 갖춰서 대기배출시설 변경신고 신청서를 제출합니다.

1. 방지시설 내역 -폐쇄 : 흡수에 의한 시설(320 ㎥/min×1)

증설 : 흡수에 의한 시설(320 ㎥/min×1)

[멀티스크러버/전단부:수평형 스크러버, 후단부:오일필터(Oil Filter)]

1-2. 변경내용

구분	배출시설	오염물질 발생량 (ton/년)	방지시설	오염물질	배출허용 기준	처리전농도	배출농도
방지시설 증설	[기존] 다림질시설 (160 ㎥×1)	0.72	[방3] 흡수에 의한 시설 (320 ㎥/min×1) [전단부:수평형 스크러버, 후단부:오일필터(Oil Filter)]	가스량 먼 지	- 100 mg/S㎥	250 ㎥/min 15.86mg/S㎥	[방3] 250 ㎥/min 2.38 mg/S㎥
방지시설 폐쇄	[기존] 다림질시설 (160 ㎥×1)	-	[방1] 흡수에 의한 시설 (320 ㎥/min×1)	-	-	-	-

1-3. 변경후 대기배출시설 및 방지시설 설치내역서

배출시설		용량 (㎥)	수량	방지시설	용량 (㎥/min)	수량	비고
염색공정 (신고대상)	다림질(텐트)시설	160	1	[방3] 흡수에 의한 시설 [전단부:수평형 스크러버, 후단부:오일필터]	320	1	증설
날염공정 (허가대상)	건조시설 (증열시설)	6.48	1	[방2] 흡수에의한시설	200	1	기존
	건조시설	3.84	1				
	혼합시설	0.55	1				

1-4. 대기오염물질 발생량(**대기 5종 : <u>변경없음</u>**)

⇨ 금회 방지시설에 증설에 따른 사항으로 추가되는 오염물질 및 사업장 종산정에 관련된 오염물질이 아니며, 종산정에는 영향을 주지 아니함.

오염물질종류 (먼지, SO2, NO2)	연료 및 원료사용량	배출계수	발생량(톤/년)
먼 지	**염색공정** 가성소다 : 50 kg, 정련제 : 50 kg, 염료 : 10 kg, 빙초산 : 20 kg, 유연제 : 70 kg **날염공정** 염료 : 24 kg, 균염제 : 32 kg, 유연제 : 24 kg, TCE : 0.1 kg, 오염방지제 : 24 kg	-	0.76
SO2		-	-
NO2		-	-
합 계			0.76

1-5. 제품생산 공정도

▣ 염색공정-신고대상

【변경전】

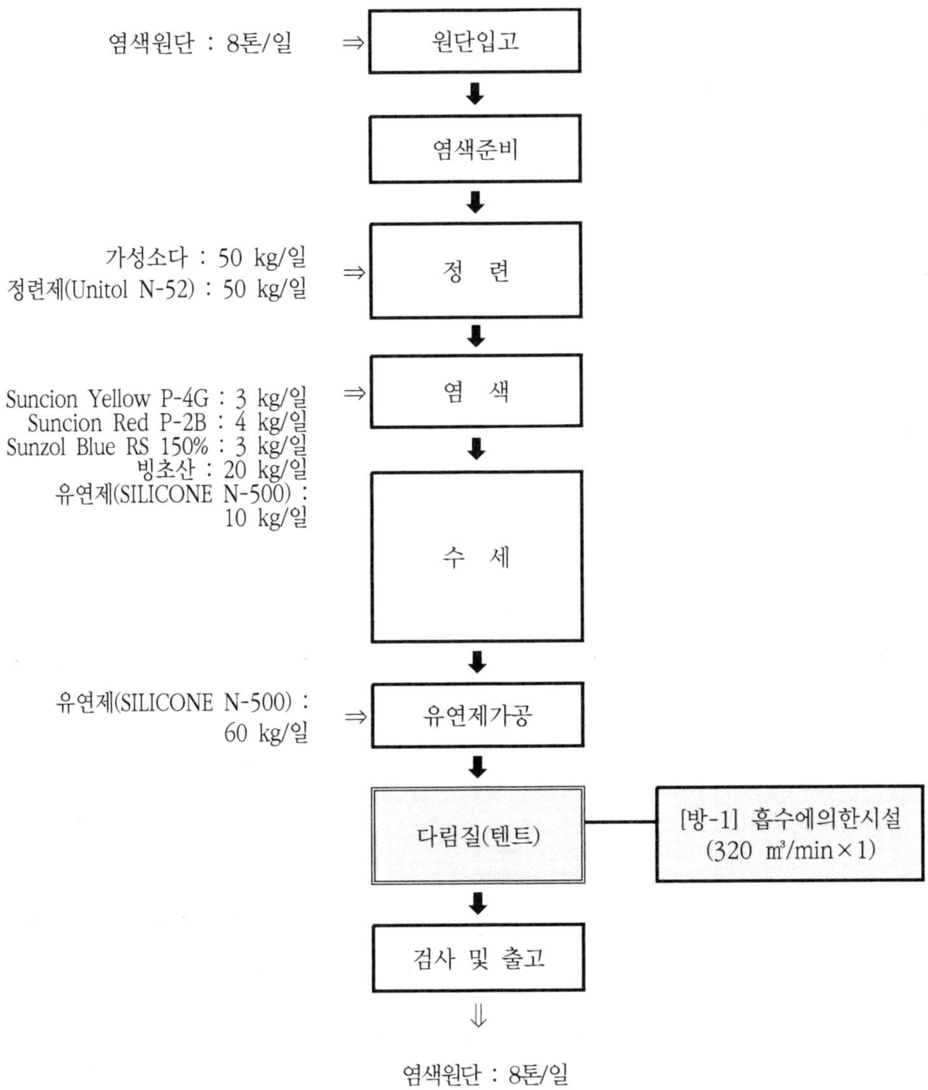

■ **염색공정-신고대상**

【변경후】

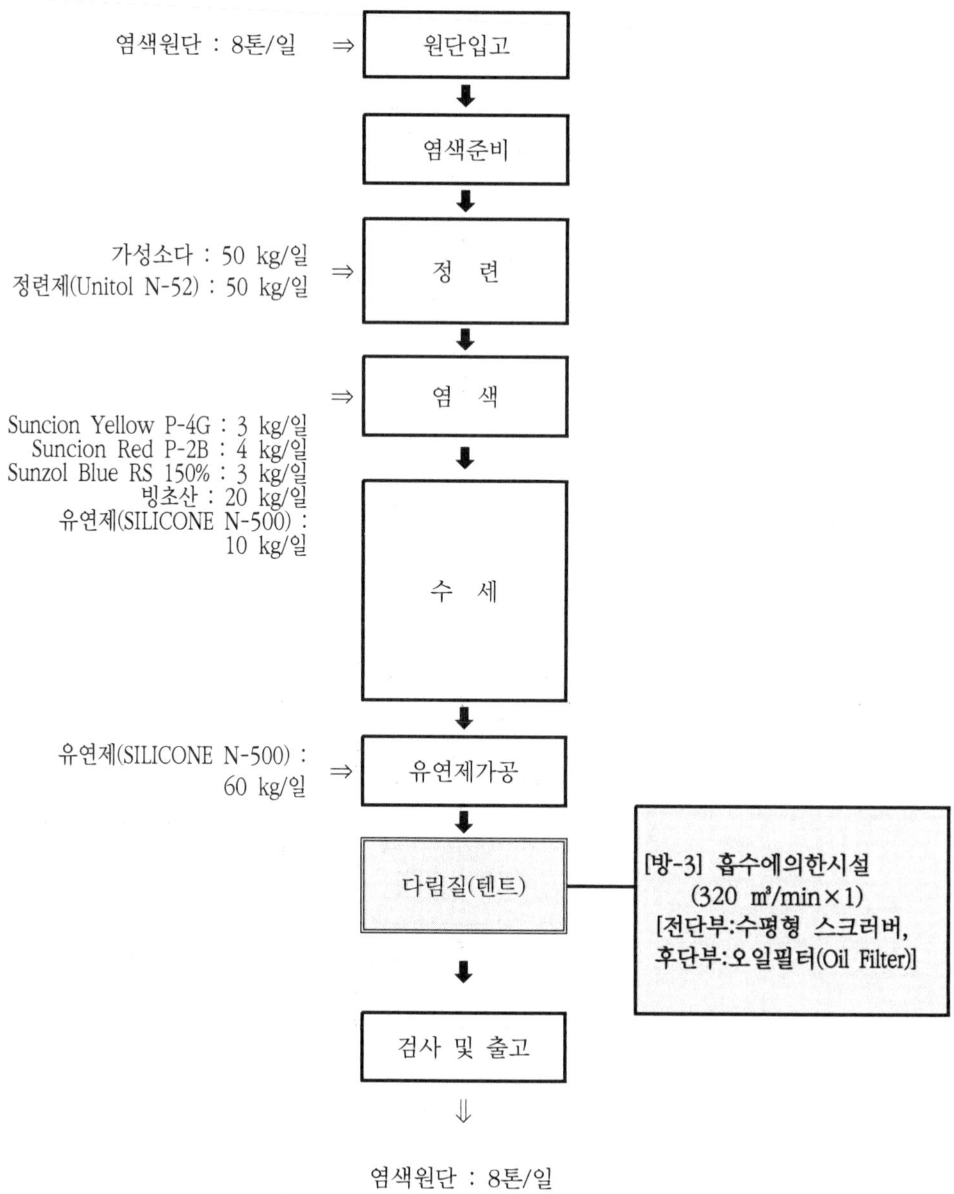

■ 날염공정-허가대상

【변경없음】

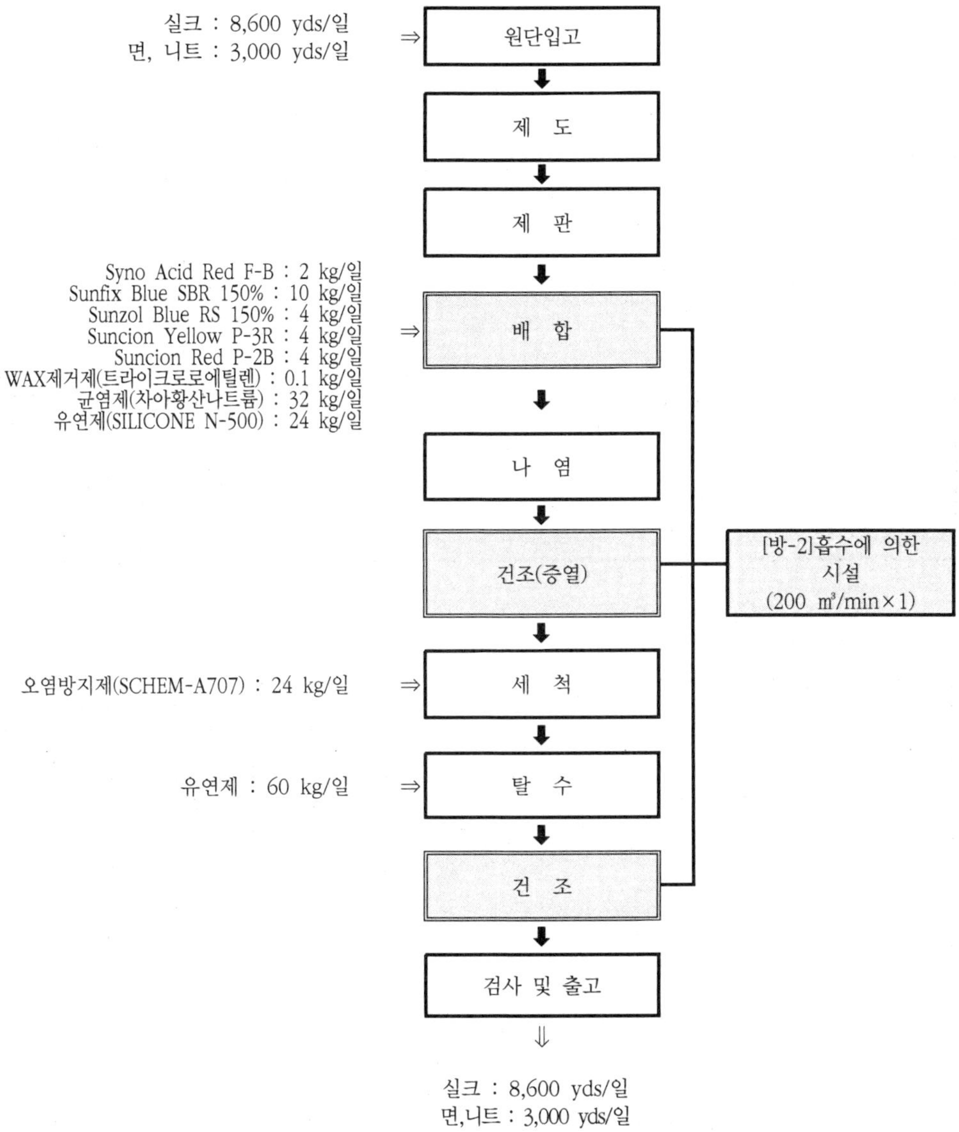

※ WAX 제거제는 밸트위에 날염을 위한 원단의 접지력을 높이기 위해 발라준 WAX가 수회 사용시 WAX의 효능이 저하되어 원단의 접지력이 떨어져 원단의 접지력을 높이고자 WAX를 제거하여 주는 것으로 밸트에서 제거시 100% 휘발되어 건조(증열)시설에서는 발생되지 아니함.

2. 원료사용량 및 제품생산량

2-1. 원료사용량 [변경없음]

(1) 염색공정-신고대상

구 분	원료명		일 사용량(kg)		연간 사용량(kg)	
			최 대	평 균	최 대	평 균
원 재 료	염색원단		8	7.5	2,400	2,250
염 색	염료	Suncion Yellow P-4G	3	2.4	900	240
		Suncion Red P-2B	4	3.2	1,200	960
		Sunzol Blue RS 150%	3	2.4	900	240
	빙 초 산		20	18	6,000	5,400
	가성소다		50	42	15,000	12,600
	정련제(Unitol N-52)		50	42	15,000	12,600
유연제가공	유 연 제		70	50	21,000	15,000

(2) 날염공정-허가대상

구분	원 료 명		일 사용량(kg)		연간 사용량(kg)	
			최 대	평 균	최 대	평 균
배합	염 료	Syno Acid Red F-B	2	1.6	600	480
		Sunfix Blue SBR 150%	10	8	3,000	2,400
		Sunwol Blue RS 150%	4	3.2	1,200	960
		Suncion Yellow P-3R	4	3.2	1,200	960
		Suncion Red P-2B	4	3.2	1,200	960
	유 연 제(SILICONE N-500)		24	20	7,200	6,000
	균 염 제(차아황산나트륨)		32	30	9,600	9,000
나염	WAX제거제(트라이클로로에틸렌)		0.1	0.09	30	27
세척	오염방지제(SCHEM-A707)		24	20	7,200	6,000

2-2. 제품생산량[변경없음]

제품명		단위	일일 생산량		연간 생산량		비 고
			최 대	평 균	최 대	평 균	
신고대상 (염색공정)	염색원단	TON	8	7.5	21,000	15,000	
허가대상 (날염공정)	실크나염	yds	8,600	8,000	2,580,000	2,400,000	
	면, 니트나염	yds	3,000	2,600	900,000	780,000	

2-3. 일일조업시간 및 연간가동일수

일일 조업시간	월 조업시간	년간 조업시간	비 고
16시간/일	25일/월	300일/년	

3. 배출시설별 배출가스량 및 오염물질의 종류, 농도 내역

3-1. 배출시설별 오염물질 산정내역

(1) 다림질(텐트)시설

① 명칭 : 다림질(텐트)시설

② 형식 : Tunnel Type

③ 규격 및 수량 : 3,700 W×2,400 L×1,800 H=160 ㎥

④ 연결 방지시설 : [방-3] 흡수에 의한 시설 (320 ㎥/min×1)

[전단부 : 수평형 스크러버, 후단부 : 오일필터(Oil Filter)]

⑤ 연료 및 동력사용방법 : 열매체에 의한 간접가열

⑥ 용 도 : 다림질

⑦ 운전 및 가동방법 : 유연제 처리된 염색 가공 원단을 약160℃의 텐트시설내를 약 1분간 통과시켜 건조와 동시에 구김을 펴줌

⑧ 배출가스 포집기구(후드) 설계 : 직결배기 FAN용량으로 산정

⑨ 배출가스량 산정내역[기신고서류 참조]

배출가스량 Q(㎥/min) 산정

송풍기풍량

Q(㎥/min) = 직결배기 FAN용량(50 ㎥/min,at 100 ℃)× 직결FAN수량

= 50 m/min×5 = 250 m/min

$$\Rightarrow \text{표준상태가스량} = 250\ \text{㎥/min} \times \frac{273}{(273 + 160)} = 158\ \text{S㎥/min(at 160℃)}$$

⑩ 배출예상오염물질의 종류 및 농도

배출가스량 및 특성	오염물질 종류	농 도	비 고	배출 허용기준	연계 방지시설
250 ㎥/min =158 S㎥/min 온도 : 160℃	먼 지	15.86 mg/S㎥	입자상	100 mg/㎥	[방-3] 흡수에 의한 시설 (320 ㎥/min×1) [전단부 : 수평형 스크러버, 후단부 : 오일필터(Oil Filter)]

▶ 먼지 산정내역 [기신고 서류 참조]

: 먼지-섬유잔털의 일부가 먼지로 배출됨.

- 원단 사용량(일일 가공원단 건조량) : 8,000 kg/day
- 먼지 비산율 : 300 mg/kg(최대 배출 예측치)
- 다림질시설 가동시간 : 16시간/일
- 먼지 발생량(mg/hr)

8,000 kg×300 mg/kg×1일/16 hr = 150,000 mg/hr

$$\text{먼지농도} = \frac{150{,}000\ \text{mg/hr}}{158\ \text{S㎥/min}\times 60} = 15.86\ \text{mg/S㎥}$$

※ 염색된 원단을 수세 후 텐트시설로 유입되므로 정련 및 염색공정에서 사용되는 원료에 의한 오염물질은 텐트시설에서 배출되지 아니함.

[표1] 사용원료 특성

물 질 명		분자식	분자량	CAS No.	함유량(%) 범위	함유량(%) 적용	비중	성상
Sunzol Blue RS 150%	CI. Rdactive Blue 19	$C_{22}H_{15}N_2O_{11}S_3$		2580-78-1	70~80			분말
	Sodium sulfate	Na_2SO_4	142.044	7757-82-6	20~30		2.761	고체
Suncion Yellow P-4G	CI. Reactive Yellow 18	$C_{25}H_{16}ClN_9O_{13}S_4.4Na$	148.12	12226-48-1	50~60			분말
	Sodium sulfate	Na_2SO_4	142.044	7757-82-6	40~50		2.761	고체
Suncion Red P-2B	CI. Reactive Red 24	$C_{27}H_{22}ClN_7O_{10}S_3.3Na$	74.12	71-36-3	50~60			분말
	Sodium sulfate	Na_2SO_4	142.044	7757-82-6	40~50		2.761	고체
정 련 제		-						
Unitol N-52	Poly(ethyleneoxide)tridecylether	$CH_3H_{28}O$	200.36	112-70-9	10~15		0.82	고체
	Polyoxyethylene Lauryl ether	$C_{58}H_{118}O_{24}$	1199.55	9002-92-0	10~15		0.99	액체
	D.I Water	H_2O	18	7732-18-5	70~80		1	액체
유연제 ACE-M Cone	실리콘계고분자	-		71750-79-3	>20			액체
	특수비이온계면활성제	$C_5H_{10}O_2$		9003-11-6	>5		1.02	
	방부제	-		-	<0.5			

3-2. 혼합 후 배출가스량 및 오염물질농도

▣ [방-3] 흡수에 의한 시설(멀티스크러버) 320 ㎥/min × 1
(전단부:수평형스크러버, 후단부:오일필터)(증설)

구분	배출시설	시설별 배출가스		1차 대기방지시설 유입혼합가스 [방-3]흡수에 의한 시설(멀티스크러버) 320㎥/min× 1			
		종류	농도	종류	농도	종류	농도
				<전단부:수평형스크러버>		<후단부:오일필터>	
기존 시설	다림질(텐트) 시설 160 ㎥×1	가 스 량 (표준가스량) 온 도 먼 지	250 ㎥/min (158 S㎥/min) 160℃ 15.86 mg/S㎥	가스량 (표준가스량) 온 도 먼 지	250 ㎥/min (158 S㎥/min) 160℃ 15.86 mg/S㎥	가스량 (표준가스량) 온 도 먼 지	250 ㎥/min (158 S㎥/min) 60℃ 7.93 mg/S㎥

4. 방지시설의 일반도

4-1. [방3]흡수에 의한 시설(멀티스크러버) 320 ㎥/min × 1 - 증설

(1) 명칭 : 흡수에 의한 시설(멀티스크러버) - 320 ㎥/min

(2) 형식 : 멀티스크러버/전단부-수평형스크러버, 후단부-오일필터(Oil Filter)

(3) 방지시설의 효율

연결 배출 시설	오염 물질 종류	처리 전	처리 후				배출허용 기준
			전단부		후단부		
			방지효율	종류	방지 효율	종류	
다림질 시설 160㎥× 1	가스량	250 ㎥/min		250 ㎥/min		250 ㎥/min	
	온 도	160 ℃		60 ℃		60 ℃	
	표준가스량	158 S㎥/min		158 S㎥/min		158 S㎥/min	
	먼 지	15.86 mg/S㎥	50%	7.93 mg/S㎥	70%	2.38 mg/S㎥	100 mg/S㎥

【방지시설처리효율 참고문헌】

- 환경부, “대기오염물질 배출 사업장 종 산정방법 변경에 따른 업무처리지침”, 2004.02.
- Kimre,"Clear Solutions" 6~7 page 1 ㎛입자를 99%이상 제거하고, 오일필터의 유속에 따른 효율을 그래프로 나타냄.

⇒ “대기오염물질 배출 사업장 종 산정방법 변경에 따른 업무처리지침”에는 세정집진시설의 대기오염물질(먼지) 제거효율이 70%이며, Kimre, "Clear Solutions"에서는 99%의 제거효율을 나타내고 있다.

본 설비는 멀티스크러버로 수평형스크러버(전단)와 오일필터(후단)로 인해 처리효율이 기존의 세정집진시설보다는 우수하며, 설비 보증성능을 감안하여 전체 처리효율을 85%로 산정함.

4-2. 멀티스크러버 전단부(수평형스크러버) 설계 : Cross-Flow Scrubber

(1) 설계 및 근거

- 외형규격 : 1,700 W x 3,200 H x 2,800 L
- 본체 재질 : SS 400
- Packing Media : P.P

(2) 본체 설계계산 및 사양

◑ 설계조건

- 설계용량(Q) : 320 ㎥/min
- 처리가스량(Q) : 250 ㎥/min(158 S㎥/min)
- 처리가스온도 : 100℃
- 오염물질의 종류 : 먼지

◑ 본체의 설계 사양

- 탑경(G)의 계산

$$\frac{L'}{V'}\times\left(\frac{\rho G}{\rho L}\right)^{0.5}=\frac{23,040}{38,400}\times\left(\frac{1.2}{1,000}\right)^{0.5}=\underline{\mathbf{0.021}}$$

- L' (세정액유량) : $\frac{320\ m^3}{\min}\times\frac{2\ l}{m^3}\times\frac{60\ \min}{hr}\times\frac{1\ m^3}{1,000\ l}\times\frac{1,000\ kg}{m^3}=38,400\ kg/hr$
- V' (가스유량) : $\frac{320\ m^3}{\min}\times\frac{60\ \min}{hr}\times\frac{1.2\ kg}{m^3}=23,040\ kg/hr$
- ρG(가스밀도) : $1.2\ kg/m^3$
- ρL (세정액밀도) : $1,000\ kg/m^3$

○ G'값의 결정

: 탑직경에서 구해진 값(0.021)을 x축에 의하여 그래프에 의해 y축값(k)을 구하고, 다음 식에 의해 G'값을 구한다.

$$G' = \left(\frac{K \times g \times \rho G \times \rho L}{F(\mu)^{0.2}} \right)^{0.5}$$

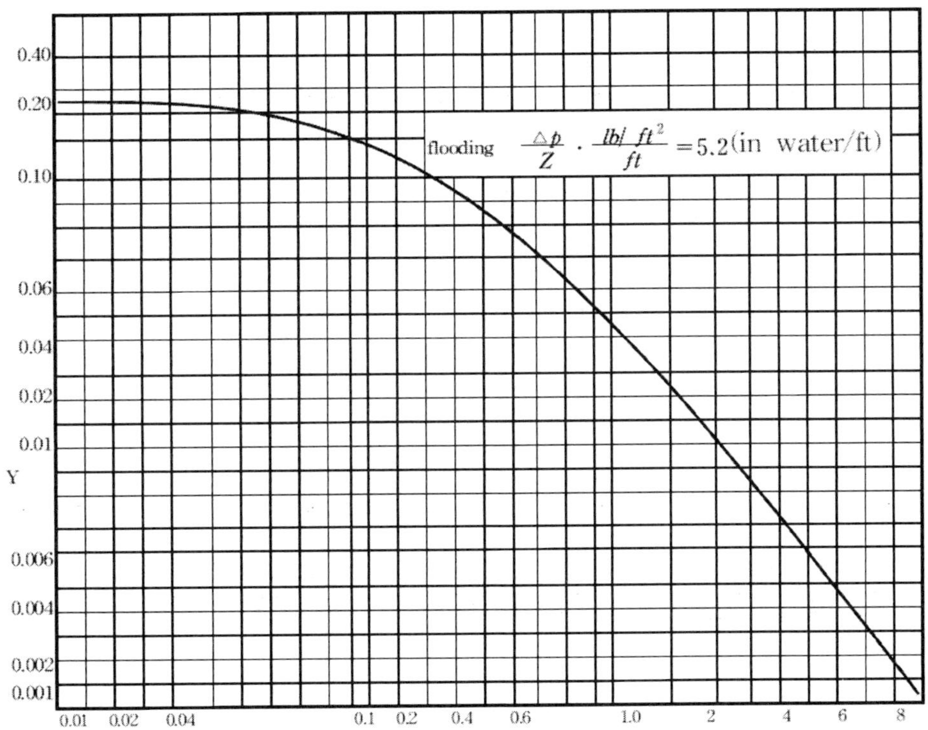

Y축: $\frac{(G')^2 (\mu_L)^{0.2}}{G_C P_G P_L} \cdot \frac{\rho W}{\rho L}$ X축: $\frac{L'}{V'} \sqrt{\frac{P_G}{P_L}}$

[그림 1] 각종 충전재에 따른 기체부하율 압력손실 비교.

$$G' = \left(\frac{0.16 \times 9.8 \times 1.2 \times 1,000}{82\,(0.8904)^{0.2}} \right)^{0.5} = \underline{\mathbf{4.85\ kg/m^2 \cdot sec}}$$

- G' : 탑 단면적의 배출가스량 $(kg/m^2 \cdot \sec)$
- F : 충전재 계수 $(\alpha\epsilon^3)(m^{-1})$ – 아래표(표 2) 참조
- μ : 세정액 점도$(centipoise)$ – 아래표(표 2) 참조

[표 2] 충진재 계수$[F,\ (\alpha\epsilon^3)(m^{-1})]$

충진재	호칭치수(inch)		
	1	1 1/2	2
Raschig ring ceramic	509	312	213
metal 1/32 - in wall	377	-	-
metal 1/16 - in wall	450	269	187
Pall ring(plastic)	171	105	82[주1)]
Pall ring(metal)	157	92	66
Intalox saddles	223	171	131
Beal saddles	361	213	148

주1) Kimre Kon-Tane Structural Packing은 Pall ring(플라스틱) 2inch의 충진재 계수에 준하여 설계함. 공극률(Void fraction) : 약 97%

[표 3] 물의 점도(centipoise, 0℃~100℃)

℃	η(CP)	℃	η(CP)	℃	η(CP)	℃	η(CP)
0	1.787	**26**	0.8705	**52**	0.5290	**78**	0.3638
1	1.728	**27**	0.8513	**53**	0.5204	**79**	0.3592
2	1.671	**28**	0.8327	**54**	0.5121	**80**	0.3547
3	1.618	**29**	0.8148	**55**	0.5040	**81**	0.3503
4	1.567	**30**	0.7975	**56**	0.4961	**82**	0.3460
5	1.519	**31**	0.7808	**57**	0.4884	**83**	0.3418
6	1.472	**32**	0.7647	**58**	0.4809	**84**	0.3377
7	1.428	**33**	0.7491	**59**	0.4736	**85**	0.3337
8	1.380	**34**	0.7340	**60**	0.4665	**86**	0.3297
9	1.346	**35**	0.7194	**61**	0.4596	**87**	0.3259
10	1.307	**36**	0.7052	**62**	0.4528	**88**	0.3221
11	1.271	**37**	0.6915	**63**	0.4462	**89**	0.3184
12	1.235	**38**	0.6783	**64**	0.4398	**90**	0.3147
13	1.202	**39**	0.6654	**65**	0.4335	**91**	0.3111
14	1.169	**40**	0.6529	**66**	0.4273	**92**	0.3076
15	1.139	**41**	0.6408	**67**	0.4213	**93**	0.3042
16	1.109	**42**	0.6291	**68**	0.4155	**94**	0.3008
17	1.081	**43**	0.6178	**69**	0.4098	**95**	0.2975
18	1.053	**44**	0.6067	**70**	0.4042	**96**	0.2942
19	1.057	**45**	0.5960	**71**	0.3987	**97**	0.2911
20	1.002	**46**	0.5856	**72**	0.3934	**98**	0.2879
21	0.9779	**47**	0.5755	**73**	0.3882	**99**	0.2848
22	0.9548	**48**	0.5656	**74**	0.3831	**100**	0.2818
23	0.9325	**49**	0.5561	**75**	0.3781		
24	0.9111	**50**	0.5468	**76**	0.3732		
25	0.8904	**51**	0.5378	**77**	0.3684		

○ G'f 값의 결정

: G값에 익류점(Flooding Point)의 40~80%를 곱하여 G'f 를 결정한다. 익류점의 40~80%를 곱해주는 이유는 익류점에서 탑을 운전할 경우 세정액의 배출가스에 의하여 익류하기 때문에 이것을 방지하기 위한 것임.

$$G'f = G' \times f = 4.8\ kg/m^2 \cdot \sec \times 0.4(40\%) = 1.94\ kg/m^2 \cdot \sec$$

$\because f$: 익류점의 40%

○ 탑단면적의 결정

$$A = \frac{V'}{G'f} = \frac{23{,}040\ kg/hr}{1.94\ kg/m^2 \cdot \sec \times 3{,}600\ \sec/hr} = \underline{\mathbf{3.3\ m^2}}$$

∴ 여유율을 고려하여 3.75㎡(1.5×2.5)으로 설계

○ 공탑속도

$$V = \frac{Q}{A} = \frac{320\ m^3/\min \times 1\ \min/60\sec}{3.75\ m^2} = \underline{\mathbf{1.42\ m/sec}}$$

○ 충전층 높이 산정(Z)

= 총괄전달 단위높이(HOG) × 총괄전달 단위수(NOG)

- 총괄전달 단위높이(HOG) 계산

$$HOG = H_G + m\left(\frac{V'}{L'}\right)^{0.5} \times H_L$$

- H_G : 기상전달단위높이(HTU)
- m : 평형곡선의 기울기 = 0.35
- V' : (가스유량) = 23,040 kg/hr
- L' : (세정액유량) = 38,400 kg/hr
- H_L : 액상전달단위높이(H.T.U)

$$* H_G = \frac{\alpha G}{L} \times \left(\frac{\mu_G}{\rho_G D_G} \right)^{0.5} = \frac{1.237 \times (6{,}144)^{0.41}}{(10{,}240)^{0.45}} \times (1.693)^{0.5} = \underline{\mathbf{0.9\ m}}$$

- α, β, ɣ, ф, η : 충진재 계수 (HI-REX는 RASCHIG RING에 준해서 대입한다.)
- G : 가스의 공탑 질량속도(kg/㎡·hr)

  $$\frac{23{,}040\ \text{kg/hr(V')}}{3.75\ \text{㎡(A)}} = 6{,}144\ \text{kg/㎡·hr}$$

- L : 액체의 공탑 질량속도(kg/㎡·hr)

  $$\frac{38{,}400\ \text{kg/hr(L')}}{3.75\ \text{㎡(A)}} = 10{,}240\ \text{kg/㎡·hr}$$

- $\frac{\mu_G}{\rho_G D_G}$: 가스상의 schmidt number(hydrogen sulfide기준) = 1.693

[표 4] 정수α, β, γ, φ, η 의 값

		H_G추산식(식Ⅶ-4)의 정수					H_L추산식(식Ⅶ-5)의 정수		
	호칭치수 [in]	α	β	γ	적 용 범 위		φ	η	적용범위
					G	L			L
raschig rings	3/8	0.730	0.45	0.47	1,000 ~ 2,500	2,500 ~ 7,500	0.00182	0.46	2,000 ~ 75,000
	1	2.90	0.39	0.58	1,000 ~ 4,000	2,000 ~ 2,500	0.0100	0.22	
		2.64	0.32	0.51	1,000 ~ 3,000	2,500 ~ 22,500			
	1 1/2	8.24	0.38	0.66	1,000 ~ 3,500	2,500 ~ 7,500	0.0111	0.22	
		0.812	0.38	0.40	1,000 ~ 3,500	7,500 ~ 22,500			
	2	1.237	0.41	0.45	1,000 ~ 4,000	2,500 ~ 22,500	0.0125	0.22	
berl saddles	1/2	19.85	0.30	0.74	1,000 ~ 3,500	2,500 ~ 7,500	0.00666	0.28	
		0.225	0.30	0.24	1,000 ~ 3,500	7,500 ~ 22,500			
	1	0.638	0.36	0.40	1,000 ~ 4,000	2,000 ~ 22,500	0.00588	0.28	
	1 1/2	1.90	0.32	0.45	1,000 ~ 5,000	2,000 ~ 22,500	0.00625	0.28	

주1) pall ring에 대해서는 raschig ring에 준하여 사용한다.
주2) α, φ값은 미터단위일 경우 0.3048을 곱하여 준 값을 사용한다.

$$* \ H_L = \Phi\left(\frac{L}{\mu_L}\right)^n \times \left(\frac{\mu_L}{\rho_L D_L}\right)^{0.5} = 0.0125 \times \left(\frac{10,240}{1}\right)^{0.22} \times (588)^{0.5} \times 0.3048 = \underline{\mathbf{0.7\ m}}$$

- $\alpha,\ \beta,\ \gamma,\ \varphi,\ \eta$: 충진재 계수
  (HI-REX는 RASCHIG RING에 준해서 대입한다.)
- L : 액체의 공탑 질량속도(kg/㎡·hr)
  $\frac{38,400\ \text{kg/hr(L')}}{3.75\ \text{m}^2\text{(A)}} = 10240\text{kg/m}^2\cdot\text{hr}$
- $\frac{\mu_L}{\rho_L D_L}$: 액체상의 schmidt number(H_2SO_4기준) = 588

$$\therefore HOG = 0.9 + 0.35 \times \frac{23,040}{38,400} \times 0.7 = \underline{\mathbf{1.05}}$$

- 총괄전달 단위수(NOG) 계산

$$\therefore NOG = \ln\frac{1}{1-\eta(\text{집진효율})} = \ln\frac{1}{1-0.1} = \underline{\mathbf{0.105}}$$

◎ 충전층 높이 산정(Z)

$= HOG \times NOG = 1.05 \times 0.105 = \underline{\mathbf{0.11\ m}}$

수평인 경우, $* \ Z = 0.11m \div 0.7 = \underline{\mathbf{0.16\ m}}$

(Horizontal Cross-Flow Type으로 Counter-Flow Type과 비교하여 약 70% 효율을 적용)

∴ 여유율을 고려하여 180 mm로 설계한다.

※ 충진재 : Kimre Pad (Structural Packing), style 37/97

1700 m × 180 m = 0.31 ㎡

압력손실과 효율은 첨부된 곡선표 참조바람.

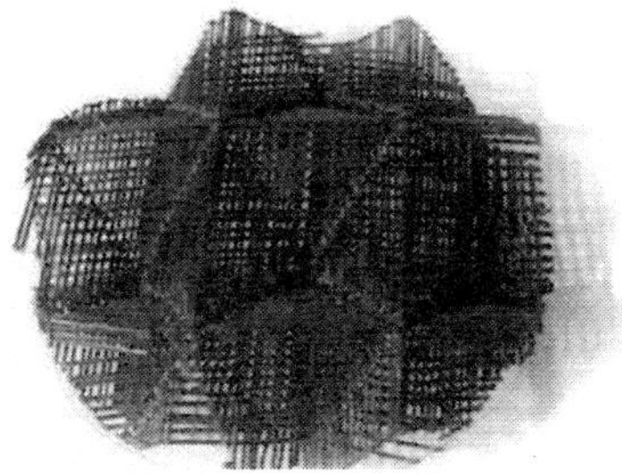

B-GON™ STYLE	PRESSURE DROP mm WATER COLUMN	80% OF FLOODING VELOCITY, m/s
2/96	$P = 0.602xV^2xN$	1.3
4/96,8/96	$P = 0.612xV^2xN$	1.8(4/96), 2.5(8/96)
16/96,16/97	$P = 0.468xV^2xN$	3.6
37/97,37/94	$P = 0.440xV^2xN$	4.3

where V = gas velocity, m/s and N = Number of layers.

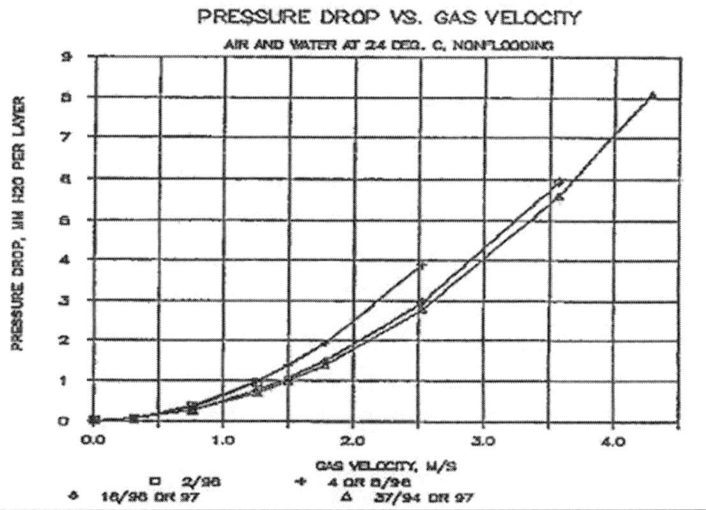

※ 충전탑(Wet Scrubber)의 구성

- 1차 (Cooling Stage) : Scrubber로 유입된 고온의 Gas를 세정수를 이용하여 냉각시켜 60 ℃로 감온 시킨다.
- 2차 (Scrubbing Stage) : 냉각된 가스중의 비교적 큰 Oil 입자를 Kimre KON-TANE Media를 이용하여 제거한다.

◑ 부대시설

○ 세정펌프 사양

- 형식 : 원심력 수평형
- 재질 : SS400
- 구경 : 80 A
- 토출수두 : 15 mH

○ 물분무량 : 320 ㎥/min× 2 ℓ/㎥× 10-3 ㎥/ℓ = 0.64 ㎥/min

○ 동력

$$= \frac{r \times Q \times H}{75 \times \eta} \times \alpha = \frac{1,000 \times 0.013 \times 15}{75 \times 0.65} \times 1.2 = 4.8 \text{ HP}$$

- r : 물의 비중(1,000 kg/㎥)
- H : 양정(15 m)
- Q : 유량(0.75 ㎥/분=0.013 ㎥/sec)
- η : 효율(65%)
- α : 여유율(1.2)

∴ 0.64 ㎥/min × 7.5 HP × 2대

○ Spray nozzle

- 유량 : 54.9 ℓ/min · EA
- 분사각 : 90°
- NOZZLE 의 갯수(N) : 세정수량/1EA 당 분무량 × (여유율)
- 세정수량 : 0.64 ㎥/min(= 640 ℓ/min)
- 재질 : SUS 304 or SUS 316 L

$$N = \frac{640\ l/\mathrm{min}}{54.9\ l/\mathrm{min} \cdot \mathrm{EA}} = 11.6\ \mathrm{EA},\ \underline{\therefore \mathbf{N = 12\ EA}}$$

○ 세정수 산정

- 물분무량 : 0.64 ㎥/min
- 세정수 산정 : 0.64 ㎥/min×60 min/hr = 38.4 ㎥/hr
- 세정수 처리방법 : TANK(1900 L×1700 W×1000 H)의 80% 용수를 채워 사용하며 세정수는 세정탑에서 계속 순환하여 사용하고 일일 1회 20%씩 교체배출시킴.
- 폐수량 산정 : 3.23 ㎥×0.8(80%) = 2.58 ㎥/day, OVER FLOW량=0.5 ㎥/일
  일일최대 폐수배출량은
  2.58 ㎥/day×0.2≒0.5 ㎥/day+0.5 ㎥/day=1 ㎥/day

4-3. 멀티스크러버 후단부(오일필터) 설계 : Oil-Filter

(1) 명칭 : 오일필터(Oil Filter)

(2) 형식 : Single-L형

(3) 설계 및 근거

- 외형규격 : 2,532 W × 3,362 L × 4,400 H
- 본체 재질 : SS400
- Packing Media : P.P+F/Glass Mat, Pre-Filter : P.P

(4) 본체 설계계산 및 사양

◑ 설계조건

○ 설계용량(Q) : 320 ㎥/min

○ 여과속도(V) : 7 m/min~7.8 m/min

○ 여과면적(A) :

$$A = \frac{Q}{V} = \frac{320\ m^3/\text{min}}{7\ m/\text{min} \sim 7.8\ m/\text{min}} = 45.7\ m^2 \sim 41.0\ m^2$$

◑ 필터의 소요수량 설계사양

○ Oil-Filter의 규격

- Ø600×2,400 L

- 단위여과 면적(S) : $\pi DL = 3.14 \times 0.6 \times 2.4 = 4.52\ m^2$

○ Oil-Filter의 수량계산

$$N = \frac{\text{여과면적}(A)}{\text{단위여과면적}(S)} = \frac{45.7\ m^2 \sim 41.0\ m^2}{4.52\ m^2/\text{EA}} = 10.1 \sim 9\ \text{EA}$$

※ Oil-Filter의 설치배열 : Oil 특성치를 고려하여 여유분을 충분하게 함.

(**4열 x 3 EA/열 = 12 EA 설치**)

4-4. 멀티스크러버 압력손실 산정 : △P

압력손실 산정 : $Sc(P_V) + Coalescing\,Filter(P_0) + \text{직관}(P_i) + \text{곡관}(P_c)$

(1) Sc 압력손실(Pv=50 mmAq)

$$P_V = 0.44 \times V^2 \times N = 0.44 \times 4.3^2 \times 6 = 48.81,\ \therefore P_V = \underline{50\ \text{mmAq}}$$

(2) Coalescing Filter 압력손실(Po=177 mmAq)

$$P_o = \Delta PO + \Delta Pb = 11 + 166 = \underline{\mathbf{177\ mmAq}}$$

$$-\Delta PO = \text{여포저항계수} \times \text{점성계수} \times \text{여과속도} \div \text{중력가속도}$$

- 여포저항계수 : 5×10^{7}(ℓ/m)
- 점성계수 : 1.8×10^{-5}(kg/m·sec)
- 여과속도 : 0.12 m/sec
- 중력가속도 : 9.8 m/sec^2

$$\therefore \Delta PO = 5\times10^{7}\times1.8\times10^{-5}\times0.12\div9.8 = \underline{11\ \mathrm{mmAq}}$$

$$-\Delta Pb = 180\times\frac{U\times V_f\times L}{dP^2}\times\frac{(1-\epsilon)^2}{\epsilon^3}$$

- U : 점성계수(1.8×10^{-5} kg/m·sec)
- V_f : 여과속도(0.12 m/sec)
- L : 퇴적층의 높이(5×10^{-3} m)
- dP : 입자경(1.2×10^{-5} m)
- ϵ : 공극률(0.74)

$$\therefore \Delta Pb = 180\times\frac{1.8\times10^{-5}\times0.12\times0.0005}{(1.2\times10^{-5})^2}\times\frac{(1-0.74)^2}{0.74^3} = \underline{166\ \mathrm{mmAq}}$$

(3) 직관에 의한 압력손실 (Pi=9.44 mmAq≒10 mmAq)

$$P_i = f \times \frac{L}{D} \times \frac{rV^2}{2g} \Rightarrow 2.6 + 1.6 + 5.24 = \underline{\mathbf{9.44\ mmAq}}$$

- f : 마찰계수(0.019)
- L : 관의 길이(m)
- D : 관의 직경(m)
- g : 중력가속도(9.8 m/sec^2)
- r : 공기의 밀도(1.2 kg/m^3)
- V : 유속(15 m/sec)

$$- \Phi 300, 3\ m = 0.019 \times \frac{3}{0.3} \times \frac{1.2 \times 15^2}{2 \times 9.8} = \underline{2.6\ mmAq}$$

$$- \Phi 500, 3\ m = 0.019 \times \frac{15}{0.5} \times \frac{1.2 \times 15^2}{2 \times 9.8} = \underline{1.6\ mmAq}$$

$$- \Phi 750, 3\ m = 0.019 \times \frac{10}{0.75} \times \frac{1.2 \times 15^2}{2 \times 9.8} = \underline{5.24\ mmAq}$$

(4) 곡관에 의한 압력손실 (Pc=26 mmAq)

$$\Delta P2-2 = \mathfrak{I} \times \frac{rV^2}{2g} \times N$$

(R/D=2, $\mathfrak{I}$=0.27, N=7 EA)

$$\Delta P2-2 = 0.27 \times \frac{1.2 \times 15^2}{2 \times 9.8} \times 7 \fallingdotseq \underline{\mathbf{26\ mmAq}}$$

(5) 총 압력손실

<u>∴ △Pt = 50 mmAq+177 mmAq+10 mmAq+26 mmAq=263 mmAq</u>

(※ 설계조건시 손실율 및 향후 Oil-Filter(반영구적)의 압력증가에 따른 손실을 고려하여, <u>350 mmAq</u>로 설계함.)

4-5. 송풍기 선정

① 형식 : TURBO FAN

② 용량 : 320 ㎥/min

③ 압력손실(△P) : 350 mmAq

④ 효율(η) : 80%

⑤ 여유율(α) : 20%

⑥ 동력(HP) 산정

$$HP = \frac{Q \times \Delta P}{60 \times 75 \times \eta} \times \alpha$$

$$= \frac{320 \times 350}{60 \times 75 \times 0.8} \times 1.2 = 37.33\ HP$$

∴ **<u>50 HP</u>** 로 선정.(여유율 고려)

<u>∴ 송풍기는 320 ㎥/min x 350 mmAq x 50 HP x 1SET으로 가동.</u>

5. 방지시설 연간 유지관리계획서

5-1. 방지시설 운영비

구 분		내역	금액(원/년)	산출근거
흡수에의 한시설 (멀티스크러버)	전단부 수평형 스크러버	유지관리비용	4,747,240	① 전력비 - (7.5HP)x(75/102)kWx16시간/일x300일/년x60원/kW : 1,588,240원/년 ② 용수사용량 - 1㎥/일x300일/년x 530원: 159,000원/년 ③ 세정수 폐수 처리비용 - 1㎥/일x300일/년x 10,000원: 3,000,000원/년
	후단부 오일필터	유지관리비용	10,870,590	① 오일필터교체비(반영구적):10년이상사용 ② Liner교체비 - 12EAx100,000원/EAx2회/년: 2,400,000원/년 ③ 전력비(배기휀) - (40HPx1)x(75/102)kWx16시간/일x300일/년x60원/kW : 8,470,590원/년
합계			15,617,830	

5-2. 유지관리계획서

1) 공통적으로 고려하여야 할 사항

(1) 연간 유지관리계획

분진이나 배출가스의 성상은 그 오염물질 배출시설의 종류, 구조, 원재료 및 연료의 종류와 혼합화, 또는 연소방법이나 기타 조업조건 등에 따라 현저하게 변화하기 때문에 일정한 기능을 보유한 방지시설도 Input 조건에 따라 소정의 성능을 발휘하지 못하는 경우가 발생한다. 또한 설계상으로는 완전한 방지시설을 설치했어도 장치의 결함이나 운전의 미흡, 유지관리 등의 잘못으로 기대만큼의 효과를 내지 못하는 경우도 있다. 따라서 방지시설의 효율적인 운영과 유지관리를 위해서는 체계적인 점검과 유지관리 지침을 마련하여 이를 시행해나가야 한다.

일반적으로 대기오염방지시설은 장치의 본체, 송풍기, 회분처리 및 수송장치, CO 가스 산화장치 및 방재장치, 가스냉각장치, 가스의 조습 또는 조절장치, 집연설비, 각종 계측기, 제어장치 등으로 구성된다. 방지시설을 운전함에 있어서 최우선적으로 고려해야할 사항은 안전대책과 방재대책으로 안전과 방재가 확인되고 난 다음에 방지시설의 조작을 시작해야 한다.

(2) 악취방지계획 관리 매뉴얼

- 후드, 닥트, 방지시설등의 외관의 이상유무를 확인한다.
- Main 전원의 Voltage 를 확인한다.
- 송풍기의 결선 및 회전방향을 확인한다.
- 송풍기, 전동기, 계전장치들의 회전부 주유상태와 기밀상태를 점검한다.
- 전동기는 처리배기량으로 설계되었으므로 시동시에 배기비중이 크므로 전동기에 과부하가 걸릴 때가 많으므로 각 부분의 댐퍼를 조절하면서 풍량을 조절한다.
- 순환수 저장탱크의 순환수량을 확인한다.
- 펌프의 흡입 및 토출밸브의 열림상태를 점검한다.

항 목	점 검 사 항
(1) Control Panel	(가) Main 전원 Lamp가 점등되어 있는가? (나) 전압에 맞추어 Trans의 단자결속은 맞는가? (다) Fuse에 이상은 없는가?
(2) Packed Tower	(가) 순환펌프는 작동하는가? (나) Spray Nozzle의 폐색은 없는가? (다) 순환수조의 물량은 적당한가? (라) 본체에 누수부위는 없는가?
(3) 송 풍 기	(가) 전원결선 상태는 알맞은가? (나) 송풍기 회전상태는 양호한가?
(4) 기계적인 사항	(가) 각 주유부의 주유상태는 적절한가? (나) 각 닥트의 댐퍼는 Open되어 있는가? (다) 각 구동부주위에 위험물의 적재 혹은 협착물이 끼어있지 않은가?
(5) 기타사항	(가) 각 시설의 외관상 이상이 없는가?

【운전시】

(1) 무부하 운전 및 정지

: 각 기기별 점검 및 조치가 완료되었으면 닥트의 댐퍼가 닫혔는가를 확인하고 설비 전체를 무부하 운전한다.

- 순환펌프를 가동(ON)시킨다.
- 배기 송풍기를 가동(ON)시킨다.
- 댐퍼를 서서히 열어서 배기가스를 흡입시킨다.
- 후렉시블 닥트등 진동에 의한 누출이 없는지 점검한다.
- 30~60분 정도 무부하 시운전을 한다.

  이상 발생시 즉시가동을 중지시키고 책임자에게 보고하여 보완조치토록 한다.

- 이상이 없으면 다음 순서로 시운전을 마친다.
  . 배기 송풍기의 전원을 차단(OFF)한다.
  . 배기 송풍기의 입구 댐퍼를 닫는다.

(2) 부하운전

- 배기 송풍기를 가동(ON)한다.
- Main Damper를 서서히 Open 한다.
- 전체상태를 확인 후 2 ~3시간 정상가동한다.

【정지시】

- 배기 송풍기의 전원을 차단(OFF)한다.
- 댐퍼를 닫는다.
- 배기가스 중에는 부식가스가 공존할 때가 많으므로 정지할 때에는 적어도 신선한 공기로 10~15분 이상 가동하여 배기가스를 완전히 치환시킨다.
- 송풍기 등 각종 전동기의 정지 및 접지를 확인하고 본체, 연도 등의 분진 고착이나 폐쇄여부를 점검하며 장기간 정지할 경우에는 분진 및 순환수를 청소해 놓는다. 맨홀 등의 Packing도 교체하는 것이 바람직하다.

【Control Panel 조작】

(1) 송풍기(Fan)조작

송풍기를 가동시키고자 할 때에는 Push Button Switch를 누르기만 하면 가동된다.

(2) 펌프(Pump)조작

펌프를 가동시키고자 할 때에는 Push Button Switch를 누르기만 하면 가동된다.

(3) 과부하시 판넬조작

- 가동중인 모타가 과부하 발생으로 Motor Trip이 발생할 경우에는 다음 조치를 취한다.

- 과부하로 모타가 Trip되면 해당 판넬의 Overload Lamp(노랑)가 점등된다.
- 과부하 발생 원인을 확인하여 제거시키고, 판넬내면의 Eocr을 Reset시키면 Overload Lamp가 소등된다.
- 정상운전을 한다.

【유지 및 관리】

성능유지를 위한 일반적인 사항은 다음과 같다.

(1) 점검

- 전류계의 지침위치를 확인한다.
- 송풍기의 전동모타의 벨트전장 및 마모상태를 확인한다.
- 송풍기를 손으로 돌려보아 쉽게 돌아가는지 및 내부에 이물질이 들어가지 않았는지 확인한다.
- 송풍기 관로내에 댐퍼가 설치되어 있을 때는 조정위치가 변경되지 않았는지 확인한다.
- 송풍기의 전압 변동유무를 확인한다.
- 흡인관단의 상태를 계속 확인하여 이물질이 들어가지 않았는지 확인한다.
- 닥트 연결부의 Flange 부분의 기밀상태를 점검한다.
- 점검구의 Packing 상태를 점검한다.
- Casing의 제장치 및 외관을 점검한다.
- 닥트 내부의 부식 및 전체상태를 점검한다.
- 각 구동부 Bearing의 급유상태를 점검한다.

(2) 정비사항

항 목	정비주기	정 비 내 용
(가) Fan Bearing	3개월	- Bearing 소손여부 및 Oil 주입
(나) Fan Belt	매월	- Belt 마모여부 및 Tension 조정
(다) 충진물/DEMISTER	1년	- 충진물 점검, DEMISTER 상태 확인

(3) 성능저하시의 대책 및 조치사항

고 장 상 태	원 인	정 비 내 용
① 가스흡입 불량	。송풍기 정지 。송풍기 벨트 이완 。댐퍼궤도 불량 。닥트의 막힘 。외기 흡입	- 휴즈, 마그네트 점검 및 교체 - 장력점검 및 교체 - 점검 조절 - 청소하여 이물질 제거 - 후드 및 닥트의 누설부 보완
② 이상전류	。V-벨트가 늘어났을 때 。임펠라 내부에 이물질이 있을 때 。송풍기자체의 이상 。송풍기 흡입구기류의 배관상태가 나빠 난류가 될 때	- V-벨트 점검 및 교체 - 이물질 제거 - 송풍기 점검 조치 - 배관상태 조정
③ 진동발생	。임펠라의 불균형 。기초가 약하거나 기초 Bolt가 풀렸을 때 。임펠라에 이물질이 끼었을 때 。Casing에 물이 들어 갔을 경우 。송풍기 Surging 현상 。Bearing에 이상이 있거나 축심이 불일치	- Balance를 점검 및 조절 - 기초를 강화 또는 Bolt 조정 - 청소하여 이물질 제거 - 청소하여 물기 제거 - Bearing 및 축심점검 - Bearing 및 축심점검
④ Beaing의 파열	。V-벨트의 장력이 과다 。윤활유가 초과하거나 적을 때 。Bering Housing과 Bearing과의 압박 。Bearing의 이상 。Oil Seal을 잘못 조립 하였을 경우 。Bearing의 축심 불일치	- V-벨트 장력조절 또는 교체 - 윤활유 조절 - Bearing Housing 조절 - Bearing 의 점검 및 교체 - Oil Seal 재조립 - 축심조정
⑤ 본체의 변형 및 파손	。제작상태 불량 。흡입가스량 과대흡입 。열변형 및 압손 과대 。기타 노후화	- 보완·교체 - 적정량 흡입 - 보완·교체·적정압손 - 교체
⑥ FILTER-BAG의 파손	。DUST에 의한 마모 。인접한 배그와의 마찰 。CASING과의 마찰 。DUST의 과잉투과 。기타 배그의 부식등	- 교체 - 교체 - 교체 - 교체 - 교체

⑦ DUST 반출장치 고장	。ROTARY DAMPER의 불량 。HOPPER 하부의 DUST 막힘 。DUST의 절착에 의한 부착 。반출 슈트의 폐쇄 。DUST BOX의 불량	- 수리.교체 - 수리 (DUST 제거) - 수리 (DUST 제거) - 수리 - 수리
⑧ 차압의 이상원인	。변황댐퍼의 작동불량 。FILTER-BAG의 막힘 。풍량과대 。누수에 의한 배그의 적음 。HOPPER내 DUST의 과량 유착	- 수리.교체 - 교환 - 댐퍼의 조정 - 수리.교환 - 수리 (DUST 제거)

■ 대기환경보전법 시행규칙 [별지 제5호서식] <개정 2012.7.4>

배출시설 및 방지시설 가동개시 신고서

접수번호	접수일	처리일	처리기간 즉시

허가(신고)번호 제 공단 호

신청인	상호(사업장 명칭) :	
	성명(대표자) :	생년월일
	전화번호 :	휴대전화번호 :
	주소 :	
	사업장 소재지 :	전화번호 :
	업종 : **직물 및 편조원단 염색 가공업(13402)** **날염가공업(13403)**	주 생산품 : **염색원단**

가동개시	가동개시 예정일 : 2014년 월 일
	설치명세 :

측정기기 부착완료	측정기기 부착완료일		년 월 일				
	확인 및 통합시험 가능일(예정일)		년 월 일				
	부착 내역	굴뚝번호	측정항목	측정기 모델명	측정방법	제조사	내역

「대기환경보전법」 제30조 및 제32조와 같은 법 시행규칙 제34조제1항에 따라 배출시설 또는 방지시설의 설치 또는 변경과 측정기기의 신규부착을 완료하였기에 보고합니다.

2014 년 월 일

신고인 (서명 또는 인)

경 기 도 지 사 귀하

첨부서류	배출시설 설치허가증 또는 배출시설 설치신고증명서 원본	수수료 없음

처리절차								
신고서 작성	→	접 수	→	검 토	→	결 재	→	통 보
신고인		민원실		특별시·광역시·도·특별자치도 (대기배출시설 담당부서)				

210mm×297mm[백상지 80g/㎡]

【플랜트 설계도면】 : 공장배치도

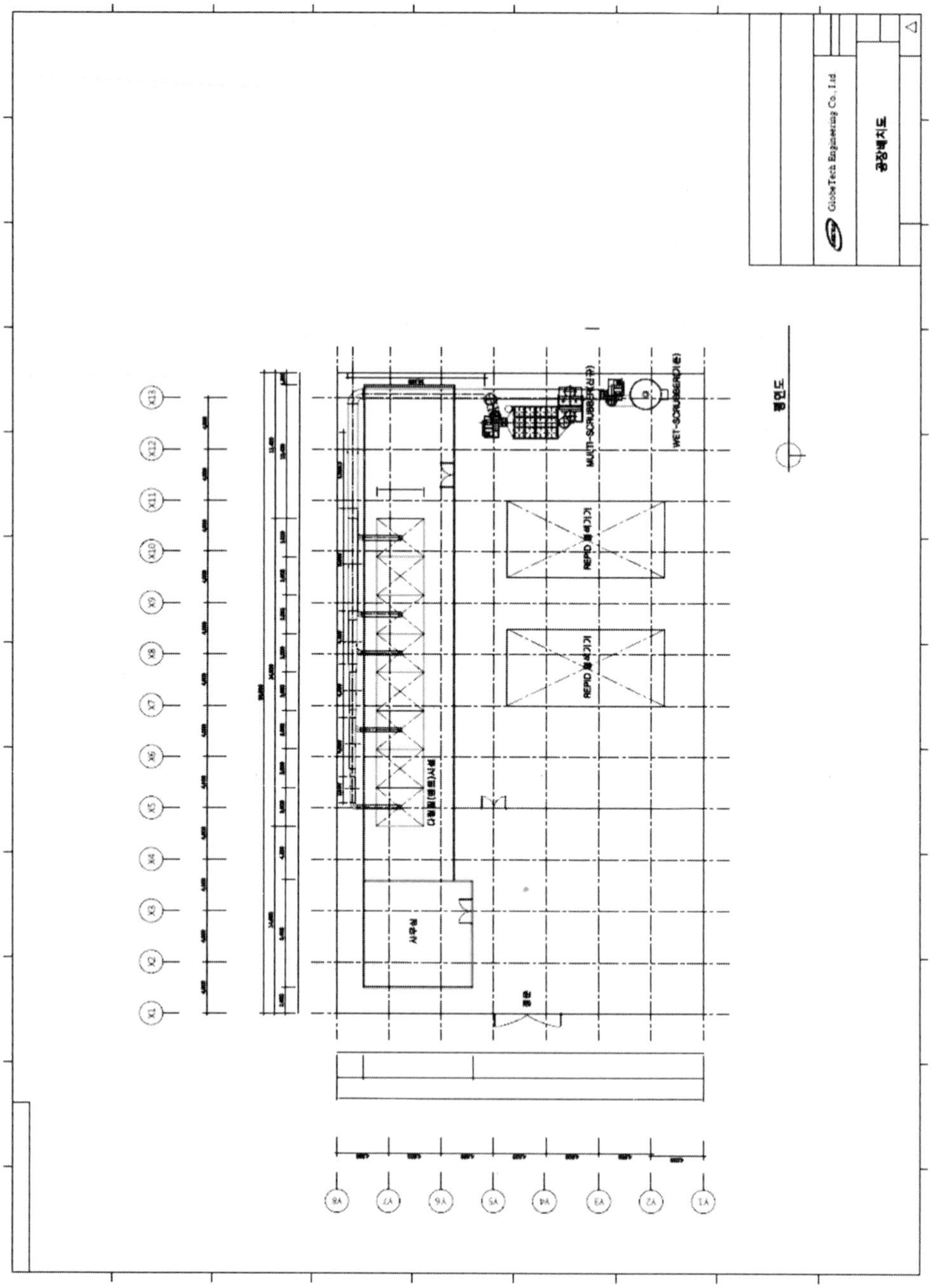

【플랜트 설계도면】 : 개요도

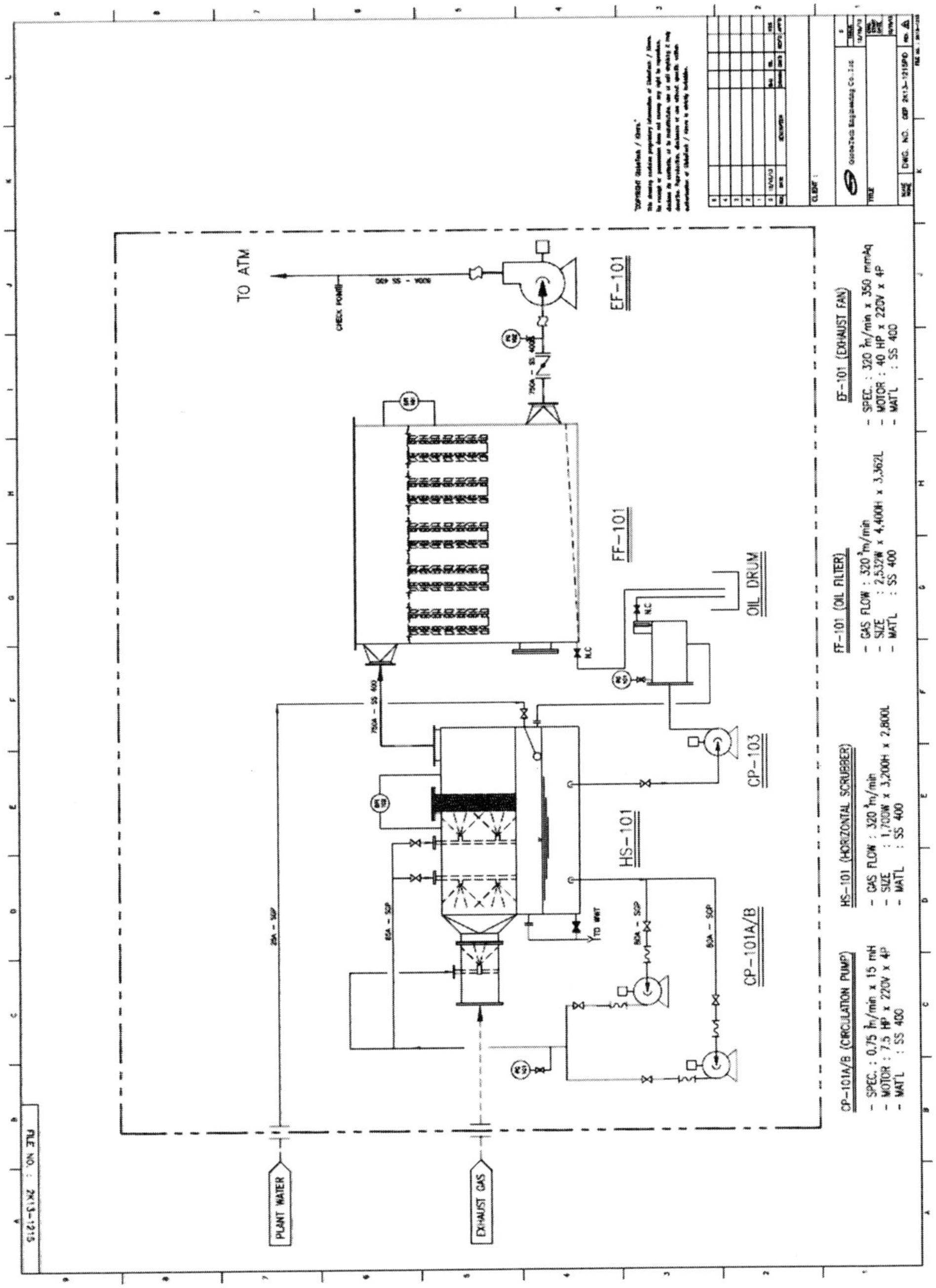
TO ATM
EF-101
FF-101
OIL DRUM
CP-103
HS-101
CP-101A/B
PLANT WATER
EXHAUST GAS
EF-101 (EXHAUST FAN)
- SPEC. : 320 m³/min x 350 mmAq
- MOTOR : 40 HP x 220V x 4P
- MAT'L : SS 400
FF-101 (OIL FILTER)
- GAS FLOW : 320 m³/min
- SIZE : 2,532W x 4,400H x 3,362L
- MAT'L : SS 400
HS-101 (HORIZONTAL SCRUBBER)
- GAS FLOW : 320 m³/min
- SIZE : 1,700W x 3,200H x 2,800L
- MAT'L : SS 400
CP-101A/B (CIRCULATION PUMP)
- SPEC. : 0.75 m³/min x 15 mH
- MOTOR : 7.5 HP x 220V x 4P
- MAT'L : SS 400

【플랜트 설계도면】 : 수평형스크러버

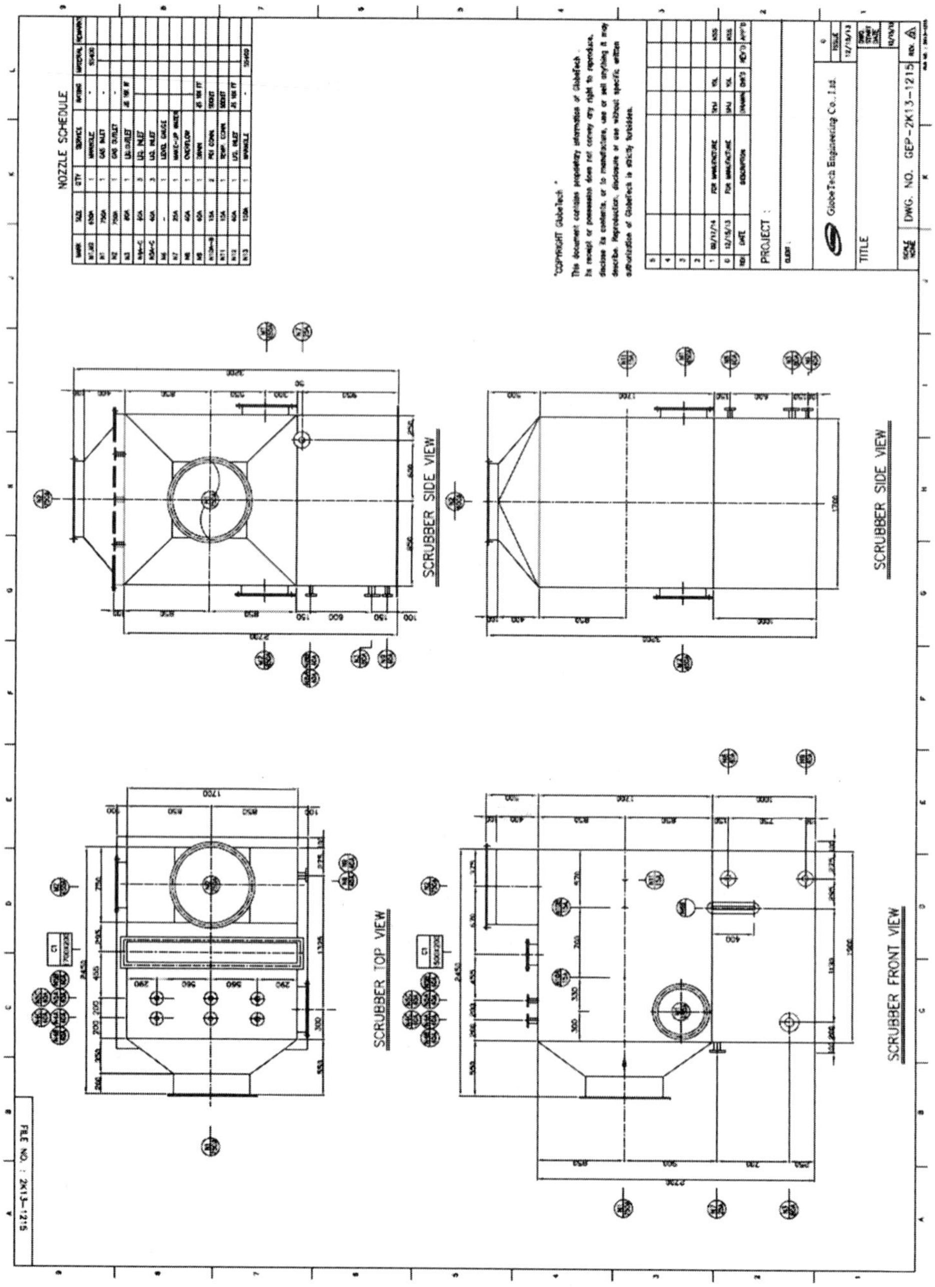

【플랜트 설계도면】 : 오일필터

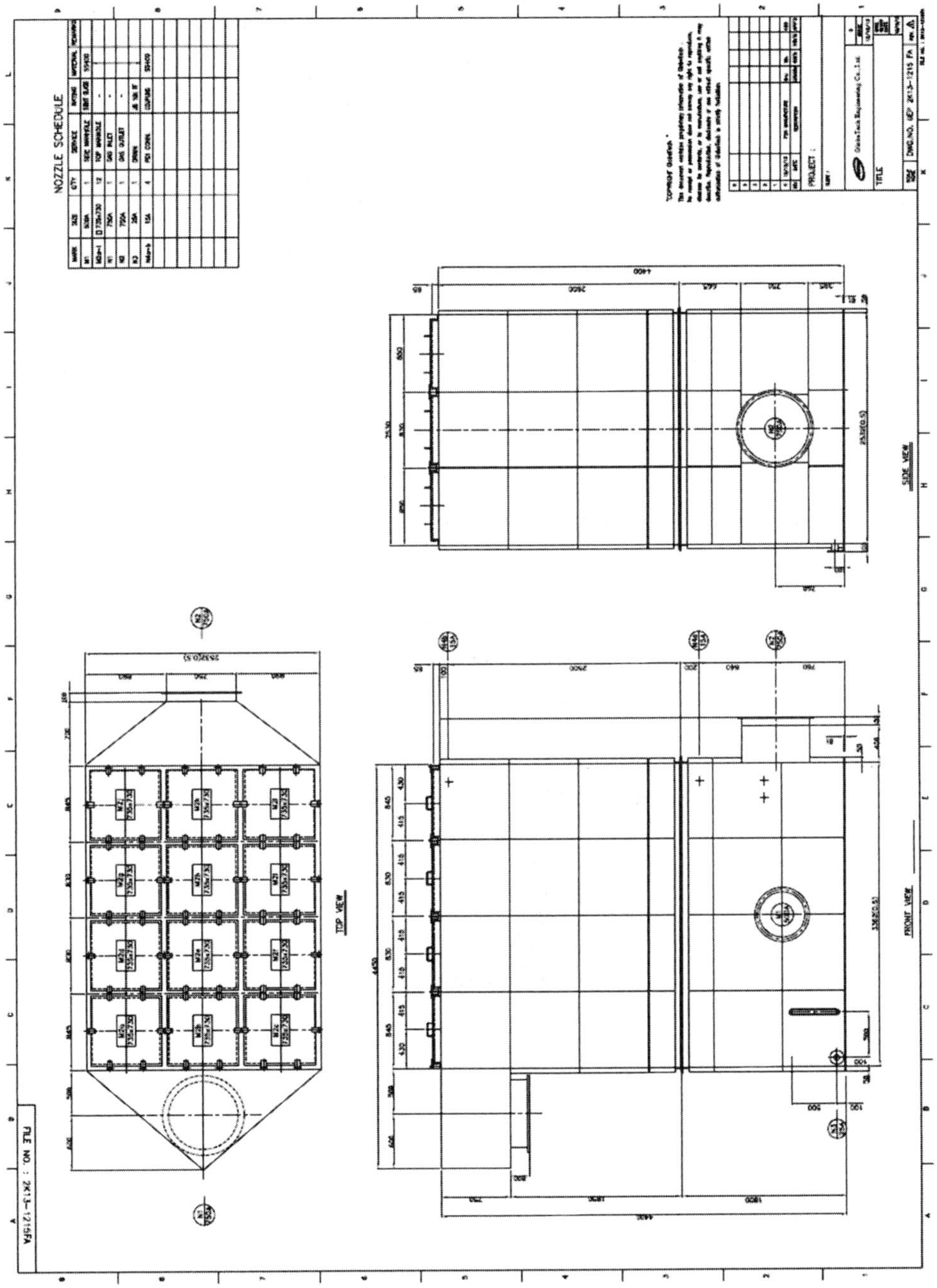

【플랜트 설계도면】 : 방지시설 배치도

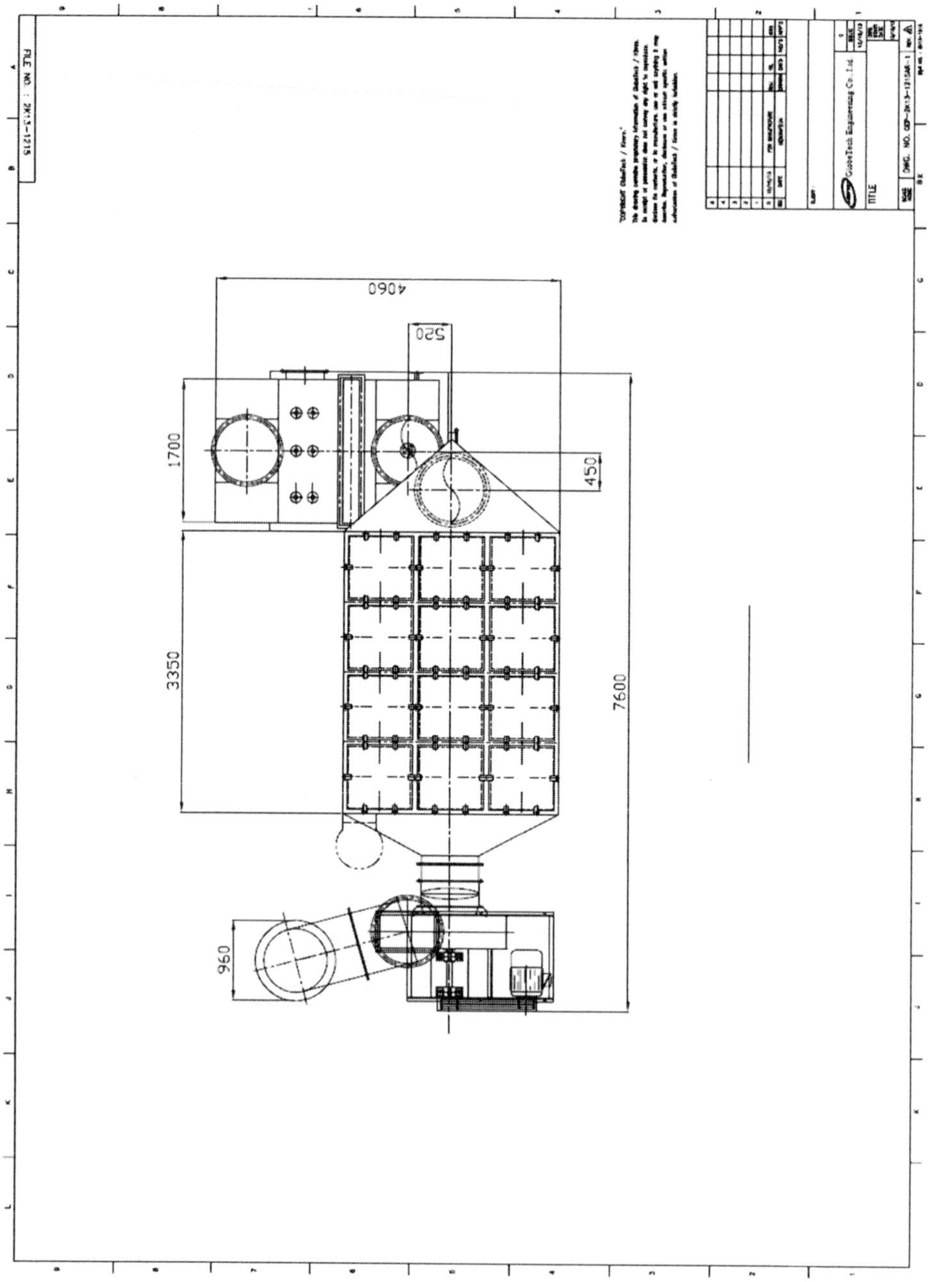

【플랜트 설계도면】 : 설치도

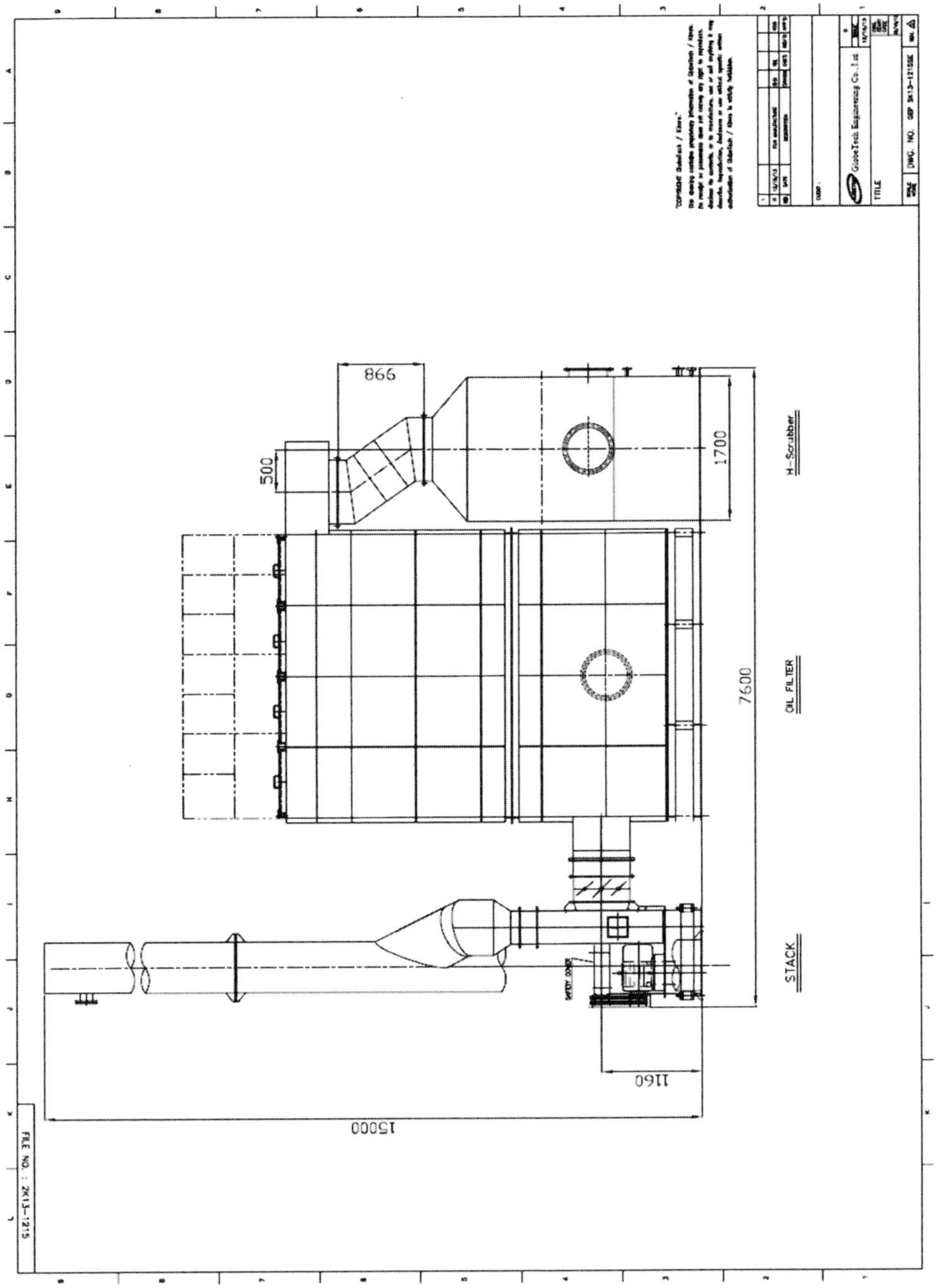
H-Scrubber
OIL FILTER
STACK
866
500
1700
7600
1160
15000
FILE NO. : 2K13-1215

8. 통합환경관리

8.1 추진배경
8.2 통합환경관리제도 주요내용
8.3 추진일정
8.4 통합허가 절차

8.1 추진배경

○ 배출시설 등의 허가·관리 방식을 과학적·기술적 체계로 근본적으로 개선, 다수의 환경인허가를 하나로 통합·간소화하고, 산업계 참여를 통한 최상가용기법(BAT; Best Available Techniques) 선정·적용

○ 중복규제, 획일적 규제 등 고비용·저효율 구조를 극복하고, 사업장 여건에 맞는 맞춤형 환경관리체계를 구축하여 효과적 환경개선과 산업 생산성 제고 도모

○ 허가 건수만 많고 실질적인 사업장별 기술검토 수준은 낮은 '하자있는 허가' 양산

○ 대기, 수질, 폐기물 등 오염매체별로 분산된 현행 허가제도 문제점을 합리적으로 개선하기 위하여 EU BAT 기술기반의 『통합환경관리제』 도입을 추진 중

○ 통합환경관리제 추진에 따른 국내 도입 타당성 검증 및 효과 분석을 위한 3개업종(7개시설)에 대하여 시범 연구사업을 추진

· 연구사업명 : 통합환경관리제도 도입검증 및 효과분석 시범사업
· 수행기관 : KEI(총괄)·KECO·KEITI·KICA 등 공동수행('13.7~'13.12)
· 연구내용 : EU BAT 기반 통합환경관리제도 분석, 국내 적용시 타당성 검증, 시범업종 비용/편익 분석, 통합허가절차 설정, BREF 작성 등
· 대상시설(업종) : 열병합발전시설(3개소), 폐기물소각시설(2), 화학업종(2개소)

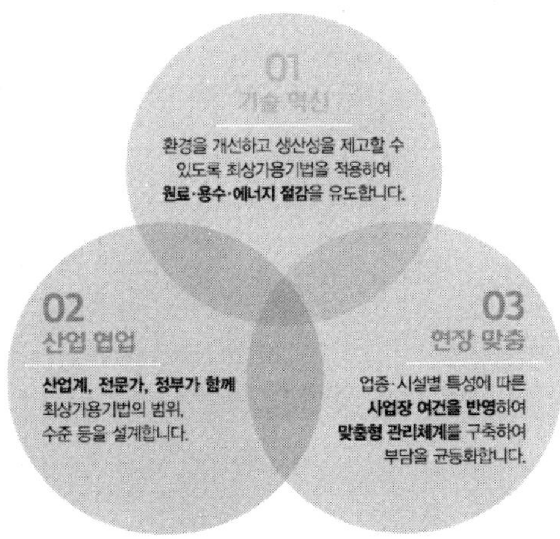

[그림 8.1] 3대 기본원칙

8.2 통합환경관리제도 주요내용

8.2.1 통합법령 제정

○ (통합법령) 「(가칭)환경오염시설 통합관리에 관한법률」 제정

- 9개법 매체(11개)별 분산된 허가 → 1개 통합허가체계로 전환

○ (통합관리 대상) 매체별 발생량, 화학물질 배출량 등을 총체적으로 고려하여 통합허가 대상업종 및 사업장 규모(시설규모)를 설정

○ (통합허가 방안) 허가시 검토사항, 허가절차, 관련기관 역할, 허가 유효기간 등 통합허가 법령(안) 마련

※ 통합허가 신청서 및 허가증 양식, 제출서류 범위, 작성지침 마련

- 지역 환경용량 및 특성 등을 감안, 허가에 따른 지역 환경영향 고려
- 주기적 허가사항, 허가조건 재검토 시스템 도입

○ (배출기준) 최적가용기술 적용에 따른 업종(시설)별 최적 배출기준 설정방안 마련 및 업종별 '최적 배출기준' 설정

- 사업장별 배출기준은 최적 배출기준 범위(Range)에서 허가권자와 허가신청 사업장에서 협의 결정

8.2.2 기술지원 인프라 구축

○ (최적가용기술 선정) 통합대상 업종(시설)별 배출시설 기술조사를 통하여 최적가용기술* 및 배출허용기준 선정체계 마련

- 기술성 경제성 평가를 실시하여 최적가용기술 후보군 선정
- 최적가용기술 평가위원회를 구성하여 최적가용기술 및 최대 배출기준 설정

* BAT(Best Available Techniques) : 생산~처리(저감)공정 전반에서 오염물질을 최소화할 수 있는 우수 상용화 기술로서 경제적 타당성이 입증된 기술(미국·EU 등 도입, 적용 중)

○ (최적가용기술 기준서) 기술조사 결과, EU BAT 기준서 등을 토대로 통합대상 업종별 "최적가용기술 기준서*" 작성

* 생산공정 특성·여건, 공정별/매체별 오염물질 발생 배출량 및 저감기술, 최적 가용기술(BAT), 신기술 개발현황, 최적 배출기준 등 모든 기술정보 포함

○ (기술정보지원시스템 구축) 통합허가신청에 필요한 최적가용기술, 성능기준, 관련 제품 규격, 허가절차 등 모든 기술정보 지원

- 최적가용기술 적용 업종이 확대됨에 따라 지속적으로 시스템 개선

○ (R&D 투자) 최적가용기술 확대 및 경제성 향상을 위한 기술개발 추진

- 오염물질의 발생 배출을 최소화할 수 있는 배출시설 관리기술, 방지기술, 신기술 상용화 등을 위한 활성화 방안 마련, 추진

8.2.3 제도 운용체계 구축

○ (최적가용기술 평가위) 과학원에 최적가용기술 평가위원회 설치

- 최적가용기술 선정, 기준서 제 개정, 환경기술정보시스템 운영 관리

○ (기술작업반) 기술원, 환경학회 전문가, 환경산업계, 업종별 학회 협회 전문가 등 산 학 연 협의체로 구성

- 통합업종별 기술정보 공유, 기술현황조사, 기술평가분석서 작성 등

○ (전문기술검토기관) 통합허가 신청서 및 가동개시 이전의 현장조사 등 기술적 사항을 검토하기 위한 전문 기술검토기관 설치, 운영

8.2.4 협업·소통체계 강화

○ (전문가 포럼) 내부(과학원, 환경공단, 기술원) 및 외부 전문가(협회, 학회, 산업계)가 참여하는 광범위한 전문가 포럼 구성, 운영

- 기술평가 등 추진과제에 대한 전문적 검토 등을 통해 최적가용기술 후보군 선정, 제도기획, 기술평가 등에 대한 전문가 합의 도출

○ (산업계 소통, 협업) 허가제 개선방안 마련, 기술 기준서(BREF) 작성시 산업계 의견수렴, 협업체계 구축

-「통합환경관리제도 전문가 포럼」통합허가 대상업종 전문가 참여

-「기술작업반」참여를 통한 통합업종(시설)별 BREF 작성, 「정부-환경산업계 소통 실무협의체」를 통한 환경산업 활성화 추진

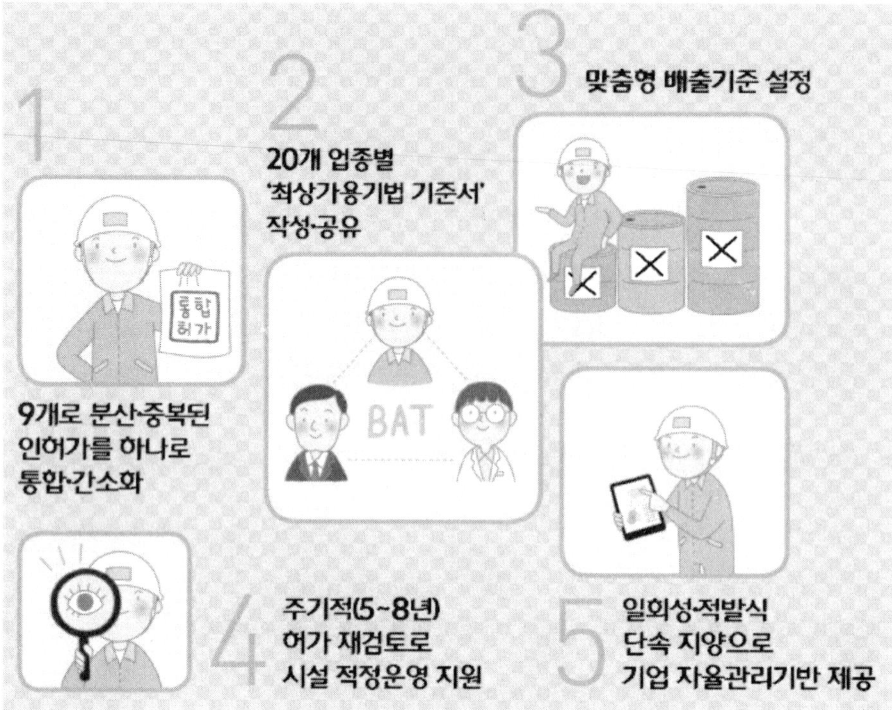

[그림 8.2] 통합환경관리제도의 주요내용

⇐ 1 ⇒ 9개로 분산·중복된 인허가를 하나로 통합·간소화

【Before】

✓ 동일한 시설에 필요한 최대 9개의 "중복허가"가 불필요한 부담이 되고 있다.

✓ 허가 건수는 늘어나지만 기술검토 수준은 낮아져서 "하자 있는 허가"가 양산되는 부작용이 있다.(배출물질이 누락된 허가신청에 대해 기술검토가 미흡한 채로 허가된 경우, 지도·점검시 무허가·미신고 물질의 배출로 처벌)

【After】

✓ "통합허가"를 받은 사업장은 9개의 중복 허가는 받을 필요가 없어진다.(허가 신청부터 허가서 발급까지 환경기술정보지원시스템으로 보다 체계적이고 과학적으로 처리)

✓ 전문기술인력이 참여하여 "기술검토 수준을 보완"하고 '하자있는 허가'를 미연에 방지한다.

※ 영국의 경우, 오염수준을 총체적으로 줄이고 법령 통합으로 산업계의 부담을 감소시키는데 통합 허가의 목적을 두어 제도를 시행하고 있다.

⇐ 2 ⇒ 20개 업종별 '최상가용기법 기준서' 작성·공유

【Before】

✓ 산업분화, 제조공정 다변화에도 기술정보를 얻기가 어려워서 "우수 기술을 도입하기도 어렵고 지도·점검도 비효과적"이다.(일부 지자체는 '배출업소 지도·점검 요령('90, 환경처)' 활용)

【After】

✓ "산업계(업종별 협회 등), 환경산업계, 민간전문가" 등이 참여하여 업종별로 최상가용기법 기준서를 합리적으로 수립한다.

✓ 확실한 '기준'과 '가이드'를 통해 이해관계자들 "모두가 공감하고 준수"할 수 있는 "기본원칙을 제시"한다.

※ 유럽은 BAT 기준서, 미국은 최상방지기술 제공 시스템(Clearing House)으로 다양한 정보를 축적·공유하고 있다.

⇐ 3 ⇒ 맞춤형 배출기준 설정

【Before】

✓ 업종·시설 특성을 반영하지 않은 "획일적인 규제"로 어떤 업종·사업장은 과도한 부담을 받거나 무임승차되기도 한다.

✓ 모든 규제를 준수하더라도 "환경개선에 한계"가 있다.

【After】

✓ 업종 및 시설 특성, 지역 환경영향 등을 반영한 "맞춤형 배출기준"을 설정하여 "사회적 비용을 최소화"한다.

✓ 사업장 여건이 반영되어 "기술혁신이 창출"되고 "산업경쟁력도 강화"된다.

※ 유럽에서는 시설 개선에 따른 비용이 기술 혁신에 따른 편익으로 상쇄됨으로써 자연스럽게 투자가치를 인정받고 있다.

⇐ 4 ⇒ 주기적(5~8년) 허가 재검토로 시설 적정운영 지원

【Before】

✓ 시설설치 전 "허가사항과 실제 운영사항이 차이"가 발생하는 경우, 무허가 등으로 처벌될 수 있다.

✓ 기술이 발전하더라도 "적용기술의 개선은 부족"하다.

【After】

✓ 5~8년 주기로 허가사항을 검토하여 실제 운영사항과 다른 경우에는 관리사항을 변경하여 "적정 환경관리를 유도"한다.

✓ 기술발전에 따라 BAT 기준서를 지속적으로 업데이트하여 "우수 기술의 적용을 유도"한다.

※ 유럽은 BAT 기준서 개정 후 4년 이내, 미국은 5년, 영국은 5~8년을 주기로 재검토를 실시하고 있다.

⇐ 5 ⇒ 일회성·적발식 단속 지양으로 기업 자율관리 기반 제공

【Before】

✓ 충분한 여유율을 두고 평소에 잘 하다가도 1회 측정한 "최고치가 배출허용기준을 초과"하는 경우에도 "처벌 대상"이다.

✓ 단속 위주의 지도와 점검이 단속 회피 문화를 조장하고, "사후관리 실효성을 제한"하는 요인으로 작용하고 있다.

【After】

✓ 배출기준 초과 판정시 "최고치 대신 통계치를 적용"한다.

✓ "정기점검을 기술진단 중심으로 전환"하여 환경개선과 생산성 제고를 지원한다.

✓ "시설운영 모니터링"을 바탕으로 자가측정 주기는 완화한다.

※ 영국은 2008년 시행된 지도·점검을 통해 70%는 설득을 통한 기준 준수를 유도했고, 20%는 강제 통지 처리했으며, 고발 처리된 건수는 7% 이하였다.

★ **중요한 것은 비정상 규제의 정상화~!**

적정한 허가와 시설관리를 바탕으로 그간 비정상적인 규제가 합리적으로 개선될 수 있다.

이를 위해

첫째, 배출기준 판정시 최대치보다 평균치를 적용.

둘째, 시설운영 모니터링을 바탕으로 자가측정 주기는 대폭 완화.

셋째, 지도점검을 사전통보, 기술진단 및 컨설팅 제공으로 전환하여 환경관리에 보다 효율적이고 실질적인 도움이 되도록 개선.

8.3 추진일정

8.3.1 제도설계(~'14.2)

○ 통합법령 : 통합법령안 마련 및 입법예고('13.11), 국회 제출('14.2)
  - 시범사업('13.7~'13.12) : 법령 세부사항 도출, 제도도입 효과분석 등

○ 기술인프라 기반구축(~'13.12)
  - BAT 기준서 작성지침 마련, 정보시스템 기능 설정 등

○ 시범사업 추진('13.7)
  - 3개업종에 대한 제도도입 타당성 검증 및 효과분석 도출 등

8.3.2 제도구축('14 ~'15)

○ 하위법령 제정 : 법령안 마련(~'15.4), 입법예고(~'15.10), 공포('15.12)

※ 하위법령 설계(~'15.4) : 대상업종, 업종별 배출기준, 통합허가절차, 허가주기 등

○ 기술인프라 구축

- BAT 기준서 작성('14~), 기술정보지원시스템 구축('15), 기술개발('15~)
- 환경기술평가 프로토콜 구축('14), 기술규격 공모·지원 추진('14~'15)
  - · 환경기술 성능기준, 기술기준, 제품규격 제안 및 검토를 위한 환경기술평가 시스템 구축
- BAT 기술 기준서 작성을 위한 환경기술규격 공모, 분석기술·방법 등 지원 ('14~'15)

8.3.3 제도시행 단계('16~)

○ 제도운용체계 구축 : 제도운용기관 설치

* 최적가용기술 평가위, 기술작업반, 전문기술검토기관, 환경기술평가 전문기관 등

○ 제도이행 지원 : 홍보, 교육·훈련, 시범적용·지원(허가서 작성, 기술진단 등)

○ 연차적 시행('17) : 허가사항(조건) 재검토(시행후 2년 이내), 최적가용기술 적용(5년 예고 후)

○ 업종·대상 확대방안 검토('22)

[표 8.1] 통합 허가사항 및 대상 법령

구분	관련 행정행위	근거 법률
1	대기배출시설 설치 허가(신고)	대기환경보전법 제23조
2	비산먼지 배출시설 설치 신고	대기환경보전법 제43조
3	휘발성 유기화합물 배출시설 설치 신고	대기환경보전법 제44조
4	악취배출시설 설치 신고	악취방지법 제8조
5	폐수배출시설 설치 허가(신고)	수질 및 수생태계보전에 관한 법률 제32조
6	가축분뇨 배출시설 설치 허가(신고)	가축분뇨의 관리 및 이용에 관한 법률 제11조
7	폐기물 처리업 허가(처리시설 설치 승인 신고)	폐기물관리법 제25조 및 제29조
8	유해화학물질 영업 허가	화학물질관리법 제28조
9	잔류오염물질 배출허용기준 준수의무 부과	잔류성 유기오염물질 관리법
10	소음・진동배출시설 설치 허가(신고)	소음・진동관리법 제8조
11	특정토양오염관리대상시설 설치 신고	토양환경보전법 제12조

[표 8.2] 통합허가제 도입 전·후 허가체계 비교

현 행 제 도	구 분	선진화
대기, 수질 등 매체별 관리 (유해물질의 매체간 전이 등 환경영향 종합검토.관리 불가)	관리방식	매체 통합관리 (모든 매체의 환경영향을 종합검토. 관리 가능)
매체별 허가로 중복.비효율 - 1개 사업장, 11개 허가증* - 변경허가, 신고도 빈번 (매체별 허가로 규제비용 증가)	허가대상	허가 대상통합.절차 간소화 - 1개 사업장, 1개 허가증 - 변경허가, 신고 규제대상 최소화 (허가간소화로 규제비용 감소)
매체별 배출구 중심 관리 → 배출량 저감	관리대상	사업장 전체 환경성 종합관리 → 발생량.배출량 저감
사후규제, 복수규제, 경직성으로 고비용 저효율 (빠른 기술.시장변화에 능동적 대처 곤란 → 기업경쟁력 약화)	변화대처	사전규제, 단일규제, 유연성으로 저비용 고효율 (기술.시장변화에 능동적으로 신속 대응 → 기업경쟁력 제고)
업종·시설 구분없이 법정규제기준 일괄 적용	배출기준	BAT*에 근거한 시설별 맞춤형 기준 협의·설정
허가신청 → 검토(전문기술 검토 부재) → 허가 → 가동개시신고 → 신고수리	허가절차	허가신청 → 검토(BAT 등 전문기술 검토) → 적정통보 → 가동개시신고 → 최종허가
무기한 허가 (신기술, 원료 변경 등 여건 변화에 탄력적 대응 곤란)	갱신여부	주기적 재검토 및 허가갱신 (신기술, 원료 변경 등 여건 변화에 탄력적 대응 가능)
인프라 미구축 - 사업장 허가.관리 기술정보 미제공	기술지원 인프라	인프라 구축, 서비스 실시 - BAT 지침서(기술정보) 제공 - 전문기관에 의한 기술검토 - 기술정보지원시스템 구축
여러 기관의 매체별 점검으로 업체 방문 증가, 점점효율 하락	지도점검	다매체 통합 점검으로 업체방문 감소, 점검효율은 상승

* (개별 허가 현황) ① 대기배출시설 설치허가, ② 비산먼지배출시설 설치신고, ③VOCs 배출시설 설치신고, ④ 악취배출시설 설치신고, ⑤ 폐수배출시설 설치허가, 비점오염 저감시설 설치신고, ⑦ 일반사업장폐기물 배출자신고, ⑧ 지정폐기물 처리계획확인, ⑨ 유독물 등록, ⑩ 소음.진동배출시설 설치허가, ⑪ 특정토양오염관리대상 설치신고

□ 개선사항
- ㅇ 매체별 분산관리에서 사업장 전체 통합관리로 개선(허가절차 간소화)
- ㅇ 일률적 규제기준에서 시설별 맞춤형 배출기준으로 개선(BAT 적용)
- ㅇ 공무원의 검토에서 전문기관의 기술검토 지원(전문능력 보강)
- ㅇ 기술정보 제공 등 기술지원 인프라 구축(기업, 행정기관 활용)

	현 행	개 선
허가 대상	**사업장별 최대 9개 허가** (대기3, 수질2, 토양1, 악취1, 소음진동1, 폐기물 1)	**1개 사업장, 1개 허가** (매체간 연계성 검토)
신기술 적용	**적용곤란** (허가공무원 전문성부족으로 안전성 입증된 기존기술 사용유도)	**적용용이** (최상가용기법 기준서에 반영된 우수 신기술은 사용용이)
관리 목표	**매체별 배출허용기준 준수** (대기 : 소각장 NO_2 70 ppm, 수질 : 청정 · 2천톤미만 BOD 40 mg/L)	**사업장 적정운영기준 준수** (최적운영 및 매체별 배출기준)
배출 기준 설정	**시설 · 배출량별 설정, 정부주도** (청정지역 2천톤/일 미만, COD 50㎎/L, 도금공장과 식품공장 기준 동일)	**업종별 설정, 기업참여** (예 : COD 도금공장 80 mg/L, 식품공장 30 mg/L)
허가 사항 관리	**불가능** (허가후 상황변화로 인한 비의도적 불법 무허가시설 양산)	**주기적 검토 및 개선가능** (매 5~8년 전문기관 검토로 허가 후 상황변화 적법대처)
지도 점검	**불시 · 수시 단속 의존** (배출구 배출물질 1회 채취검사)	**기업자율관리, 전문검토 지원** (불시단속지양, 통계기법활용 배출물질관리, 기술진단 및 지원)

8.4 통합허가 절차

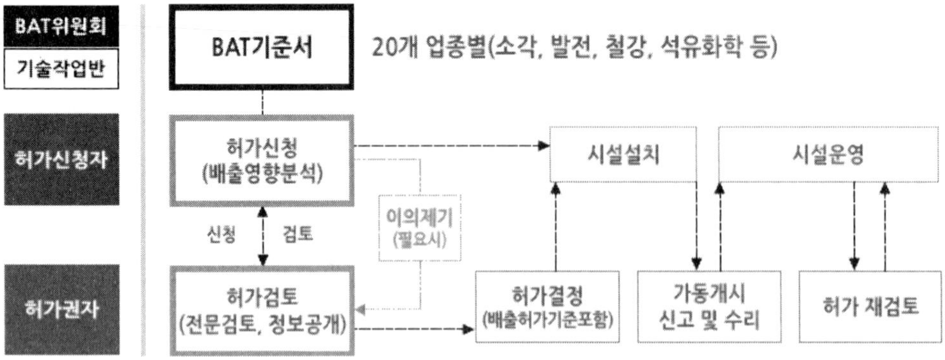

[그림 8.3] 허가절차 흐름도

1) 허가신청

가) 허가신청방법

① 허가신청서(변경허가신청서, 변경신고서) + 통합환경관리계획서 제출

② 기술정보시스템으로 허가신청, 허가서발급, 변경된 사항만 변경허가·신고

★ 통합환경관리계획서 주요내용

◎ 배출시설 등 방지시설의 설치·운영 계획

◎ 최상가용기법 적용에 관한 사항

◎ 주변 환경에 미치는 영향
(엑셀기반의 평가프로그램 개발·보급 예정)

◎ 사후 모니터링 및 유지관리 계획

◎ 기타 환경부령으로 정하는 사항

나) 허가기준

① 다른 법령의 규정을 위반하지 않을 것
② 허가배출기준 이하로 처리할 수 있을 것
③ 최상가용기법을 적정하게 적용할 것
④ 사람의 건강이나 주변환경에 중대한 영향을 미치지 아니할 것
⑤ 환경오염사고 대책을 적정하게 수립하고 있을 것

2) 허가검토

가) 허가기준 충족여부 검토, 전문기술 심사원 기술검토

나) 허가(변경허가) 신청의 검토결과 사전통지 및 이의신청 절차

3) 허가결정

가) 배출영향분석 결과, 환경기준 및 지역별 목표기준 등을 고려하여 사업장별로 허가배출기준 설정

나) 시설 가동 이전에 시설설치 적합성, 오염물질 배출 등에 대한 현장 검증

다) 허가(변경허가)시 허가서 교부, 허가기준 준수를 위한 조건 가능

4) 시설설치

5) 가동개시 신고 및 수리

가) 시설 설치·변경 후 가동 전, 가동개시 신고 의무(신고한 가동개시일 변경시 변경신고)

나) 사업장의 시운전을 통해 각 호의 사항을 검증

① 허가(변경허가) 사항에 맞게 설치되었는지 여부

② 허가(변경허가) 이외의 물질 배출 여부 - 오염물질 등의 채취·검사
③ 허가배출기준 준수 가능 여부
④ 최상가용기법의 적정 적용 여부

다) 부적합시 시설 개선(기한 : 대통령령)

라) 전문기술심사원 현장조사 가능

마) 영업에 심각한 영향을 미칠 시, 일부 가동개시 신고 가능

※ 허가(변경허가) 취소, 폐쇄명령시 청문 실시
과징금 : 최대 2억원

6) 시설운영

가) 전문기술심사원 설치

- 통합허가의 기술적 검토, 현장 검증과 사업장 기술지원 등

7) 허가 재검토

가) 환경부장관에게 주기적으로 각 호의 재검토 의무 부여

① 허가배출기준
② 허가조건
③ 최상가용기법 적용
④ 기타 환경부장관이 필요하다고 인정하는 사항

나) 허가(변경허가 · 신고) 사항 변경 가능, 변경허가·신고로 갈음

다) 허가배출기준 변경시, 일정기간(대통령령) 동안 적용 불가

라) 일정기간(대통령령) 내에 시설 설치·개선 미이행시 배출시설 전부/일부 조업정지

청정환경기술 환경인허가

2015년 01월 20일 인쇄
2015년 01월 25일 발행

저 자 고재철, 김정숙, 송현옥
발 행 인 송기수
발 행 처 도서출판 GS인터비전
편 집 처 도서출판 GS인터비전
인 쇄 처 대일문예사
등록번호 제313-2011-120호
I S B N 979-11-5576-061-1(93570)

주 소 서울 마포구 토정로222
전 화 02-976-7898, 0707-720-7898
팩 스 02-6468-7898
홈페이지 www.gsintervision.co.kr
E - Mail gsinter7@gmail.com

정가 18,000원